U0383381

软件工程基础与案例教程

微课视频版

窦万峰 主编

清华大学出版社

北京

内 容 简 介

本书将软件开发理论与现代工程方法论相结合，着重研究软件工程基础理论与过程、软件分析与设计及测试方法、软件维护与项目管理方法等，是指导软件生产和管理的一本新兴的、综合性的软件理论与应用图书。本书分别从传统的结构化软件工程和面向对象软件工程两个范型出发，把软件工程基础理论与方法融入开发实践当中，通过丰富的案例深入地介绍软件开发中各个阶段的技术、方法和工具。本书包括软件工程理论基础、结构化软件工程范型、面向对象软件工程范型和软件维护与项目管理4部分，共12章内容，充分体现了软件开发"工程化"思想。

本书可作为高等学校"软件工程""软件分析与设计"等课程的教材，既适用于计算机专业的学生，也适用于其他非计算机专业的学生。本书还可以作为从事软件开发人员的参考书。

图书在版编目(CIP)数据

软件工程基础与案例教程：微课视频版/窦万峰主编. —北京：清华大学出版社，2024.3(2025.1重印)
高等学校软件工程专业系列教材
ISBN 978-7-302-65532-9

Ⅰ. ①软… Ⅱ. ①窦… Ⅲ. ①软件工程－高等学校－教材 Ⅳ. ①TP311.5

中国国家版本馆 CIP 数据核字(2024)第 044655 号

责任编辑：陈景辉 李 燕
封面设计：刘 键
责任校对：胡伟民
责任印制：杨 艳

出版发行：清华大学出版社
　　　网　　　址：https://www.tup.com.cn, https://www.wqxuetang.com
　　　地　　　址：北京清华大学学研大厦 A 座　　邮　　编：100084
　　　社　总　机：010-83470000　　　　　　　邮　　购：010-62786544
　　　投稿与读者服务：010-62776969, c-service@tup.tsinghua.edu.cn
　　　质量反馈：010-62772015, zhiliang@tup.tsinghua.edu.cn
　　　课件下载：https://www.tup.com.cn, 010-83470236
印 装 者：三河市铭诚印务有限公司
经　　销：全国新华书店
开　　本：185mm×260mm　　印　　张：15.75　　　　　字　　数：395 千字
版　　次：2024 年 4 月第 1 版　　　　　　　　　　　　印　　次：2025 年 1 月第 2 次印刷
印　　数：1501～2500
定　　价：49.90 元

产品编号：100508-01

前　　言

"软件工程"课程包含了一系列原理、方法和工程实践,指导人们高效、经济和正确地开发软件。软件工程理论强调从工程化的原理出发,按照标准化规程和软件开发实践来引导软件开发人员进行软件开发和过程改进,促进软件企业向标准化和成熟化发展。软件工程是一门理论与实践相结合的学科,注重通过实践来理解理论、原理与方法。为此,本书结合编者多年的软件工程教学和项目开发经验,通过项目实例分析,从不同的角度和范型循序渐进地介绍软件工程所涉及的原理、方法与技术。

本书主要内容

全书分为四部分。

第一部分:软件工程理论基础(第 1～4 章)。初步介绍软件工程的基本概念、软件过程与模型、敏捷软件工程方法和需求获取。

第二部分:结构化软件工程范型(第 5～7 章)。重点介绍结构化软件工程的基本概念、方法与过程,以及相关建模技术,具体包括结构化分析、结构化设计、结构化软件测试。本部分用案例进一步深化结构化软件工程范型的主要方法、建模与过程。

第三部分:面向对象软件工程范型(第 8～10 章)。重点介绍面向对象软件工程范型的基本概念、面向对象分析与设计模型,以及相关建模技术与方法,具体包括面向对象分析、面向对象设计和面向对象实现与测试。本部分用案例进一步深化面向对象软件工程范型的主要方法、建模与过程。

第四部分:软件维护与项目管理(第 11、12 章)。主要介绍软件维护策略与方法、软件项目管理概念与原理、软件成本估算、项目计划与管理,具体包括软件维护和软件项目管理。

本书特色

本书将传统结构化软件工程范型和面向对象软件工程范型全面对比介绍,有利于读者理解不同的软件工程范型的特点和适用的项目情况,深入理解软件工程方法的发展。本书注重于软件工程思想与方法的介绍,并通过案例分析与工具介绍,让读者理解软件工程的本质。本书还融入了研究性教学方法。

(1) 将结构化软件工程范型和面向对象软件工程范型分开来讲,并选择较为合适的案例来介绍两个范型的特点和方法,避免读者产生概念混淆和方法上的混乱。

(2) 在结构化软件工程范型部分,从过程、原理、方法和案例分析出发,介绍结构化开发的过程、原理和方法,并将其推广到面向对象软件工程范型中。通过一个需求稳定的案例介绍传统结构化开发的基本方法和操作。

(3) 针对面向对象软件工程范型,注重面向对象分析模型和设计模型的构建,强调它们之间的关系,抓住面向对象模型开发的要点,通过统一建模语言来描述分析和设计过程与模型。通过一个比较复杂的系统的案例分析介绍面向对象分析与设计的思想。

(4) 注重本科生教学实践,安排了敏捷实践结对编程的内容,让读者在理解结对编程思想的同时,分析存在的问题和寻找解决方法,并结合结对编程系统分析该系统的需求,进行设计与实现及测试。

(5) 注重案例教学,本书的案例既有简单常见的应用系统,如面对面结对编程系统和银行 ATM 系统,也有比较实用的系统,如超市收银终端系统。这些系统由简单到复杂,循序渐进,引导读者逐步理解系统开发的过程和关键问题。

配套资源

为便于教学,本书配有微课视频、教学课件、教学大纲、教学周历、习题答案。

(1) 获取微课视频的方式:读者可以先扫描本书封底的文泉云盘防盗码,再扫描书中相应的视频二维码,观看教学视频。

(2) 其他配套资源可以扫描本书封底的"书圈"二维码下载。

(3) 本书提供扩展阅读文档(软件标准化文档编写),读者可以扫描下方二维码获取。

扩展阅读

读者对象

本书可作为高等学校"软件工程"和"软件分析与设计"等课程的教材,既适用于计算机专业的学生,也适用于非计算机专业的学生。本书还可以作为从事软件开发人员的参考书。

本书内容翔实,提供较为完整的案例支持,便于读者学习和深入体会软件工程的原理与方法。不同的案例充分体现了不同的技术,突出方法的实用性。全书由窦万峰主编,郭椿可、李赞、高乐、司振发、黄天和曹心宇参与部分内容的编写和校对工作,在此对他们的辛勤工作表示最衷心的感谢。

由于作者水平有限,书中难免有疏漏之处,恳请各位读者指正。

作　者

2024 年 1 月

目 录

第二部分　结构化软件工程范型

第三部分 面向对象软件工程范型

第一部分
软件工程理论基础

本部分将介绍软件工程的基本思想、软件过程及其模型和敏捷软件开发方法,主要包括软件工程概述、软件过程与模型、敏捷软件工程方法和需求获取 4 章内容,将关注以下几点:

- 什么是软件工程?
- 软件工程思想是什么?
- 软件工程有哪些基本原理和原则?
- 软件过程与过程模型的关系是什么?
- 什么是统一软件过程?
- 什么是敏捷软件开发?
- 如何进行用例建模?

第1章 软件工程概述

软件工程(Software Engineering,SE)的概念是在20世纪60年代末被提出的,目的是倡导以工程化的思想、原则和方法开发软件,并用来解决软件开发和维护过程中出现的诸多问题。

1.1 关 于 软 件

视频讲解

从功能上看,大部分的软件都承担着软件产品和软件工具两个方面的重要角色,其中,软件产品是指为最终用户所使用且带来益处、具有商业价值的产品,而软件工具是指支持开发其他软件产品的工具软件。

1.1.1 软件的概念与特性

软件是计算机系统中与硬件相对应的部分,是由程序、数据和文档组成的集合,程序、数据和文档也称为软件的三要素。程序是按照特定顺序组织的计算机数据和指令的集合;数据是程序需要处理的对象;文档是与程序的开发、维护和使用有关的资料。计算机软件的核心是程序,而数据和文档则是软件不可分割的组成部分。例如,一个计算机辅助设计软件包括图形绘制、图形处理与分析等一系列程序,该软件需要提供基本图形元素的数据以支持复杂图形的绘制,同时还要提供图形处理的说明文档、帮助文档,甚至支持用户进行二次开发的编程文档等。

要理解软件的真正含义,需要了解软件有哪些特征。与软件相对应的是硬件,在计算机的体系结构中,人们当初创造的硬件是有物理形态的实体。现在,人们利用工程化的思想创造的软件是有逻辑的,而不是有固有形态的实体,所以,计算机软件和硬件有着截然不同的特征。

(1) 复杂性。软件是一个庞大的逻辑系统,比人类构造的其他产品更复杂,甚至硬件的复杂性与软件比起来也微不足道。此外,软件主要是依靠程序员的智力活动构造出来的,而多种人为因素的介入使得软件难以统一化,更增加了其复杂性。软件的复杂性使得软件难以理解、生产和维护,更难以对其生产过程进行有效管理。

(2) 一致性。软件必须和运行它的硬件保持一致,这是由软件对硬件的依赖关系所决定的,一般采用软件顺应硬件接口,而不是硬件接口顺应软件的解决方案。如果硬件是"现存"的,软件必须和现有硬件接口保持一致。此外,由于计算机软件和硬件具有功能互换性,所以也可能会出现用软件来实现部分硬件功能的情况。

(3) 退化性。软件与硬件相比不存在磨损和老化的问题。事实上,虽然软件不会磨损,但是软件会因存在缺陷和过时等而退化,因此,软件在其生命周期中需要进行多次的维护,直至被淘汰。

(4) 易变性。软件在生产过程中,甚至在投入运行之后,也可以再次改变。软件必须能够经历变化并容易改变,这也是软件的特有属性。软件的易变性使得其具有一定的优点。例如,修改或完善软件的功能往往可以达到更好的效果,相比硬件,软件修改更容易使得软件具有了易维护、易移植、易复用的特征。然而,软件的易变性也使得其存在一些不足。例如,对软件修改所引起的动态变化不仅难以预测和控制,而且可能对软件的质量产生负面影响。

(5) 可移植性。软件的运行往往会受到计算机系统运行环境的影响。在一种计算机系统运行环境中能够正常运行的软件,可能会在另一种环境中却无法运行,这种现象称为软件的可移植性。例如,一个在 UNIX 操作系统平台下开发的软件不能直接在 Windows 操作系统平台上运行。一个好的软件在设计时就需要考虑软件如何适应不同的运行环境。

(6) 高成本。由于软件是有逻辑的,因此软件的开发是一个复杂的过程,需要耗费大量的程序员"脑力"开发活动和组织管理活动,从而导致了软件具有较高的成本。

1.1.2 软件开发技术演化

软件的发展经历了一个演化的过程,20 世纪 40 年代世界第一台计算机产生之后,伴随而生的就是保证计算机正确执行的软件。纵观前后的几十年间,软件的演化大致经历了 3 个阶段。

1. 软件技术发展阶段(20 世纪 50~60 年代)

1946 年到 20 世纪 60 年代初是计算机软件发展的初期,该阶段软件的应用领域较窄,主要是科学与工程计算,处理对象是简单的数值类型的数据。其主要特征是开发功能单一的程序,且程序的开发方式主要为个别程序员手工编制程序,编程效率低下。

此后,随着多种高级程序语言的问世,程序设计和编写的效率大为提高。然而,随着计算机应用领域的逐步扩大,出现了大量的数据处理和非数值计算的问题,以及迫切需要开发通用的操作系统等软件来管理计算机硬件资源及其接口。

为了解决大量数据处理问题,人们开发了数据库及其管理系统,软件规模与复杂度迅速增大。当程序复杂度增加到一定以后,软件研制周期就变得难以控制,软件的正确性难以得到保证,软件的可靠性问题也相当突出。为此,人们提出了用结构化程序设计和软件工程方法来克服这一软件危机,因而软件开发技术的发展进入了一个新的阶段。

2. 结构化和面向对象程序设计阶段(20 世纪 70~80 年代)

从 20 世纪 70 年代初开始,大型软件系统的出现给软件开发带来了新的问题。例如,大型软件系统的研制需要花费大量的资金和人力,而且研制出来的软件可靠性差、错误多、维护困难等。在这个阶段,软件的发展非常迅速,人们对软件的需求不断增长,软件规模越来越大,软件开发需要多人分工协作,开发方式也由个体生产发展为小组生产。于是,人们提出了结构化程序设计方法来提高软件的开发效率和保证软件质量,出现了由 Pascal 到 Ada 等一系列的结构化程序设计语言。这些语言具有较为清晰的控制结构,与原来常见的高级程序语言相比有一定的改进,但在数据类型抽象方面仍显不足。

20 世纪 80 年代中期,面向对象的方法学被提出并受到了人们的重视,促进了软件产业的飞速发展,软件产业在世界经济中已经占有举足轻重的地位。但是,由于小组生产的软件开发方式基本上沿用了软件发展早期所形成的个体化开发方式,软件的开发与维护费用以惊人的速度增加,许多软件后来根本不能进行有效维护,最终导致软件危机的出现。

3. 软件工程阶段(20 世纪 90 年代～)

20 世纪 90 年代至今是计算机软件发展的第 3 个阶段,一般称为软件工程阶段。在这个阶段,软件工程师把工程化的思想引入软件的开发过程中,用工程化的原则、方法和标准来开发和维护软件。

软件工程作为一门新兴学科,在提高软件开发效率和保证软件质量等方面带来了很多的益处,愈来愈受到人们的重视。但是,随着大规模网络应用软件的出现,软件工程方法在如何合理协调预算、控制开发进度和保证软件质量等方面出现了新的问题,使得软件开发人员面临更加困难的境地。

20 世纪末开始流行的 Internet 给人们提供了一种全球范围的信息基础设施,形成了一个资源丰富的计算平台,未来如何在 Internet 平台上进一步整合资源,形成巨型的、高效的、可信的虚拟环境,使所有资源能够高效、可信地为所有用户服务,成为软件开发技术的研究热点。Internet 平台具有一些传统软件平台不具备的特征,如软件部件的分布性、节点的高度自治性、开放性、异构性、不可预测性、连接环境的多样性等,这给软件工程的发展提出了新的挑战,软件工程需要新的理论、方法、技术和平台来应对这个挑战。目前业界投入很大精力研究的中间件技术就是这方面的典型代表。Internet 和基于 Internet 应用的快速发展与普及,使计算机软件所面临的环境开始从静态封闭逐步走向开放、动态和多变。软件为了适应这样的发展趋势,将会逐步呈现柔性化、多目标、连续反应式的网构(NetWare)软件的形态。

随着 Internet 的发展与应用,"互联网＋"的新概念被提出。"互联网＋"是创新 2.0 下互联网发展的新业态,是知识社会创新 2.0 推动下的互联网形态演进及其催生的经济社会发展新形态。"互联网＋"催生了一系列软件及其平台的需求。近年来,"互联网＋"已经改造影响了多个行业,当前大众耳熟能详的电子商务、互联网金融、在线旅游、在线影视、在线房产等行业都是"互联网＋"的杰作。

随着宽带无线接入技术、5G 技术和移动终端技术的飞速发展,人们迫切希望能够随时随地乃至在移动过程中都能方便地从互联网获取信息和服务,移动互联网应运而生并迅猛发展。然而,移动互联网在移动终端、接入网络、应用服务、安全与隐私保护等方面还面临着一系列的挑战,软件基础理论与关键技术的研究,对于国家信息产业的整体发展具有重要的现实意义。

以上这些发展趋势标志着软件工程发展已经上升到一个新阶段,而且这个阶段尚未结束。软件技术发展日新月异,Internet 的进步促使计算机技术和通信技术相结合,更使软件技术发展呈现五彩缤纷的局面,软件工程技术的发展也永无止境。

软件工程概述

视频讲解

1.2 关于软件工程

在软件开发的早期阶段,人们过高地估计了计算机软件的功能,认为软件能承担计算机的全部任务,甚至有些人认为软件可以做任何事情。如今,绝大多数专业人士已经认识到软件神化思想的错误,尤其是软件危机的出现迫使人们承认软件并非万能的。软件工程提出的目的并不是开发满足人们各种各样需求的软件,而是提出有效的开发与维护方法来指导人们高效地开发高质量的软件。

1.2.1 软件危机的出现

计算机硬件技术的不断进步要求软件能与之相适应。然而,软件技术的进步一直未能满足人们不断提出的要求,致使问题积累起来,形成了日益尖锐的矛盾,最终导致了软件危机的出现。软件危机主要表现如下:

(1) 软件的规模越来越大,复杂度不断地增加,需求量也日益增大,且价格昂贵,供需差日益增大。

(2) 软件开发过程是一种高密集度的脑力劳动,软件开发常常受阻、质量差、很难按照要求的进度完成指定的任务,且软件的研制过程管理困难,往往容易失去控制。

(3) 软件开发的模式与技术已经不能满足软件发展的需要,导致大量低质量的软件涌向市场,有些软件的开发成本已远远超出了预算,有的软件甚至在开发过程中就夭折了。例如,伦敦股票交易系统开发费用最初预算 4.5 亿英镑(1 英镑≈8.9 元人民币),后来追加到 7.5 亿英镑,历时五年,最终还是失败,导致伦敦股票市场声誉受损。

【例 1.1】 伦敦救护服务中心。

著名的伦敦救护服务中心可覆盖伦敦市区 600 平方千米的面积和大约 680 万的救护人口,使得伦敦救护服务中心成为世界上最大的救护服务中心。该服务中心拥有 318 辆事故与应急救护车和 445 辆病人运输救护车,一个摩托车接应团队和一架直升机。服务中心的工作人员达到 2746 人,他们分布在伦敦市区 70 个救护站,每个救护站又分成 4 个运营部门。

伦敦救护服务中心的作用是提供自动化救护呼叫请求和处理紧急救护需要,通过计算机系统完成人工系统的所有任务。通过呼叫 999 和请求救护服务将呼叫者和派遣者连接起来,派遣者记录呼叫细节和分派合适的车辆,分派者则选择救护车和转发救护信息给车载系统。

伦敦救护服务中心包括三个组成部分:①计算机辅助派遣系统,包括软硬件基础设施、事故记录保存系统、无线电通信系统和无线电系统接口。②计算机地图显示系统,包括复杂地域地形分析软件。③自动化车辆定位系统,具有车辆自动定位能力,以便以最短的时间到达指定位置,并跟踪分析系统的性能。此外,伦敦救护服务中心还包括无线电系统和移动数据终端。

伦敦救护服务中心项目于 1987 年 4 月启动,前期投资 250 万英镑开发了一个有限功能的派遣系统。1989 年设计规格被重新修改,增加了移动数据终端和声讯转换系统。1990 年 10 月,项目经过两次峰值负载性能测试失败而被迫终止。截至项目被取消,项目已经花费了750万英镑,超过预算的300%。

1991年8月,项目重新启动。为了保证项目的顺利进行,合作方定期举行会议来协调项目进度和解决存在的问题。但是到项目截止日期1992年1月,项目还是被延期。派遣系统没有完全实现和测试,无线电接口系统未能交付,救护车数据终端设计和定位系统需求还需进一步完善,车载定位跟踪系统也没有完成安装调试。直到1992年10月,整个新系统才开始运转,但是过载问题仍然没有很好地解决,存在呼叫丢失和响应不及时的问题,系统不得不改为半自动化方式。1994年11月,系统运行性能开始全面下降,并最终导致系统锁死。由于没有及时响应和系统存在故障,病人死亡事件发生,工作人员试图切换和重启系统,但均告失败。同时系统没有提供备份系统,操作人员被迫恢复完全人工方式。

伦敦救护服务中心的失败是一系列软件工程中的错误导致的,特别是项目管理中的缺陷,导致出现了两次故障。伦敦救护服务中心失败的例子告诉我们,系统的复杂和庞大、系统需求的不准确和经常变更,以及管理不到位等会导致系统在运行几年后不得不停止,进而导致整个系统的彻底失败。

软件危机是指软件开发和维护过程中所遇到的种种严重问题,如软件交付时间延期、费用远远超过预算、质量难以保证等。软件危机主要存在两个方面的问题:一是如何开发软件,以满足客户对软件日益增长的需求;二是如何维护数量不断膨胀的现有软件。

1.2.2　解决软件危机的途径

在软件危机相当严重的背景下,软件工程思想诞生。在引入工程化的理念后,人们总结了导致软件危机的原因,并提出了相应的解决对策。

(1) 在软件开发的初期阶段,客户提出的需求应得到确切的表达。如果在开发的初期阶段需求不够明确或表达模糊,且开发人员与客户未能及时地交换意见,很有可能使得后期开发的软件达不到客户的要求,导致需要重新进行软件开发工作。

(2) 需求分析后,要做好软件定义时期的工作,这样既可以在一定程度上降低软件开发的成本,又在无形中提高了软件的质量。毕竟软件是一种商品,提高质量是软件开发工作的重中之重。

(3) 软件开发过程要有统一的、公认的方法论和规范指导,参与人员必须按照规定的方法进行开发。由于软件是逻辑部件,开发阶段的质量难以衡量与评价,开发过程的管理和控制较难,因此要有统一的软件工程方法来指导开发人员进行开发工作。

(4) 必须做好充分的检测工作,提交给客户高质量的软件。要借鉴软件开发的经验和有关软件开发过程中积累的数据,确保开发工作计划按时完成。

1.2.3　软件工程概念

早期,软件工程被定义为运用现代科学技术知识来设计并构造计算机程序及开发、运行和维护这些程序所必需的相关文件资料。显然,该定义强调支持软件开发及其后续维护必备的相关文件,偏重开发工作中涉及的文件资料的整理和完善,以保证为后续的开发和维护提供支持。后来,有学者从经济学角度将软件工程定义为经济地获得能够在实际机器上有效运行的可靠软件而建立和使用的一系列完善的工程化原则。该定义强调软件开发需要遵守经济性和工程化的原则要求。

随着软件工程概念的成熟,电气电子工程师学会(Institute of Electrical and Electronics Engineers,IEEE)在软件工程标准术语中给出了软件工程的定义,即软件工程是开发、运行、维护和修复软件的系统方法,其中的"软件"定义为计算机程序、方法、规则、相关的文档资料以及在计算机上运行时所必需的数据。该定义强调软件开发方法学,以提高软件开发的质量和效率。

尽管软件工程的具体定义不尽相同,但其主要观点都是强调在软件开发过程中应用工程化思想的重要性。工程化思想的核心是把软件看作一个需要通过需求分析、设计、实现、测试、管理和维护等阶段完成的工程产品,用完善的工程化原理研究软件生产的规范方法,不仅要保证软件开发在指定的期限内完成,还要节约成本,保证软件的质量。

软件工程学是一门研究如何用系统化、规范化、质量化等工程化思想和方法进行软件开发、维护和管理的交叉学科。因此,软件工程学涉及的范围也很广,包括计算机科学、管理学、系统工程学和经济学等多个学科领域。

软件工程学分成软件开发方法和软件工程管理两个方面,重点是对软件开发方法和工程性技术的研究。软件开发技术和软件工程管理的复杂程度均与软件的规模密切相关,规模越大的软件产品,越要严格遵守软件工程的开发原则和方法。

软件开发不同于一般的产品生产,因为软件是一种没有具体形体和尺寸的特殊产品,它创造的唯一产品或者服务是逻辑载体,它提供的产品或服务是逻辑的,具有独特性、临时性和周期性等特点。不同于其他产品的制造,软件开发过程更多的是设计与建模过程。另外,软件开发不需要使用大量的物质资源,而主要使用人力资源。同时,软件开发的产品仅仅是程序代码和技术文件,并没有其他的物质结果。基于上述特点,软件项目管理与其他项目管理相比有很大的独特性。

软件开发过程中除编写代码以外,还需要编写大量的文档和建立各种模型,需要耗费较多的时间与费用,且工作效率低下。因此,软件开发还需要依靠大量的工具来提高开发效率,如文档编辑工具、代码编辑与调试工具、测试工具、建模工具等。

综上所述,我们把方法、工具和过程称为软件工程的三要素。软件工程方法为软件开发提供了"如何做"的技术;软件工具为软件工程方法提供了自动的或半自动的软件支撑环境;软件过程是为了获得高质量的软件所需要完成的一系列任务框架,它规定了完成各项任务的工作步骤。

软件开发的工程化思想主要体现在软件项目管理。软件项目管理的作用一方面是提高软件质量,降低成本,另一方面则是为软件的工程化开发过程提供保障。与其他行业项目相比,软件行业的项目具有其特殊性,随着软件行业的迅猛发展,一些问题和危机逐渐暴露出来。例如,项目时间总是推迟、项目结果不能令客户满意、项目花费成倍超过预算、项目人员不断流动等。

软件工程学认为,导致上述情况的主要原因包括缺乏软件过程控制能力、开发过程随心所欲、时间计划和费用预算缺乏现实的基础、对产品质量缺乏客观认识、软件开发的成败建立在个人能力基础上等。

从商业的角度,软件也称为软件产品。由于客户必然会关心软件开发的质量、成本和工期,因此,软件工程管理的三要素包括质量、成本和工期。质量包括质量定义、质量管理、质量保证、质量评价等。成本包括成本预算和核算、成本管理、资源管理等。工期包括工程进度管理、组织人员管理、工作量管理、配置管理等。

如今,软件开发的工程化思想已经得到了认可,软件的开发管理已经不同于以往过分依赖软件技术精英,运用项目管理的经验和方法是软件项目成功的前提和保证。随着信息技术的飞速发展,软件规模越来越庞大,种类也日益繁多。尤其是近几年,项目管理随着网络技术的快速发展而发展,各软件企业都在积极将软件项目管理引入开发活动中,对开发实行有效的管理,取得了非常好的效果。

1.3 软件工程基本原理与原则

人们根据软件开发的特点和软件工程概念,提出了软件工程的基本原理和基本原则。

1.3.1 基本原理

（1）推迟实现。软件开发过程应该遵守"推迟实现"原理,即把逻辑设计与物理设计清楚地划分开来,尽可能推迟软件的物理实现。对于大中型的软件项目,在软件开发过程中,如果过早而仓促地考虑软件的具体实现细节,可能会导致大量返工和造成经济损失。为了正确高效地进行软件开发,必须在开发的前期安排好问题定义、需求分析和设计等环节,进行周密、细致的软件实现的前期工作,并明确规定这些环节只考虑目标软件的逻辑模型,不涉及软件的物理实现。尽可能地把逻辑设计与物理设计分开,推迟软件的物理实现,是软件工程学中的一条基本指导思想。

（2）逐步求精。一般认为人类思维与理解问题的能力限制在(7±2)个问题的范围内,故求解一个复杂问题应该采用有条理地从抽象到具体的逐步分解与细化的方法和过程。逐步求精也称逐步细化,是基于承认人类思维能力的局限性,把复杂问题趋于简单化控制和管理的有效策略。逐步求精解决复杂问题是软件工程方法学中的一项通用技术,和分解与抽象及信息隐蔽等紧密相关。

（3）分解与抽象。分解是把复杂问题趋于简单化处理的有效策略,即分而治之的策略。若将一个复杂问题分解成若干容易解决的小问题,就能够减少解决问题所需要的总工作量。但分解必须是科学而合理的,否则可能会增加解决问题的难度和工作量。抽象是人类在认识或求解复杂问题的过程中,科学而合理地进行复杂系统分解的基本策略之一,是把一些事物或事物的状态或过程中存在的相似的方面概括成共性。抽象的主要思想是抽取事物的本质特性,而暂不考虑它们的细节或差异。软件工程学中广泛采用分层的从抽象到具体的逐步求精技术。建立模型是软件工程最常用的分解与抽象方法之一,软件工程学中,整个软件开发过程及其各个阶段都需要建模。不同的软件开发方法学之间最主要的区别表现在它们的模型不同。所以,软件开发过程的一系列模型的建立标准、描述形式、应用规范等是软件工程学最核心的研究内容。

（4）信息隐蔽。信息隐蔽是指使一些关系密切的软件元素尽可能彼此靠近,从而使信息最大限度地局部化。软件模块中使用局部数据元素就是局部化的一个例子。信息隐蔽的指导思想始终贯穿在软件工程的面向过程、面向功能和面向对象的软件开发方法中。

（5）质量保证。质量保证是为保证产品和服务充分满足消费者要求而进行的有计划、有组织的活动,是面向消费者的活动,是站在用户立场上来控制产品质量的。同样的道理,这种观点也适用于软件质量保证。软件质量保证要求软件项目的实施活动符合软件开发中对应的需求、过程描述、标准及规程。质量保证的基本思路是提倡"预防"而不是事后"补救",强调"全过程控制"和"全员参与"。软件质量就是软件与明确地和隐含地定义的需求相一致的程度,更具体地说,软件质量是软件与明确地叙述的功能和性能需求、文档中明确描述的开发标准,以及任何专业开发的软件具有的隐含特征等相一致的程度。

1.3.2 基本原则

美国著名的软件工程专家 Boehm 综合其他软件工程领域专家的意见,并总结了多家软件公司开发软件的经验,提出了软件工程的 7 条基本原则。这 7 条原则是确保软件产品质量和开发效率的原则的最小集合。它们既是相互独立的,缺一不可的最小集合,同时它们又是相当完备的。

(1) 分阶段的软件开发。根据这条基本原则,可以把软件生存周期划分为若干个阶段,并相应地制订切实可行的计划,然后严格按照计划对软件开发与维护进行管理。在软件开发与维护的漫长生命周期中,开发人员需要完成许多性质各异的工作,开发管理者应制定并严格执行项目概要计划、里程碑计划、项目控制计划、产品控制计划、验证计划和运行维护计划 6 类计划。

(2) 坚持进行阶段评审。统计结果表明,在软件生存周期各阶段中,编码阶段之前的错误约占 63%,而编码错误仅占 37%,且错误发现得越晚,改正它付出的代价就会越大,其代价要比编码错误相差 2~3 个数量级甚至更高。因此,软件质量保证工作不能等到编码结束以后再进行,必须坚持进行严格的阶段评审,以便尽早地发现软件错误与问题。

(3) 实行严格的产品控制。实践表明,需求变化往往是不可避免的,这就要求软件开发人员要采用科学的产品控制技术来顺应这种要求。实行基准配置管理(又称为变动控制),即凡是修改软件的建议,尤其是涉及基准配置的修改建议,都必须按规定进行严格的评审,评审通过后才能实施。基准配置指的是经过阶段评审后的软件配置组成,及各阶段产生的文档或程序代码等。当需求变动时,其他各个阶段的文档或代码都要随之相应变动,以保证软件各个部分的一致性。

(4) 采用先进的程序设计技术。先进的程序设计技术既可以提高软件开发与维护的效率,又可以提高软件的质量和减少维护的成本。早期的结构化程序设计到后期的面向对象程序设计方法,以及软件复用技术等都是提高软件质量的重要手段。

(5) 明确责任。软件是一种看不见、摸不着的逻辑系统。软件开发小组的工作进展情况可见性差、难于评价和管理。为更好地进行管理,应根据软件开发的总目标及完成期限,尽量明确地规定开发小组的责任和产品验收标准,从而能够进行清楚的审查。

(6) 开发小组的人员应少而精。开发人员的素质和数量是影响软件质量和开发效率的重要因素,人员应该少而精。事实上,高素质开发人员的工作效率比低素质开发人员的工作效率要高几倍到几十倍,在开发工作中犯的错误也要少得多。

(7) 不断改进开发过程。软件过程不只是软件开发的活动序列,还是软件开发的最佳实践。在软件过程管理中,首先要定义过程,然后合理地描述过程,进而建立软件公司的过程库,并使其成为公司可以重用的资源。对于软件过程,要不断地进行改进,以不断地改善和规范过程,帮助提高公司的生产效率。

只要遵从上述 7 条基本原则,软件公司就能够较好地实现软件的工程化生产。但是,它们只是对现有经验的总结和归纳,并不能保证赶上技术不断前进的步伐。软件开发人员不仅要积极采纳新的软件开发技术,还要注意不断总结经验,收集进度和成本等数据,进行软件出错类型和问题报告统计,评估新的软件技术的效果和指明必须着重注意的问题、应该采取的工具和技术。

1.4　软件工程范型

视频讲解

在软件工程学科中,范型用来表示一套涵盖整个软件生产过程的技术的集合。目前使用得最广泛的软件工程范型分别是结构化开发范型和面向对象开发范型。

1.4.1　结构化开发范型

结构化开发范型自 1968 年被提出,经过多年的发展,已形成一套完整的规范。构成结构化开发范型的技术包括结构化分析、结构化设计、结构化编程、结构化测试和结构化维护,这些技术在以数据处理为主或小规模软件方面得到了广泛应用。

软件开发人员可采用结构化开发范型来完成软件开发的各项任务,并使用适当的软件工具或软件工程环境支持结构化方法的运用。结构化开发范型把软件的生命周期依次划分为若干个阶段,然后顺序地完成每个阶段的任务,其从对问题的抽象逻辑分析开始,一个阶段接一个阶段地进行软件开发,从而降低了整个软件开发工作的困难程度。

结构化开发范型获得成功的原因是结构化方法要么是面向行为的,要么是面向数据的,二者分开进行。软件的基本组成部分包括软件行为及其需要的数据。有些结构化方法如数据流分析是面向行为的,重点处理软件的行为,数据则是次要的。反之,有些方法如 Jackson 结构化编程技术是面向数据结构的,重点处理软件的数据结构,在数据结构上的操作行为则是次要的。

随着软件规模的不断增大,结构化开发方法范型有时难以获得令人满意的结果。也就是说,结构化开发范型面向 50 000 行以下代码的软件是有效的,然而,当今的软件具有 50 000 行以上甚至更多行代码非常普遍。另外,在结构化开发范型中,软件维护的费用占软件费用的 2/3。

1.4.2　面向对象开发范型

面向对象开发范型把数据和行为看成同等重要,即将对象视作一个封装了数据与对数据的操作的统一的软件组件。而且,对象的概念符合业务或领域分析的客观实际,反映了实际存在的事物,也符合人们分析业务过程的习惯。

面向对象技术自 20 世纪 90 年代被提出以来得到了快速发展,并被应用在各种各样的软件开发中。面向对象技术将数据和对数据的操作封装在一起,对外封闭实现信息隐藏的目的。使用这个对象的用户只需要知道其暴露的方法或接口,通过这些方法或接口即可完成各种各样的任务,完全不需要知道对象内部的细节,保证了对接间的相对独立性。

面向对象方法的优势主要体现在维护阶段。相对于结构化方法,无论对象的内部细节如何变化,只要对象提供的接口(方法定义)保持不变,则整个软件的其他部分就不会受到影响,开发人员不需要了解对象内部的变化。因此,面向对象开发范型使软件维护更快、更容易,同时也大大降低了产生回归的机会,使开发变得相对容易。大多数情况下,一个对象对应物理世界的一个事物,软件中的对象和现实世界的同等对应物之间存在密切的对应关系,促进了更优化的软件开发。此外,对象是独立的实体,因此面向对象促进了复用,减少了开发与维护的时间和费用。

传统结构化开发范型是软件工程学发展的基础,广大软件工程师对这种范型比较熟悉,而且该范型在开发某些类型的软件时也比较有效,因此,在相当长一段时期内这种开发范型还是有生命力的。此外,如果没有完全理解传统的结构化开发范型,也就不能深入理解这种开发范型与面向对象开发范型的差别,以及面向对象开发范型为何优于传统的结构化开发范型。

在使用结构化开发范型时,其分析阶段和设计阶段过渡得较快,而面向对象开发范型是迭代地从一个阶段向另一个阶段过渡,比结构化开发范型要平滑得多,从而降低了开发过程中返工的概率。

1.5 软件工程基本活动

在软件工程概念被提出来之前,开发人员错误地认为软件就是开发活动,或者极端地认为就是编码,至于分析和设计等都是次要的。随着软件规模的不断增大,软件开发活动暴露出很多问题。软件工程是为解决这些问题而被提出的,人们正在实践中不断地探索它的原理、技术和方法。软件工程基本活动包括沟通活动、计划活动、建模活动、实现活动、部署活动、维护活动、管理活动和过程改进活动。

1. 沟通活动

沟通活动是一切项目都需要的活动。一方面,当需要开发一个项目时,开发团队必然需要与客户进行交流和沟通,获得项目的需求;另一方面,开发团队内部也需要交流,以便对项目有一个统一的理解,从而开发出满足用户需要的产品。

沟通活动包括确定合适的用户、非正式沟通和正式沟通。

确定合适的用户是指发现真正的使用软件的用户,只有使用该软件的用户才能说出他们真正的需要。

沟通是一门艺术,需要经验和技巧。非正式沟通指与用户第一次接触,还没有建立融洽的关系,难以进行长时间和深入的交流。由于对问题的认识还比较肤浅,或者由于双方的领域不同,对问题的理解存在一定的偏差,非正式沟通的目的便是建立良好的关系和对问题有一个初步的了解。这种良好的关系有利于增进双方的友谊,增强信任感,为后面的正式沟通铺平道路。非正式沟通通常在一种轻松愉快的氛围当中进行,双方可以从感兴趣的问题入手,进而转到主题上来,理解项目所涉及的领域和初步要求等。

正式沟通指根据非正式沟通获得的基本需求和问题,双方确定讨论的主题或问题,开展深入的分析和讨论。一般来说,有一个主持人按照事先确定的议程,针对问题逐步地提问和解答,保证沟通高效进行,并形成初步的文档。正式沟通持续时间较长或分几次进行。

2. 计划活动

计划活动包括项目计划和项目跟踪管理。

项目计划包括项目可用的资源、工作分解以及完成工作的进度安排。在项目执行期间，一般应该经常地修正项目计划，有些项目或部分可能会频繁地改变。通常要密切跟踪项目变动的部分，并及时反馈和调整。

项目计划一般随着项目的进展不断细化，这是由于项目初期各种计划都是比较粗略的，无法制订出较为详细的计划。随着项目的进展，一些要素和过程逐渐明确，因而项目的计划需要详细设计。

项目实际运转与计划总是有偏差的，项目跟踪管理就是监控项目运转过程出现的误差，及时调整项目计划，使得项目沿着正确的方向进行。

3. 建模活动

建模是对事物的抽象，抓住问题的本质，并进行必要的描述。由于软件是逻辑的，是大脑的逻辑想象，是看不见、摸不着的复杂事物，因此，对软件的建模是必不可少的。

建模活动包括对软件本质的抽象及建立完整的模型描述文档，其中模型是问题的某个方面的抽象。比如，需求建模就是抽象出软件的根本需求，包括数据需求、功能需求和环境需求等，可以通过实体-关系模型、数据流模型和状态模型来抽象和描述。建模在软件工程活动中是普遍的现象，软件工程方法学提供许多的软件建模方法和相关的模型，我们在后续的章节将会学到。

软件建模主要包括软件过程建模和软件本身建模两大类。软件过程建模指对软件开发的过程进行建模，目的是对复杂的开发过程进行抽象，理解不同的开发过程的本质特征，从而指导开发团队根据软件项目选择合适的开发过程。软件本身建模是对软件本身进行建模，从不同的方面抽象出软件的本质问题，进而给出合理的解决方案。

建模活动包括构建模型和模型的描述。构建模型是根据软件的复杂程度从不同的方面建立软件的模型，目的是理解系统。构建模型可以采用分解与抽象的方法进行。模型的描述是对构建的模型进行统一的表示，以便开发人员之间进行交流和约定。有许多的工具支持开发人员进行高效建模。

4. 实现活动

实现活动是软件的构造活动，也就是我们常说的编码，其根据软件的设计编写代码，经过相应的测试后交付运行。

实现活动一般包括代码编写、测试与调试、重构和运行等。代码编写就是根据设计文档和代码规范将设计转换成代码的过程，开发人员要对程序语言和环境有一定的经验，理解语言的特性，编写简洁明了的代码。测试与调试指对代码进行单元测试和集成测试，并对存在的问题进行修改和回归测试等。重构和运行是对能够运行的代码进行优化，使得代码结构层次清晰，便于理解和修改，并在清晰的前提下提高代码的效率，支持代码的重用。

5. 部署活动

一般地，复杂的软件需要部署在不同的硬件环境中。部署活动就是建立系统运行的环境，确定硬件节点之间的连接关系、节点的配置，以及分配代码组件在不同的节点上。例如，一个基于 Web 的图书馆系统，需要部署 Web 服务器、应用服务器和数据库服务器的配置，建立它们之间的通信协议和带宽要求，并分配图书馆系统的代码到不同的服务器上。

6. 维护活动

软件开发完成交付用户使用后，就进入软件的运行和维护阶段。软件维护是指软件系统交付使用以后,为了改正软件运行错误,或者因满足新的需求而加入新功能的修改软件的过程。软件维护的主要工作就是在软件运行阶段对软件进行必要的调整和修改,以纠正软件存在的错误或适应环境的变化等。

软件维护是持续时间最长、工作量最大的一个不可避免的阶段。软件维护的基本目标和任务是改正错误、增加功能、提高质量、优化软件、延长软件寿命,以及提高软件的价值等。

7. 管理活动

当今的软件开发活动是一个非常复杂的过程。项目通常涉及几十、几百甚至几千的人员,项目周期少则几个月,多则几年,项目费用也越来越高,因此,这样的项目就需要妥善地进行管理。

著名的项目管理专家 James P. Lewis 指出,项目是一次性的、多任务的工作,具有明确的开始和结束日期、特定的工作范围、预算和要达到的特定性能水平,因而项目涉及预期的目标、费用、进度和工作范围 4 个要素。

软件项目管理活动就是如何管理好项目的范围、进度、成本等,为此需要制订一个好的项目计划,然后跟踪与控制这个计划。实际上,做到项目计划切合实际是一件非常难的事情,需要对项目进行详细的需求分析,制订合理的计划,安排好进度、资源调配、经费使用等,并不断地跟踪和调整。为了降低风险,还要进行必要的风险分析并制订风险管理计划等。

8. 过程改进活动

要完成一个软件项目,项目经理需要完全了解项目的过程,确定项目需要哪几个步骤、每个步骤要完成什么事情、需要哪些资源和技术等。如果将项目的关注点放在项目的开发过程,无论哪个团队来做,都采用统一的开发过程,则软件的质量是一样的。项目团队还可以通过不断改进过程活动来提高软件的质量,这个过程活动体现了项目团队的整体能力,而不依赖于个人能力。

软件过程改进是极其复杂的,必须不断总结过去项目的经验,形成过程描述文档,并不断地完善和在以后的项目中重复利用。

过程管理活动的主要内容就是过程定义和过程改进。过程定义是对最佳实践加以总结,形成一套稳定的可重复的软件过程。过程改进是根据实践对过程应用中存在的偏差或不切实际的活动进行优化。通过实施过程管理活动,软件开发团队可以逐步提高其软件过程控制能力,从根本上提高软件生产效率。

1.6 小 结

软件或软件系统是一系列程序、数据及其相关文档的集合,具有复杂性、一致性、退化性、易变性、可移植性和高成本等特征。软件工程因软件危机的出现而被提出,其旨在以工程化的思想进行软件的开发与维护,目的是高效率地生产高质量的软件。

软件工程化思想的核心是把软件看作一个工程产品,这种产品需要通过需求分析、设计、实现、测试、管理和维护等阶段完成。软件工程的基本原理包括推迟实现、逐步求精、分解与抽象、信息隐蔽、质量保证。软件工程的基本原则包括分阶段的软件开发、坚持进行阶段评审、实行严格的产品控制、采用先进的程序设计技术、明确责任、开发小组的人员应少而精和不断改进开发过程。

目前使用最广泛的软件工程范型分别是传统结构化开发范型和面向对象开发范型。结构化开发范型采用数据与操作分开的原则,包括结构化的分析、设计、编码、测试和维护等过程。面向对象开发范型以封装数据以及在数据上操作的对象为基础,包括面向对象的分析、设计、实现、测试和维护等过程。

软件工程基本活动包括沟通活动、计划活动、建模活动、实现活动、部署活动、维护活动、管理活动和过程改进活动。

习　　题

1. 软件的三要素是什么? 阐述软件、软件系统、软件产品的区别与联系。
2. 简述软件的特征。
3. 通过资料分析伦敦救护服务中心存在的问题。
4. 通过分析淘宝网的主要功能说明现代商务系统平台的复杂性。
5. 软件工程两大范型分别是什么? 它们有什么不同?
6. 举例说明软件危机的存在。
7. 阐述分解与抽象的关系。
8. 简述软件工程活动。

软件工程概述

第 2 章　软件过程与模型

【学习重点】

(1) 理解过程与软件过程框架。

(2) 理解软件能力成熟度模型及其内容。

(3) 掌握各种软件过程模型及其特点。

大型软件的开发一直是开发人员和软件公司所面临的严峻挑战,特别是在软件危机出现以后,人们提出了各种各样解决软件危机的方法。从技术方面入手,这些方法直接影响了软件分析的思想,使得结构化程序设计成为程序设计的主流;从管理方面入手,这些方法需要解决软件开发过程问题,进而产生了软件工程的概念。随着软件工程不断发展,人们开始关注软件工程的一个核心问题,即软件过程。软件过程是指把用户的需要转变成一个可以运行的软件所需的所有活动。

有效的软件过程可以提高软件公司的生产能力。理解软件开发的基本原则,有利于软件团队做出更符合实际情况的决定,标准化软件开发的工作,并提高软件的可重用性和增强团队之间的协作。

2.1　软件生存周期

同任何事物类似,软件也有一个从生到死的过程,这个过程一般称为软件生存周期或生命周期(Software Development Life Cycle,SDLC)。一般地,软件生存周期可划分为定义、开发和运行 3 个时期,每个时期又细分为若干阶段。把整个软件生存周期划分为若干阶段,每个阶段都有明确的任务,使得控制和管理规模大、结构复杂的软件开发过程变得更容易。

软件生存周期方法学是指把开发过程中复杂的问题趋于简单化,以便于有效控制和管理。对软件开发过程的研究,实际就是对软件生存周期方法学的研究,所以,软件生存周期方法学是软件工程方法学的核心内容。通常,软件生存周期包括问题定义与可行性分析、软件项目计划、需求分析、软件设计、实现与测试、运行与维护阶段,每个阶段又包含一系列的活动。

(1) 问题定义与可行性分析。在此阶段,软件开发人员首先与客户进行沟通,了解软件的现状、存在的问题、未来的期望等,然后确定新软件的目标、范围、规模、运行环境、逻辑模型等,并开展该软件项目的可行性分析。

(2) 软件项目计划。项目计划阶段根据项目的问题、范围、规模制订初步的开发计划,包括人员组织、项目过程、项目预算投入、项目风险管理、进度安排等。

（3）需求分析。在确定软件开发可行的情况下，对软件需要实现的各个功能进行详细分析。需求分析阶段是一个很重要的阶段，这一阶段做得好，将为整个软件开发项目的成功打下良好的基础。同样，需求也是在整个软件开发过程中不断变化和深入的，因此我们必须制订需求变更计划来应对这种变化，以保证整个项目的顺利进行。

（4）软件设计。此阶段主要根据需求分析的结果对整个软件进行设计，如软件结构设计、组件设计、数据库设计、人机界面设计等。软件设计阶段进一步可分为总体设计和详细设计阶段。好的软件设计将为软件实现奠定良好的基础。

（5）实现与测试。此阶段是将软件设计的结果转换成计算机可运行的程序代码。在程序编码中必须制定统一、符合标准的编写规范，以保证程序的可读性、易维护性，提高程序的运行效率。在软件实现完成后要进行严格的测试，以发现软件在整个设计过程中存在的问题并加以纠正。整个测试过程分单元测试、组装测试以及系统测试 3 个阶段进行。在测试过程中需要建立详细的测试计划并严格按照测试计划进行测试，以减少测试的随意性。

（6）运行与维护。在软件开发完成并投入使用后，由于多方面的原因，软件可能无法继续适应用户的要求，要延续软件的使用寿命，就必须对软件进行维护。软件维护是软件生存周期中持续时间最长的阶段。

软件过程是整个软件生存周期中一系列有序的软件生产活动的流程，软件过程模型则是一种开发策略，该策略对软件工程的各个阶段提供了一套范型，使软件开发达到预期的目标。对一个软件的开发无论其规模大小，项目经理都需要选择一个合适的软件过程模型，这种选择须基于项目的性质、采用的方法、需要的控制策略，以及要交付的软件特点。选择一个错误的软件过程模型将导致软件开发迷失方向。

2.2　软件过程与框架

1. 软件过程

软件的诞生及其生存周期是一个过程，人们总体上称这个过程为软件过程或软件开发过程。软件过程是为了开发出满足用户要求的软件，或者是为了完成软件工程项目而需要完成的有关软件工程的活动，每一项活动又可以分为一系列的工程任务。任何一个软件开发组织都可以规定自己的软件过程活动，所有这些活动共同构成了一个软件过程。

只有通过科学、有效的软件过程才能获得高质量的软件。事实上，软件过程是一个软件开发公司针对某一类软件为自己规定的工作步骤，它应当是科学的、合理的，否则必将影响软件的质量。

2. 软件过程框架与管理

软件过程框架是一个为了构造高质量软件所需完成的一系列活动的框架，即形成软件的一系列步骤，包括中间产品、资源、角色及过程中采取的方法、工具等范畴。软件过程框架包含软件整个生存周期，即需求获取、需求分析、设计、实现、测试、发布和维护等一系列过程框架活动。软件过程框架定义了软件开发过程活动以及过程活动中所采用的技术、方法和工具。

软件过程管理是在这个确定的框架下建立一个软件开发过程的综合计划（也称为软件实施计划）。一个软件过程框架的活动适用于所有软件项目，不关乎其规模和复杂性。软件过程框架活动包含若干不同任务的集合,每个集合都由任务、里程碑、交付物和软件复审组成。这些集合使得过程框架活动适应于不同软件项目的特征和项目开发者的需求。此外,还有一类保护性过程框架活动,如软件质量保证、软件配置管理和测度等,其独立于任何一个框架活动,且贯穿整个开发过程。

为有效提供软件工程技术支持,软件公司必须定义一个过程框架。软件过程框架构成了软件项目管理与控制的基础,并且创建一个过程框架有利于技术方法的采用、工作产品(模型、文档、报告、表格等)的产生、里程碑的创建、质量的保证、管理的正常变更等。

软件过程管理的制度化需要过程框架的支持。框架是实现整个软件开发活动的基础,与过程有关的角色、职责的定义以及实施都离不开框架的支持。任何一个过程框架都应该包含组织管理框架和方法与工具框架两方面的内容。组织管理框架包括实现软件过程改进活动时所涉及的角色与职责。方法与工具框架包括实现过程活动自动化,以及为不同角色与职责提供支持时所需的设备与工具。

为了实现一个有效的软件过程环境,软件过程框架应当设置相应的角色与职责,这些相应的角色和职责还应涵盖软件过程中所有的关键领域。对软件过程改进而言,一个有效的框架应包括组织管理的角色与职责和技术环境两部分。

软件过程框架包括了一些普适性的过程、活动和任务。《ISO/IEC 系统与软件工程—软件生存周期过程 12207—2008》标准将一个系统的生存周期过程分为系统语境的过程和针对软件开发的过程两大类。系统语境的过程包括协议过程组、项目过程组、技术过程组和组织上项目使能过程组共 4 个过程组。针对软件开发的过程包括软件实现过程组、软件支持过程组和软件复用过程组共 3 个过程组。这些过程组又分别包含一组过程,过程包含了相关的一系列活动,活动又包含了相应的任务。整个系统的生存周期包括了 43 个过程、123 个活动和 405 项任务。

2.3 软件过程选择与评估

软件过程提高了软件工程活动的稳定性、可控性和有组织性,其受到严格的约束,以保证软件活动按序进行。软件工程师和管理人员根据需要可调整软件开发过程,一旦确定就必须遵循该软件过程。从技术的角度来看,软件过程注重软件开发中采用的方法。

2.3.1 软件过程选择

从软件工程师的观点来看,软件就是过程定义的一系列活动和任务的结果,即要交付的软件产品。软件依赖软件过程,软件团队应根据软件产品的特征以及自身特点选择特定的软件过程来开发该软件产品。

当软件比较复杂、开发周期比较长(一般持续一年及以上)、开发成本比较高时,团队应选择重型软件过程,如螺旋模型或者统一过程模型等。因为当软件比较复杂时,需要大量的文档记录软件的分析和设计结果,以便开发者与客户进行交流,从而理解问题并达到一致。当软件持续周期较长时,可能有开发人员中途退出,其结果需要通过文档被保留下来,以便于后来者能够阅读文档,快速理解问题和投入开发。随着项目不断推进,复杂的软件一般会经过多次更改和演化,后面的结果跟当初的设想肯定存在很大的差异,只有通过文档和相关的管理过程来保存这些更改和变化，才能适应软件产品的进化。

当软件较为简单或需求比较稳定时，一般开发周期比较短（三个月以内），开发人员也比较少（一般为 4～8 人），这样的软件就可以采用轻型软件过程，如极限编程模型或者瀑布模型等。

2.3.2 软件过程评估

软件过程并不能保证软件按期交付，也不能保证软件满足客户需求。软件过程本身也要进行评估，以确认满足了成功软件工程所必需的基本过程标准要求。软件过程评估作用如图 2.1 所示。软件过程评估是对现有的过程进行评估，并引发过程改进和能力确定，以便完善软件过程。过程能力确定活动通过组织过程能力评估识别能力状况和存在的风险，若存在问题则启动软件过程改进活动；软件过程改进活动对具体项目开发中采用的过程进行评估，识别需要修改的过程与不足，制订改进方案，并应用在下次项目开发中。

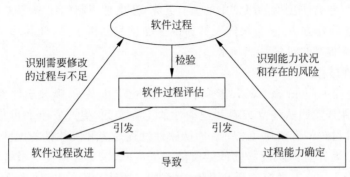

图 2.1 软件过程评估作用

常见的软件过程评估方法如下：

（1）用于过程改进的标准 CMMI（Capability Maturity Model Integration，能力成熟度模型集成）评估方法（SCAMPI）提供了一个过程评估模型，包括启动、诊断、建立、执行和学习。SCAMPI 采用了卡内基-梅隆大学软件工程研究所的 CMMI 作为评估的依据。

（2）基于 CMM（Capability Maturity Model，能力成熟度模型）的内部过程改进评估（CBAIPI）提供了一种诊断方法，用以分析软件或软件团队的相对成熟度。CBAIPI 采用了卡内基-梅隆大学软件工程研究所的 CMM 作为评估的依据。

（3）SPICE（Software Process Improvement and Capacity dEtermination，软件过程改进及能力评定）标准定义了软件过程评估的一系列要求，目的是帮助软件开发团队建立客观的评价体系，以评估定义的软件过程的有效性。

（4）软件 ISO9001：2000 标准是一个通用标准，用于评估软件、系统或服务的整体质量，可直接由软件团队和公司采用"计划—实施—检查—行动"循环应用于软件项目的质量管理环节。

2.3.3 个人软件过程与团队软件过程

随着软件工程知识的普及，软件工程师都知道，要开发高质量的软件，必须改进软件开发的过程，包括个人软件过程和团队软件过程。

1. 个人软件过程

个人软件过程(Personal Software Process,PSP)是一种可用于控制、管理和改进个人工作方式的自我持续改进过程,是一个包括软件开发表格、指南和规程的结构化框架。PSP与具体的技术(如程序设计语言、工具或者设计方法)相对独立,其原则能够应用到几乎任何的软件工程任务之中。PSP重视企业中有关软件过程的微观优化和面向软件开发人员,二者互相支持,互相补充,缺一不可。

按照PSP规程,改进软件过程的步骤如下:首先明确质量目标,也就是软件将要在功能和性能上满足的要求和用户潜在的需求;接着度量产品质量,对目标进行分解和度量,使软件质量能够"测量";然后理解当前过程,查找问题,并对过程进行调整;最后应用调整后的过程,度量实践结果,将结果与目标进行比较,找出差距,分析原因,对软件过程进行持续改进。

PSP为个体的能力也提供了一个阶梯式的进化框架,以循序渐进的方式介绍过程的概念,每一级别不仅包含了更低的级别中的所有元素,还增加了新的元素。这个进化框架是学习PSP基本概念的好方法,它为软件人员提供了度量和分析工具,使其清楚地认识自己的表现和潜力,从而提高自己的技能和水平。

2. 团队软件过程

团队软件过程(Team Software Process,TSP)由卡内基-梅隆大学软件工程研究所提出,可以帮助软件开发团队建立成熟和纪律性的工程实践,生产安全和可信的软件。实施TSP是改进软件过程的有效途径之一。团队软件过程是为开发软件的团队提供指导,其早期实践侧重于帮助开发团队改善软件的质量和生产率,以更好地完成成本及进度的目标。TSP通常适用于2~20人规模的开发团队,大型的多团队过程的TSP被设计为大约150人的规模。

TSP与PSP相结合可帮助在一个团队中工作的工程师提高绩效、开发有质量保证的软件、生产安全的软件和改进团队中的过程管理。通过TSP,一个组织能够建立起自我管理的团队来追踪工作、建立目标,并拥有自己的过程和计划。这些团队可以是纯粹的软件开发团队,也可以是集成的软件开发团队,规模可以为3~20个工程师。TSP使具备PSP的工程人员组成的团队能够学习并取得成功。运用TSP可帮助组织建立一套成熟规范的工程实践,确保开发安全可靠的软件。

团队成员在PSP的训练中了解使用TSP所需的知识和技能,这些训练包括如何制作详细的计划、收集和使用过程数据、制作挣值管理、跟踪项目进度、度量和管理产品质量以及定义和使用可操作的过程。

TSP采用了循环递增的开发策略,整个软件生产过程由多个循环出现的开发周期组成,每个开发周期划分为若干个相对独立的阶段。每一次循环都以启动阶段开始。在启动阶段,所有成员一起制订策略、过程和完成工作的计划。

2.4 软件能力成熟度模型

视频讲解

20世纪80年代,随着软件能力成熟度模型(Capability Maturity Model,CMM)标准的产生和发展,软件过程在软件工程中的重要地位不断得到体现。

2.4.1 什么是CMM

CMM 即能力成熟度模型,是对于软件公司在定义、实施、度量、控制和改善其软件过程的实践中各个阶段的描述,是国际公认的对软件公司进行成熟度等级认证的重要标准。CMM 的核心是把软件开发视为一个过程,并根据这一原则对软件开发和维护进行过程监控和研究,以使其更加科学化、标准化,使企业能够更好地实现商业目标。

CMM 的出发点是软件过程管理方法不当导致软件新技术的运用并不能提高软件的生产率和质量。CMM 有助于软件开发公司建立一个有规律的、成熟的软件过程框架,在这个框架中,改进后的软件过程能够开发出质量更好的软件,使更多的软件项目免受时间超限和费用超支之苦。CMM 是目前国际上最流行、最实用的一种软件开发过程标准,已经得到了众多国家以及国际软件产业界的认可,成为当今软件公司从事规模化软件生产不可缺少的一项内容。

CMM 为软件企业的过程能力提供了一个阶梯式的改进框架,它基于过去所有软件工程过程改进的成果,吸取了以往软件工程的经验教训,提供了一个基于过程改进的框架。它指明了一个软件公司在软件开发方面需要管理哪些主要工作和这些工作之间的关系,以及以怎样的先后次序一步一步地做好这些工作而使软件公司走向成熟。

2.4.2 CMM 基本内容

CMM 是全面质量管理中的过程管理概念在软件开发方面的应用,其提供了一个软件过程改进的框架,认为保障软件质量的根本途径是提升公司的软件开发能力,而公司的软件开发能力又取决于公司的软件过程能力,特别是在软件开发中的成熟度。公司的软件过程能力越强,它的软件开发能力就越有保证。所谓软件过程能力,指公司从事软件开发的过程本身透明化、规范化和运行的强制化的能力。

CMM 以具体实践为基础,是一个软件工程实践的纲要,其以逐步演进的框架形式不断地完善软件开发和维护过程,成为软件企业变革的内在原动力。

CMM 共分为 5 级(第 5 级为最高级别),示意图如图 2.2 所示。由于 CMM 是一个动态的过程,企业可根据不同级别的要求,循序渐进,不断改进。同时,它是一种用于评价软件承包能力并帮助改善软件质量的方法,侧重于软件开发过程的管理及工程能力的提高与评估。

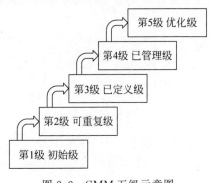

图 2.2　CMM 五级示意图

CMM 的分级结构和每个级别的主要特征如下。

(1) 第 1 级,即初始级:过程无序且不可见。

若公司处于初始级,其软件开发过程的特点是无秩序的,有时甚至是混乱的,如图 2.3 所示。软件开发过程定义几乎处于无章可循和步骤不可重复的状态,软件所取得的成功往往依赖于开发人员个人的努力和机遇。

输入 → 输出

图 2.3 CMM 的初始级

(2) 第 2 级,即可重复级:里程碑可见,按计划开发。

当处于可重复级时,软件公司已建立了基本的项目管理过程,可用于对成本、进度和功能特性进行跟踪。对类似的应用项目,过程有章可循并能重复以往所取得的成功,同时项目有里程碑,可分阶段检查,如图 2.4 所示。

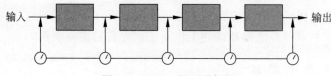

输入 → 输出

图 2.4 CMM 的可重复级

可重复级包括以下 6 个 KPA(Key Process Area,关键过程域),侧重于管理。

- 需求管理
- 软件项目计划
- 软件项目跟踪与监控
- 软件子合同管理
- 软件质量保证
- 软件配置管理

(3) 第 3 级,即已定义级:每个阶段的内部活动可见,标准过程和项目定义过程可以裁剪。

已定义级如图 2.5 所示,用于管理和工程的软件开发过程均已文档化、标准化,并形成了整个软件公司的标准软件开发过程。全部项目均采用与实际情况相吻合的适当修改后的标准软件开发过程来进行操作。

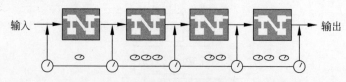

输入 → 输出

图 2.5 CMM 的已定义级

已定义级在可重复级的基础上增加了 7 个 KPA,强调工程过程和企业理念。

- 机构过程关注
- 机构过程定义
- 培训计划
- 集成软件管理—过程裁剪和定义

- 产品工程—过程执行
- 组间协调
- 对等审查

（4）第 4 级，即已管理级：过程可度量，预测值与结果之间的偏差可控。

已管理级如图 2.6 所示，软件过程和产品质量有详细的度量标准，得到了定量的认识和控制。

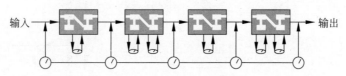

图 2.6　CMM 的已管理级

已管理级在已定义级的基础上增加了 2 个 KPA，强调预测和量化管理。
- 定量过程管理—过程度量
- 软件质量管理—产品度量

（5）第 5 级，即优化级：过程动态调整，采用新技术。

优化级如图 2.7 所示，通过对来自过程、新概念和新技术等方面的各种有用信息的定量分析，能够持续地对过程进行改进。

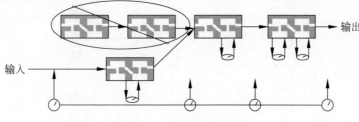

图 2.7　CMM 的优化级

优化级在已管理级的基础上增加了 3 个 KPA，强调动态优化。
- 缺陷预防
- 技术改变管理
- 过程改变管理

除第 1 级外，每个成熟度级别都包含了若干个关键过程域。关键过程域由一组相互关联的活动组成，实现一组对提升过程能力至关重要的目标。每个关键过程域都属于某个成熟度级别。

每个 KPA 都设定了一个或多个目标，为了达成 KPA 的目标，就需要有一些最重要的基础设施和活动，这些基础设施和活动称为关键实践，如图 2.8 所示。为了便于描述，把关键实践的 5 个共同特性归纳为执行约定、执行能力、执行活动、度量与分析、实施验证。

整个 CMM 的结构如图 2.9 所示。

CMM 标准的使用主要包括以下 3 个方面：

（1）用于软件过程的改进，帮助软件企业对其软件过程的改进进行计划、制订以及实施。

（2）用于软件过程评估。在评估中，由一组经过培训的软件专业人员确定一个公司软

24

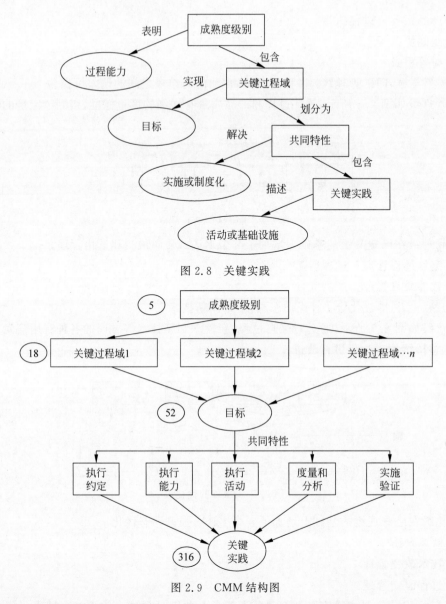

图 2.8　关键实践

图 2.9　CMM 结构图

件过程的状况,找出该公司所面对的与软件过程有关的、最迫切的所有问题,以及取得公司管理层对软件过程改进的支持。

(3) 用于软件能力评价。在能力评价中,由一组经过培训的软件专业人员鉴别软件承包者的能力资格,检查或监察软件开发的软件过程的状况。

2.4.3　能力成熟度模型集成

能力成熟度模型集成(Capability Maturity Model Integration,CMMI)是 CMM 模型的最新版本。CMMI 是美国国防部的一个设想,他们想把现在所有的以及将被创造的各种能力成熟度模型集成到一个框架中。这个框架的作用包括:①软件采购方法的改革;②建立一种集成产品与过程发展角度的、包含健全的系统开发原则的过程改进。

CMMI 项目为工业界和政府部门提供了一个集成的产品集,其主要目的是消除不同模型之间的不一致和重复性,降低基于模型改进的成本。CMMI 将以更加系统和一致的框架来指导组织改进软件过程,提高产品和服务的开发、获取和维护能力。

CMMI 与 CMM 最大的不同点在于,CMMI 包括了软件管理、软件工程、软件维护、应用集成产品和过程开发、软件应用五个集成成分。CMMI 的目标是高质量、按期限和低成本地完成项目。需要特别强调的是,CMMI 不是传统的仅局限于软件开发的生命周期,它应该被运用于更广泛的一个范畴——工程设计的生命周期。

CMMI 比 CMM 进一步强化了对需求的重视。在 CMM 中,只有需求管理这一个关键过程域,而在 CMMI 的阶段模型中,第 3 级有一个独立的关键过程域叫作需求开发,提出了对如何获取优秀的需求的要求和方法。在 CMM 中,只有第 3 级中的产品工程和对等审查两个关键过程域是与工程过程密切相关的,而 CMMI 则将需求开发、验证、确认、技术解决方案、产品集成这些工程过程活动都作为单独的关键过程域进行了要求,从而在实践上提出了对工程更高的要求和更具体的指导。与 CMM 把风险的管理分散在软件项目计划和软件项目跟踪与监控中进行要求不同,CMMI 还强调了风险管理。

一般情况下,CMMI 有两种表现方法,一种是和软件 CMM 一样的阶段式表现方法,另一种是连续式表现方法。阶段式表现方法仍然把 CMMI 中的若干个过程区域分成了 5 个成熟度级别,为实施 CMMI 的公司建议一条比较容易实现的过程改进发展道路。而连续式表现方法则将 CMMI 的过程区域分为过程管理、项目管理、工程以及支持 4 大类,对于每个大类中的过程区域,又进一步将其分为基本的和高级的。这样,在按照连续式表现方法实施CMMI 的时候,公司可以把项目管理或者其他某类的实践一直做到最好,而其他方面的过程区域可以完全不必考虑。

CMMI 的实施方法也分为连续式和阶段式两种。连续式实施方法主要用来衡量一个公司的项目能力,因为公司在接受评估时可以选择自己希望评估的项目来进行,所以评估通过的可能性就较大,但它仅表示公司在该项目或类似项目上的实施能力达到了某一等级,反映的内容范围也比较窄。一般地讲,一个公司要想在阶段式实施的评估中得到 3 级,其公司内部的大部分项目需达到 3 级,小部分项目可以为 2 级,但绝不能够有 1 级。综上,阶段式实施方法的难度要大一些。

2.5 软件过程模型

软件是有逻辑的和复杂的,完全依靠开发者的智力思维活动。软件过程涉及人员的有效组织与管理,以充分发挥开发人员的能动性,因此软件开发过程是非常复杂的。然而,软件开发过程中的各种活动具有一般性的规律,可以对软件开发过程进行定量度量和优化,人们总结了这些规律,提出了软件过程模型。

为了能高效地开发一个高质量的软件,通常把软件生存周期中各项开发活动的流程用一个合理的框架——开发模型来规范描述,这就是软件过程模型,或者称为软件生存周期模型。所以,软件过程模型是一种软件过程的抽象表示法。

软件过程模型是从一个特定的角度表现一个过程,一般使用直观的图形方式来表示软件开发的复杂过程。软件开发过程的选择主要根据软件的类型、规模,特别是软件工程开发范型、开发环境等多种因素确立。

几十年来,软件工程领域先后出现了多种不同的软件过程模型,典型的代表包括瀑布模型、螺旋模型、演化式模型和面向对象模型等。它们各具特色,分别适用于不同特征的软件项目的开发应用。

2.6 传统的软件过程模型

视频讲解

2.6.1 瀑布模型

在20世纪80年代之前,瀑布模型一直是唯一被广泛采用的软件过程模型,现在它仍然是软件工程中应用最广泛的过程模型。瀑布模型提供了软件开发的基本框架,其过程是先接收上一项活动的工作结果作为输入,然后实施该项活动应完成的工作,并将该项活动的工作结果作为输出传给下一项活动。同时,在开始下一个阶段的活动之前需要评审该项活动的实施,若确认,则继续下一项活动;否则返回前面的活动,甚至更前面的活动。

瀑布模型将软件生存周期划分为软件计划、需求分析、软件设计、软件实现、软件测试、运行与维护6个阶段,规定了它们自上而下、相互衔接的固定次序,如同瀑布流水逐级下落。从本质来讲,瀑布模型是一个软件开发架构,开发过程是通过一系列阶段顺序展开的,从需求分析开始直到软件运行与维护,每个阶段都会产生结果反馈。瀑布模型的软件过程如图2.10所示。

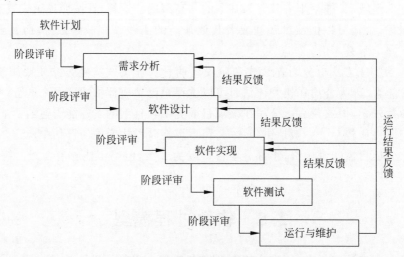

图2.10 瀑布模型的软件过程

瀑布模型中各个阶段产生的文档是维护软件必不可少的,没有文档的软件几乎是不可能维护的。由于绝大部分软件预算都花费在软件维护上,因此,使软件易于维护就能显著降低软件预算。按照传统的瀑布模型开发软件有以下特点。

(1)顺序性和依赖性。瀑布模型的各个阶段之间存在着这样的关系:后一阶段的工作必须等前一阶段的工作完成之后才能开始。前一阶段的输出文档就是后一阶段的输入文档,因此,只有前一阶段的输出文档正确,后一阶段的工作才能获得正确的结果。

(2)推迟实现。对于规模较大的软件项目来说,往往编码开始得越早最终完成开发工作所需要的时间反而越长。其主要原因是前一阶段的工作没做或做得不到位就过早地进行下一阶段的工作,导致大量返工,有时甚至发生无法弥补的问题,带来灾难性后果。瀑布模型在编码之前需要进行系统分析与设计,它们的基本任务是考虑目标系统的逻辑模型,不涉及软件的编程实现。清楚地区分逻辑设计与物理设计,尽可能推迟程序的编程实现,是按照瀑布模型开发软件的一条重要的指导思想。

(3) 质量保证。为保证软件的质量,首先,瀑布模型的每个阶段都应完成规定的文档,只有交出合格的文档才算是完成该阶段的任务。完整、准确的合格文档不仅是软件开发时期各类人员之间相互通信的媒介,也是运行时期对软件进行维护的重要依据。其次,在每个阶段结束前都要对所完成的文档进行评审,以便尽早发现问题、改正错误。事实上,越是早期阶段犯下的错误,暴露出来的时间就越晚,排除故障、改正错误所需付出的代价也越高。

瀑布模型着重强调文档的作用,并要求每个阶段都要仔细验证。但这种模型的线性过程太理想化,已不再适合现代化软件开发的模式,其主要问题在于:

(1) 各个阶段的划分完全固定,阶段之间产生大量的文档,极大地增加了工作量。事实证明,一旦一个用户开始使用一个软件,用户对该软件应该做什么的想法会或多或少地发生变化,这就使得最初提出的需求变得不完全适用了。

(2) 由于开发模型是线性的,用户只有等到整个过程结束才能见到开发的软件,从而增加了开发的风险。当客户在开发周期的后期看到程序运行的测试版本时,若这时发现大的错误,其后果可能是灾难性的。实际的项目大部分情况都难以按照该模型给出的顺序进行,而且这种模型的迭代是间接的,很容易由微小的变化造成大的混乱。

2.6.2 增量模型

增量模型也称为渐增模型,是在项目的开发过程中以一系列的增量方式开发系统。在增量模型中,软件被作为一系列的增量构件来设计、实现、集成和测试,每一个构件都由多种相互作用的模块所形成的具有特定功能的代码段构成。

增量方式包括增量开发和增量提交。增量开发是指在项目开发周期内,以一定的时间间隔开发部分工作软件。增量提交是指在项目开发周期内,以一定的时间间隔通过增量方式向用户提交工作的软件和文档。

1. 总体开发与增量构造模型

总体开发与增量构造模型在瀑布模型的基础上,对一些阶段进行整体开发,如分析与设计阶段;对另一些阶段进行增量开发,如实现与测试阶段。前面的分析与设计阶段按瀑布模型进行整体开发,后面的实现与测试阶段按增量方式开发。总体开发与增量构造模型融合了瀑布模型的基本成分和原型实现模型的迭代特征,采用随时间的进展而交错的线性序列,每一个线性序列产生软件的一个可发布的"增量",如图2.11所示。

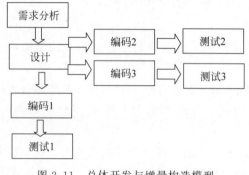

图 2.11   总体开发与增量构造模型

2. 增量开发与增量提交模型

增量开发与增量提交模型在瀑布模型的基础上,对所有阶段都进行增量开发,也就是说其不仅是增量开发,也是增量提交。这种模型也融合了线性顺序模型的基本成分和原型实现模型的迭代特征,采用随时间的进展而交错的线性序列,每一个线性序列产生软件的一个可发布的"增量"。同样,增量开发与增量提交模型要求每一个增量均发布一个可运行的软件。

增量模型在各个阶段并不交付一个可运行的完整软件,而是交付满足客户需求的可运行软件的一个子集。整个软件被分解成若干个构件,开发人员逐个交付构件,这样软件开发可以很好地适应变化,客户则可以不断地看到所开发的软件,从而降低开发风险。但是,增量模型也存在以下缺陷。

(1) 各个构件是逐渐并入已有的软件体系结构中的,所以加入构件必须不破坏已构造的软件部分,这需要软件具备开放式的体系结构。

(2) 在实际的软件开发过程中,需求的变化是不可避免的。增量模型的灵活性可以使其适应这种变化的能力大大优于瀑布模型,但也很容易退化为边做边改模型,从而使软件过程的控制失去整体性。

2.6.3 螺旋模型

螺旋模型是由 Barry Boehm 正式提出的模型,它将瀑布模型和快速原型模型结合起来,不仅体现了两个模型的优点,而且还强调了其他模型均忽略了的风险分析,特别适合于大型复杂的软件开发。

螺旋模型的每一个周期都包括需求定义(制订计划)、风险分析、工程实现和评审 4 个阶段,由这 4 个阶段进行迭代。软件开发过程每迭代一次,软件开发就前进一个层次。螺旋模型的软件过程如图 2.12 所示。

螺旋模型在瀑布模型的每一个开发阶段前都引入非常严格的风险识别、风险分析和风险控制,把软件项目分解成一个个小项目,每个小项目都标识一个或多个主要风险,直到所有的主要风险因素都被确定。该模型沿着螺线进行若干次迭代,图 2.12 中的 4 个象限分别代表了以下活动。

(1) 制订计划:确定软件目标,选定实施方案,确定项目开发的约束条件。

(2) 风险分析:分析评估所选方案,考虑如何识别和消除风险。

(3) 工程实现:实施软件开发和验证。

(4) 评审:评价开发工作,提出修正建议,制订下一步计划。

螺旋模型具有以下优点:

(1) 对可选方案和约束条件的强调有利于已有软件的重用,也有助于把软件质量作为软件开发的一个重要目标。

(2) 降低了过多测试(浪费资金)或测试不足(软件故障多)所带来的风险。

(3) 在螺旋模型中,维护只是模型的另一个软件开发周期,维护和开发并没有本质区别。

(4) 与瀑布模型相比,螺旋模型支持用户需求的动态变化,为用户参与软件开发的所有关键决策提供了方便,有助于提高目标软件的适应能力,为项目管理人员及时调整管理决策

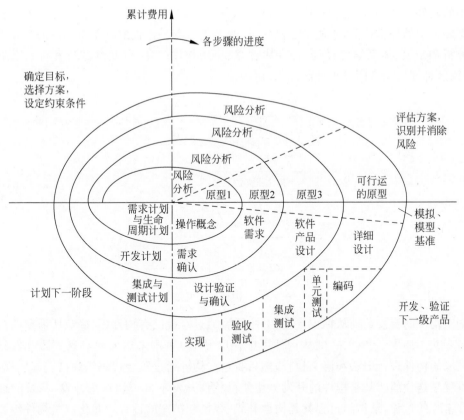

图 2.12 螺旋模型的软件过程

提供了便利,从而降低了软件开发风险。

螺旋模型由风险驱动,虽然其强调可选方案和约束条件从而支持软件的重用,且帮助开发者将软件质量作为特殊目标融入软件开发之中,但螺旋模型也有一定的限制条件:

(1)螺旋模型强调风险分析,使得开发人员和用户对每个演化层出现的风险都有所了解,继而做出应有的反应,因此特别适用于复杂并具有高风险的软件。

(2)风险是软件开发不可忽视且潜在的不利因素,它可能在不同程度上损害软件开发过程,影响软件的质量。降低软件风险的目标是在造成危害之前,及时对风险进行识别及分析,决定采取何种对策,进而消除或减少风险的损害。

(3)风险驱动是螺旋模型的主要优势,但在一定情况下这也可能是它的一个弱点。软件开发人员应该擅长寻找可能的风险,准确地分析风险,否则将会带来更大的风险。

(4)如果执行风险分析将明显影响项目的利润,那么进行风险分析就需要慎重选择。

螺旋模型只适合于大规模软件项目。事实上,项目越大,风险也越大,因此,进行风险分析的必要性也越大。此外,只有内部开发的项目才能在风险过大时中止。

2.7 面向对象过程模型

2.7.1 构件集成模型

构件集成模型利用模块化方法将整个系统模块化,并在一定构件模型的支持下复用构件库中的软件构件,通过组合手段提高应用软件系统过程的效率和质量。构建集成模型融合了螺旋模型的许多特征,本质上是演化的,其开发过程是迭代的。基于构件的开发模型由需求分析和定义、体系结构设计、构件库建立、应用软件构建,以及测试与发布 5 个阶段组成,采用这种开发模型的过程如图 2.13 所示。

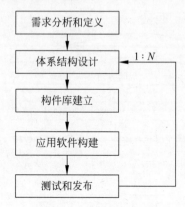

图 2.13　构件集成模型

基于构件的开发活动从标识候选构件开始,通过查找已有构件库,确认所需要的构件是否已经存在。如果已经存在,则从构件库中提取复用;否则采用面向对象方法开发它。接着对提取的构件进行语法和语义检查,然后将这些构件通过胶合代码组装到一起实现系统,这个过程是迭代的。基于构件的开发方法使得软件开发不再一切从头开发,开发的过程就是构件组装的过程,维护的过程就是构件升级、替换和扩充的过程。其优点是构件组装模型导致了软件的复用,提高了软件开发的效率。

但是,由于采用自定义的组装结构标准,缺乏通用的组装结构标准,因而该模型引入了比较大的风险,且可重用性和软件高效性不容易协调,这就需要有开发经验的开发人员,而一般的开发人员很难开发出令客户满意的软件。此外,由于过分依赖于构件,所以构件库的质量影响着产品质量。

构件集成模型融合了螺旋模型的很多特征,支持软件开发的迭代方法。这种面向复用的过程模型最明显的优势是减少了需要开发的软件数量,加快软件交付,从而降低了开发成本,同时也降低了开发风险。当然,它的成功主要依赖于可以存取的可复用软件构件,以及能集成这些软件构件的框架。

2.7.2　统一过程模型

统一过程(Unified Process,UP)是风险驱动的、基于用例技术的、以架构为中心的、迭代的、可配置的软件开发流程,是一个面向对象且基于网络的软件开发方法论。它可以为所有方面和层次的软件开发提供指导方针、模板以及事例支持。

统一过程模型是一个软件开发过程,是一个通用的过程框架,可以用于各类软件系统和应用领域。统一过程模型也是以用例驱动的、以架构为中心、迭代和增量的过程模型,是重复一系列组成系统生命周期的循环。每一次循环都包括初始、细化、构造和移交 4 个阶段,每个阶段又进一步细分为多次迭代的过程,如图 2.14 所示。

每次循环迭代都会产生一个新的版本,每个版本都是一个准备交付的软件。

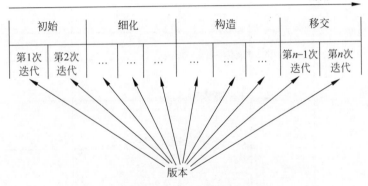

图 2.14   统一过程模型

（1）初始阶段。初始阶段将一个好的想法发展为最终软件的一个构想,提出了该软件的业务实例。该阶段要完成软件的基本功能描述、软件初步的逻辑架构、开发该软件的计划和周期等。在该阶段主要建立关键用例的用例模型,用于刻画软件主要功能。架构是实验性的,通常包括主要子系统大致的轮廓。要确定最主要的风险及其优先次序,要对细化阶段进行详细规划,并对项目进行粗略估算。

（2）细化阶段。细化阶段详细说明了该软件的绝大多数用例,并设计了软件的架构,架构可以表示为软件中所有模型的不同视图。在细化阶段末期,要规划完成项目的活动,估算完成项目所需的资源。关键问题是用例、架构和计划是否足够稳定、可靠,风险是否得到控制,以便按照合同的规定完成整个开发任务。该阶段的结果是架构基线。

（3）构造阶段。构造阶段将构造出最终软件。在该阶段,架构基线逐步发展成为完善的软件,并解除对大部分资源的依赖,虽然架构可以进行微调,但软件架构是稳定可靠的。要回答的问题是早期交付客户的软件是否完全满足用户的需求。

（4）移交阶段。移交阶段包括产品进入分析后期的整个阶段,用户使用分析法发现产品的缺陷和不足,开发人员改正问题及完善软件形成更通用的版本。该阶段包括诸如制作、用户培训、提供在线支持以及改正交付之后发现缺陷等活动。

统一过程模型在定义 4 个阶段及其迭代过程之后,又给出了需求、分析、设计、实现和测试 5 个核心工作流,如图 2.15 所示。每个工作流在各个阶段所处的地位和工作均不同。

（1）需求。需求工作流的目的是致力于开发正确的软件。需求工作流就是要足够详细地描述软件需求,使客户和开发人员在软件应该做什么、不应该做什么方面达成共识。

（2）分析。分析工作流的目的是更精确地理解需求,也是得到一个易于维护且有助于确定软件结构的需求描述。与需求工作流相比,分析工作流可以使用开发人员的语言来描述和组织需求,其任务是探究软件内部,解决用例之间的干扰以及类似的问题。分析得到的需求结构可用作构造整个软件的基本输入。分析工作流使用分析模型表达软件的本质特征。

（3）设计。设计工作流的目的是深入理解与非功能性需求和约束相关联的编程语言、构件使用、操作系统、分布与并发技术、数据库技术、用户界面技术和事务管理技术等相关问题。设计工作流要把实现工作划分成更易于管理的各个部分,捕获早期子系统之间的主要接口,建立对软件实行的无缝抽象。

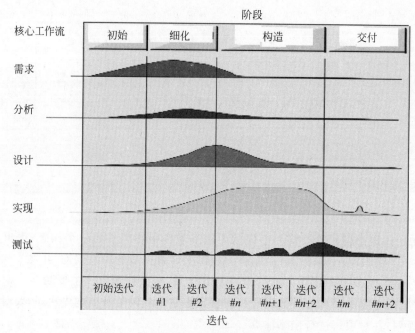

图 2.15　核心工作流

（4）实现。实现工作流探讨如何用源代码、脚本、二进制代码、可执行体等构件来实现软件。实现工作流的目的是规划每次迭代所要求的软件集成，通过把可执行构件映射到实施模型中的节点的方式来组织软件，实现设计过程中发现的设计类和子系统，对构件进行单元测试。

（5）测试。测试工作流通过测试每一个构件来验证实现的结构。测试工作流的目的是规划每一次迭代需要的测试工作，包括集成测试和系统测试。测试工作流设计、实现和执行各种测试并系统地处理每个测试的结果。

统一过程模型也存在一些缺点：

（1）统一过程模型只是一个开发过程，并没有涵盖软件过程的全部内容，如它在软件运行和支持等方面的内容略有不足。

（2）统一过程模型不支持多项目的开发结构，这在一定程度上降低了其在开发组织内大范围实现重用的可能性。

统一过程模型是一个非常好的开端，但并不完美，在实际的应用中可以根据需要对其进行改进，并可以用其他软件过程的相关模型对统一过程模型进行补充和完善。

2.8　小　　结

开发软件或构建复杂系统时，遵循一系列可预测的过程活动是非常必要的，有助于及时交付高质量的软件，这些过程活动就称为软件过程。大多数软件开发过程都有一个共同的软件过程框架，框架包含一些开发过程，这些过程中又包含一系列小的任务或活动，即沟通、策划、建模、构建和部署等活动。

软件过程分为个人软件过程和团队软件过程。个人软件过程强调对软件产品或产品质量的个人测量,代表的是一种严格有序的、基于度量的软件工程方法。团队软件过程的目标是建立一个能够自我管理的项目团队,团队能够自我组织进行高质量的软件开发。

CMM 为软件企业的过程能力提供了一个阶梯式的改进框架,包括初始级、可重复级、已定义级、已管理级和优化级 5 个级别,每个级别都定义了一些 KPA 度量指标。CMM 是一种用于评价软件承包能力并帮助其改善软件质量的方法,侧重于软件开发过程的管理及工程能力的提高与评估。

软件过程模型的选择取决于软件的特性和开发团队的特性。对于大型复杂的软件,建议采用重型软件过程模型,如螺旋模型、统一过程模型等;对于需求稳定或简单的软件,建议采用轻型软件过程模型,如极限编程模型、瀑布模型等。

习　题

1. 阐述软件生存周期和阶段。
2. 什么是软件过程? 阐述一些常见的软件过程框架。
3. 阐述个人软件过程和团队软件过程及其主要特点。
4. 什么是 CMM? 阐述 CMM 划分的等级及其相应的 KPA。简述 CMM 与 CMMI 的区别与联系。
5. 什么是软件过程模型? 简述一些常见的软件过程模型的特点。
6. 阐述统一过程模型的阶段和每个阶段的任务。举例说明统一过程模型的核心工作流以及与传统生命周期阶段的区别与联系。
7. 简述构件集成模型的优点。
8. 阐述选择软件过程模型的依据。

软件过程与模型

第3章 敏捷软件工程方法

【学习重点】

（1）理解敏捷软件工程概念、过程及原则。

（2）理解极限编程要点。

（3）理解结对编程概念及特点。

在传统的软件开发方法中，开发人员努力构建客户想要的产品，他们花费大量的时间从客户那里获取需求，针对需求进行分析和建模，并且归纳成规格说明书，然后评审说明书，与客户开会讨论，最后签字确认。表面上看他们开发的软件是符合客户的要求的，但通常事与愿违。在项目快要结束的时候，需求和范围、软件的适用性常常成为争论的焦点。

敏捷软件工程方法（简称敏捷方法）告诉我们开发软件是一种学习的体验，没有谁能完全理解所有需求之后才开始软件开发，即使是客户也一样。客户一开始有一些想法，但是他们也在软件项目的进展过程中逐步了解他们对软件的需要。同样，开发人员在一开始有已知的知识，但是他们需要通过项目来继续学习。没有人完全清楚会构建出什么样的软件，直到项目结束。每个人都在通过项目学习，敏捷方法改变了过程以便识别持续学习，培养了每个人的学习能力。

3.1 敏捷软件工程过程

3.1.1 敏捷过程

敏捷是一类过程的统称，它们有一个共性，就是符合敏捷价值观，遵循敏捷的原则。敏捷就是"快"，要快就要发挥个人的个性思维多一些。虽然通过结对编程、代码共有、团队替补等方式可以减少个人对软件的影响力，但仍会造成软件开发继承性地下降，因此敏捷软件工程是一个新的思路，并不是软件开发的终极选择。对于长时间、人数众多的大型软件应用的开发，文档的管理与衔接作用还是不可替代的。如何把敏捷的开发思路与传统的流水线工厂式管理有机地结合，是软件开发组织者面临的新课题。

敏捷软件工程的两大主要特征是对"适应性"的强调与对"人"的关注。经典的软件工程方法借鉴了工程学领域的实践，强调前期的设计与规划，并尝试在很长的时间跨度内为一个软件开发项目制订严格且详尽的计划，然后交由具备普通技能的人员分阶段依次达成目标。而敏捷过程强调对变化的快速响应能力，它通过引入迭代式的开发手段，较好地解决了如何应对变化的问题。迭代并非是一个新概念，以迭代为特征的开发方法由来已久。例如，螺旋模型便是一种具备鲜明的迭代特征的软件开发模式。

敏捷过程将整个软件生存周期分解为若干个小的迭代周期,通过在每个迭代周期结束时交付阶段性成果来获取切实有效的客户反馈。其目的便是希望通过建立及时的反馈机制,以应对随时可能发生的需求变更,并做出相应的调整,从而增强对软件项目的控制能力。所以,敏捷过程对变化的环境具有更好的适应能力,相比于经典软件开发过程的计划特征,敏捷过程在适应性上具有更大的优势。例如,作为敏捷过程典型代表的极限编程,迭代开发是其核心思想之一。

经典的软件工程方法旨在定义一套完整的过程规范,使软件开发的运作就像设备的运转,人在其中像是可以更换的零件,不论是谁参与其中,该设备都能完好地运转,因此它是面向过程的。这种做法对于许多软件公司来说是有效的,因为开发进度是可预见的,流程的方法能固化与复用,还可节省人力成本,人员的流动不会对软件开发构成影响。敏捷过程也非常强调人的作用,没有任何过程方法能够代替开发团队中的成员,因为实施过程方法的主体便是人;而过程方法在其中所起的作用,则是对开发团队的工作提供辅助支持。

3.1.2 敏捷开发原则

敏捷开发提出了以下 12 条原则。

(1) 我们最优先要做的是通过尽早地、持续地交付有价值的软件来使客户满意。

(2) 即使到了开发的后期,也欢迎改变需求。敏捷过程利用变化来为客户创造竞争优势。

(3) 经常性地交付可以工作的软件,交付的间隔可以从几个星期到几个月,交付的时间间隔越短越好。

(4) 在整个项目开发期间,业务人员和开发人员必须天天都在一起工作。

(5) 围绕被激励的个体来构建项目,给他们提供所需的环境和支持,并且信任他们能够完成工作。

(6) 在团队内部,最具有效果并富有效率的传递信息的方法,就是面对面地交谈。

(7) 工作的软件是首要的进度度量标准。

(8) 敏捷过程提倡可持续的开发速度。责任人、开发者和用户应该能够保持一个长期的、恒定的开发速度。

(9) 不断地关注优秀的技能和好的设计会增强敏捷能力。

(10) 简单是最根本的。

(11) 最好的构架、需求和设计出于自组织团队。

(12) 每隔一定时间,团队会在如何才能更有效地工作方面进行反省,然后相应地对自己的行为进行调整。

敏捷开发是针对强调过程中未能解决的问题而提出来的。针对一些重型软件过程中重过程、轻人员的缺点,敏捷开发提出了把软件开发的模式从以"过程"为重心转到以"人"为重心的方向上来。软件是人开发出来的,而开发人员执行过程不可能像计算机执行软件一样严格,开发过程也不可能被非常详细地计划出来。试图把开发过程进行详细的分解、计划和跟踪,无论在技术上还是成本上都有难度。敏捷开发正是基于此提出了一套轻量级的方法。该方法一经提出,就得到软件界的欢迎。但是,敏捷开发对于开发人员的技能、职业素养、开发团队的文化氛围都有较高的要求。

3.2 Scrum 软件开发过程

3.2.1 Scrum 思想

视频讲解

Scrum(英式橄榄球争球队)软件开发模型是敏捷开发的模型之一。Scrum 的基本假设是开发软件就像开发新产品,无法一开始就定义软件最终的方案,过程中需要研发、创意、尝试错误,所以没有一种固定的流程可以保证方案成功。Scrum 将软件开发团队比拟成橄榄球队,团队有明确的最高目标,熟悉开发流程中所需具备的最佳典范与技术,具有高度自主权,通过紧密地沟通合作,以高度弹性解决各种问题,确保每天、每个阶段都朝向明确目标推进。

Scrum 开发流程通常以 30 天或者更短的一段时间为一个阶段,由客户提供新产品的需求规格开始,开发团队与客户在每一个阶段开始时挑选要完成的软件需求,开发团队必须尽力于 30 天后交付结果,团队每天用 15 分钟开会检查每个成员的进度与计划,了解其所遭遇的困难并设法排除。

与传统的软件开发模型如瀑布模型、螺旋模型或迭代模型相比,Scrum 模型的一个显著特点就是能够尽快地响应变化。当然,随着系统内外部因素的复杂度增加,采用 Scrum 模型的软件项目成功的可能性会迅速降低。

3.2.2 Scrum 术语与过程

Scrum 是一种迭代的增量软件开发过程,通常用于敏捷软件开发,包括了一系列实践和预定义角色的过程框架。Scrum 主管负责维护过程和任务,产品负责人代表利益所有者,开发团队则包括了所有开发人员。虽然 Scrum 是为管理软件开发项目而开发的,但它同样可以用于运行软件维护团队,或者作为计划管理的方法。下面是 Scrum 模型常用的一些术语与过程。

(1) Backlog(订单):可以预知的所有任务,包括功能性的和非功能性的。

(2) Sprint(冲刺):一次迭代开发的时间周期,一般最多以 30 天为一个周期。在这段时间内,开发团队需要完成一个制订的 Backlog,并且最终成果应是一个增量的、可以交付的产品。

(3) Sprint Backlog(冲刺订单):一个 Sprint 周期内所需要完成的任务。

(4) ScrumMaster(Scrum 负责人):负责监督整个 Scrum 进程,是修订计划的一个团队成员。

(5) Time-box(时间盒):一个用于开会的时间段,比如一个每日 Scrum 站立会议的 Time-box 为 15 分钟。

(6) Sprint 计划会议:在启动每个 Sprint 前召开,一般为一天时间(默认为 8 小时)。该会议需要制订的任务是产品客户和团队成员将 Backlog 分解成小的功能模块,决定在即将进行的 Sprint 里需要完成多少个小功能模块,并确定这个产品 Backlog 的任务优先级。另外,该会议还需详细地讨论如何才能按照需求完成这些小功能模块,完成这些模块的工作量以小时计算。

（7）每日 Scrum 站立会议：开发团队成员召开每日 Scrum 站立会议，一般为 15 分钟。每个开发成员需要向 ScrumMaster 汇报 3 方面的内容：今天完成了什么？是否遇到了障碍？即将要做什么？通过该会议，团队成员可以相互了解项目进度。

（8）Sprint 评审会议：在每个 Sprint 结束后，项目团队将这个 Sprint 的工作成果向产品客户和其他相关的人员演示，并进行评审。一般会议不超过 4 小时。

（9）Sprint 回顾会议：对刚结束的 Sprint 进行总结。会议的参与人员为团队开发的内部人员。一般会议不超过 3 小时。

实施 Scrum 的过程如下。

（1）将整个产品的 Backlog 分解成 Sprint Backlog，这个 Sprint Backlog 是按照目前的人力、物力条件可以完成的。

（2）召开 Sprint 计划会议，划分和确定这个 Sprint 内需要完成的任务，标注任务的优先级并分配给每个成员。注意这里的任务是以小时计算的，并不是按人天计算。

（3）进入 Sprint 开发周期，在这个周期内，每天需要召开每日 Scrum 站立会议。

（4）整个 Sprint 周期结束，召开 Sprint 评审会议，将成果演示给产品的客户看。

（5）团队成员最后召开 Sprint 回顾会议，总结问题和经验。

（6）这样周而复始，按照同样的步骤进行下一次 Sprint。

Scrum 过程会产生以下的文档。

（1）产品订单（product backlog），是整个项目的概要文档。产品订单包括所有所需特性的粗略的描述，与将要创建的是什么产品有关。产品订单是开放的，每个人都可以编辑。产品订单包括粗略的估算，通常以天为单位。估算将帮助产品负责人制订时间表和衡量优先级。例如，如果"增加拼写检查"的需求估计需要花 3 天或更多的时间完成，那么这将影响产品负责人对该需求的期望。

（2）冲刺订单（sprint backlog），是大大细化了的文档，包含团队如何实现下一个冲刺的需求的信息。任务被分解为以小时为单位，没有任务可以超过 16 个小时。如果一个任务超过 16 个小时，那么它就应该被进一步分解。冲刺订单上的任务不会被分派，而是由团队成员签名认领他们喜爱的任务。

（3）燃尽图（burn down chart），是一个公开展示的图表，显示当前冲刺中未完成的任务数目，或在冲刺订单上未完成的订单项的数目。不要把燃尽图与挣值图相混淆。燃尽图可以使 Sprint 平稳地覆盖大部分的迭代周期，且使项目仍然在计划周期内。

和所有其他形式的敏捷软件过程一样，Scrum 需要频繁地交付可以工作的中间成果。这使得客户可以更早地得到可以工作的软件，同时使得项目可以变更项目需求以适应不断变化的客户需求。风险缓解计划由开发团队自己制订，开发团队在每一个阶段根据承诺进行风险缓解、监测和管理。

计划和模块开发的透明，让每一个人知道谁负责什么，以及什么时候完成。频繁召开所有相关人员会议可以跟踪项目进展。进行发布、客户、员工、过程等仪表板更新和所有相关人员的变更，必须要有预警机制，如提前了解可能的延迟或偏差。

Scrum 过程认为，认识到或说出任何没有预见的问题并不会受到惩罚，在工作场所和工作时间内必须全身心投入，完成更多的工作并不意味着需要工作更长时间。

敏捷软件工程方法

3.3 极 限 编 程

3.3.1 什么是极限编程

视频讲解

极限编程(Extreme Programming,XP)是一种软件工程方法学,是敏捷软件开发中最富有成效的几种方法学之一,是由著名软件工程学者 Kent Beck 于 1996 年提出的。极限编程具有强沟通、简化设计、迅速反馈等特点,一般只适合于规模小、进度紧、需求不稳定、开发小项目的小团队。

极限编程的支持者认为软件需求的不断变化是很自然的现象,是软件项目开发中不可避免的,也是应该被欣然接受的现象。他们相信,和传统的在项目起始阶段定义所有需求再费尽心思地控制变化的方法相比,有能力在项目周期的任何阶段适应变化将是更加现实和更加有效的方法。

对比传统的项目开发方式,极限编程强调把它列出的每个方法和思想都做到极限、做到最好,其他极限编程所不提倡的,则一概忽略。例如,开发前期的整体设计,不是特别重要则不需要花太多时间去做。一个严格实施极限编程的项目,其开发过程应该是平稳、高效和快速的,能够遵照一周 40 小时工作制且不拖延项目进度。

与一般流行的开发过程模型相比,极限编程具有如下的优点:

(1) 极限编程模型是"轻量型"或"灵活"的软件过程模型,并且可与面向对象语言结合起来,提供了一种很有特点的软件开发解决方案。

(2) 极限编程被用来解决大型软件开发过程所遇到的问题的方法,可以称为"专家协作"的开发方式。

极限编程为管理人员和开发人员开出了一剂指导日常实践的良方,这个实践意味着接受并鼓励某些特别有价值的方法。支持者相信,这些在传统的软件工程中看来是"极端的"实践,将会使开发过程比传统方法更好地响应用户需求,因此更加敏捷、更好地构建高质量软件。

极限编程的一个成功因素是重视客户的反馈,其目的就是满足客户的需要。极限编程强调团队合作,经理、客户和开发人员都是开发团队中的一员,团队通过相互之间的充分交流和合作,使用 XP 这种简单但有效的方式,努力开发高质量的软件。其中,程序员们通过测试获得客户反馈,并根据需求变化修改代码和设计,他们总是争取尽可能早地将软件交付给客户,能够勇于面对需求和技术上的变化。

3.3.2 极限编程的要素

极限编程有交流、简单、反馈和勇气 4 个要素。Kent Beck 和 Martin Fowler 把这 4 个要素统一起来,将其作为极限编程的精髓。

1. 交流

(1) 开发人员与客户的交流。开发人员与客户的有效交流是软件开发前期必不可少的,因为这些交流将直接决定一个项目是否能够符合客户的要求。在极限编程中,需要一个非常精通业务的现场客户,他们不仅随时提供业务上的信息,而且要编写业务验收测试的测试代码,这样就可以在很大程度上保证项目的方向不会出错。

（2）开发人员之间的交流。在当前软件开发的过程中，项目经理们都会强调团队精神。因为在传统的教育中，人们形成的是一种独立解决问题的能力，所以，遇到问题时人们习惯自己解决，而不是和其他人合作。

（3）开发人员与管理人员的交流。在一个项目组里面，开发人员和管理人员之间的关系是影响项目的一个非常重要的因素，如果处理不好，可能会直接导致一个项目的失败。其对管理人员所具备的素质要求很高，如果开发人员能够和管理人员进行良好的交流，他们的工作环境就会得到很大的改善，往往并不一定要非常豪华的房间和高级的家具，只需要一个非常舒服的工作环境，就可以让一个团队的战斗力得到很大的提升。而且，对于一个项目的计划和预算，如果开发人员能够提出自己的想法，就会避免其争取到了项目最终却得不到利润的情况的出现。

2. 简单

（1）设计简单。极限编程提倡一种简单设计的观点，这样做的好处是不需要在设计文档上面花费太多的时间，因为文档没有不修改的，一般情况下在一个项目结束的时候，会发现当初的文档已经面目全非了。因此，在软件开发的前期，设计工作要做的就是确定需要实现的最重要的功能。简单的设计并不意味着这些设计是可有可无的，相反，简单的几页纸比厚厚的几十页甚至上百页更加重要，因为一个项目的核心内容都在上面，所以在编写的过程中一定要慎重。

（2）编码简单。编码的简单表现在迭代的过程中，极限编程不需要一次完成所有需要的功能，相反，变化在极限编程中是被提倡的。我们可以先简单地实现一点功能，然后添加详细的内容，再对程序进行重构，最终的代码将是非常简单的，因为依照重构的原则进行修改了之后，所有的类和函数、过程都是非常简短而非冗长的，每一个模块完成的功能也是非常明确的。

（3）注释简单。在某些项目中，有时对注释要求很严格。一般，程序员与其在程序中添加注释来解释程序，不如用大家都能够理解的变量、过程和函数名作为名称，使注释简单化。程序员要编写的是代码，如果带有太多无关紧要的注释，不仅会浪费开发时间，还可能引起歧义。

（4）测试简单。在极限编程中，测试主要是通过编写测试代码来自动化完成的，特别是在一些面向对象的编程环境中，可以使用 xUnit 工具来快速、有效地进行单元测试。每一次修改了程序之后，都要运行测试代码来检查程序是否有问题。而且对于程序的集成，极限编程提倡的是持续集成，也就是不断将编写好的通过了单元测试的代码模块集成到编写完毕的系统中，在那里可以直接进行 Test Suit 的集成测试，从而保证代码不会影响到整个系统。

3. 反馈

（1）客户对软件的反馈。极限编程强调现场客户的重要性。因为一旦有了现场客户，就能够随时对软件做出反馈，能够保证在"反馈"的过程中不断调整，从而把控软件前进的方向。现场客户的选择也很重要，他们的选择将直接影响一个项目的开发，一个好的现场客户不仅可以准确地把握软件的方向、回答业务问题，而且可以编写验收测试，保证软件中的业务数据没有错误。这样就要求现场不仅有一个管理人员，而且计算机的水平也要有一定的高度。

（2）测试代码对功能代码的反馈。极限编程强调的是先测试后编程的思想，也就是说在编写功能代码之前就先要编写测试代码,测试代码可以用来保证功能代码运行正确。因此,开发人员要有一定的测试理论知识,明白需要采用什么样的数据作为测试用例,这样才能够做好测试,保证程序的质量。另外,测试代码的编写不是一次就能完成的,随着功能的不断添加,测试代码也同样需要改变,应在保证原有代码没有问题的前提下,继续编写新的代码。

4. 勇气

项目开始时,一般由管理人员为开发人员分配任务,但这种分配只不过是根据管理人员自己对每个人的大致估计来完成的,所以很难做到令每一个人都满意。事实上,凭管理人员主观的判断来给大家分配任务,一定会有一些人对自己的任务不够满意。在这个时候,管理人员应将所有的任务公布给大家,让开发人员自主选择想要做的任务。这样,由于任务是自己选定的,那么满意度会有很大程度的提高。

在这种情况下,开发人员要有接受任务的勇气,如果所有的人都选择自己觉得容易的任务而回避困难的任务,那么开发就肯定会失败了。在这个时候,管理人员应该采取适当的方式鼓励开发人员,让其能够选择一些具有挑战性的任务,如此对于其个人能力的提高也是很有好处的。

3.4 结 对 编 程

视频讲解

极限编程的实践中有一个非常重要的原则就是结对编程,这里所谓的结对编程并非是一个人在编程,另一个在旁边看着的形式。在结对编程中,另外一个人同样起着非常重要的作用,他需要帮助正在编码的人找到低级的失误,防止其编码出现方向性的错误,特别是在出现一个正在编码的人不擅长解决的问题的时候,他会直接替换这个人来进行编程。这样做的好处也许只有在实践了之后才能够体会到,它不仅可以避免一些错误的发生,而且可以通过直接的讨论来解决一些容易产生歧义的问题,更加快速地完成开发。此外,在交流的过程中,大家的水平也会得到快速提高,因此结对编程的过程也是开发人员学习软件开发知识和提升能力的过程。

3.4.1 什么是结对编程

结对编程(Pair Programming)是一个非常直观的概念,简单地说是指两位程序员肩并肩地坐在同一台计算机前,面对同一个显示器,使用同一个键盘、同一个鼠标一起工作。他们一起分析,一起设计,一起写测试用例,一起编码,一起单元测试,一起集成测试,一起编写文档等。基本上在所有的开发环节都面对面、平等、互补地进行开发工作,并且这两人的角色可以随时交换。

结对编程是一个合作式编程模式,是在必要的软件开发环节(如需求分析、设计、编码、测试、评审等)中,让两名程序员合作来完成同一个任务。Williams 等把结对编程定义为"在结对编程中,两名程序员合作开发同一产品模块"。这两名程序员就像是一个联合的智慧有机体,共同思考问题,负责产品模块的各个方面。一名结对者作为驾驶员(driver),控制鼠标或键盘并编写代码;另一名结对者作为导航员(navigator),主动持续地观察和辅助驾驶员的工作,如找出代码的缺陷、思考替换方案、寻找资源和考虑策略性的暗示等。结对双方周期性地交换角色。在这个过程的任何时候双方都是平等活跃的参与者，并且不管是在一个上午还是整个项目的工作中，双方都完全分享所获得的工作成绩。

目前，有关结对编程的理论基本上来自国外。1995年，澳大利亚悉尼科技大学计算机科学教授、国际公认的软件工程理论与实践权威人士 Larry Constantine 在专栏中第一次提到他所观察到的一个现象："两个程序员一起工作，可以比以往更快地完成经过测试的代码，而且这些代码几乎是没有错误的。"这便是结对编程概念的雏形。结对编程是极限编程的 12 个主要实践之一，它吸收了合作式编程（Collaborative Programming）的关键思想，强调合作和交流。随着敏捷开发思想和极限编程方法在 21 世纪初的快速普及，结对编程也迅速被大家熟知和尝试应用。

结对编程的结对角色分为驾驶员和导航员：

（1）驾驶员控制鼠标和键盘的使用，负责编码工作。

（2）导航员在驾驶员一旁观察和思考，负责检查错误和考虑解决方案。

结对角色是需要互换的。若驾驶员的编码活动停滞不前或者出现方向性的错误，结对双方可交换角色，让导航员转为驾驶员继续编码。这种角色互换应该经常发生，有时可能每隔几分钟（甚至更频繁地）就互换一次。一旦结对者习惯了这种方式，并且适应了另一个结对人员，结对者就会进入这种流程，很自然地互换角色。

大量的实验以及研究表明，结对编程具有如下的优点：

（1）最大化地提高工作效率。软件开发并不只是程序员堆砌代码的过程，它更多的是一个创新的过程，是一个发现问题、分析问题、解决问题的过程。若一个人编程时，有了一丝零碎的想法就开始编写代码，写完代码之后却忽然发现这个方案行不通，于是只好废弃这些代码，重新开始新的想法。而结对编程则不同，一个人有了想法，首先要表达出来，让自己的同伴理解，经过深刻的讨论，一致认可之后才开始编写代码。一个人编写代码，另一个则在旁边思考，为下一步的工作提出建设性的意见，发现了问题可以及时指正，大大地提高了代码质量。在开发过程中，设计思考和编码实现不停地交换，保持了良好的开发节奏。结对双方互相督促，使彼此更加认真地工作。遇到问题和压力时，也可以一起面对，互相鼓励，同时一起分享解决问题的成就感和乐趣。

（2）生成高质量的代码。两个人的智慧确实胜过一个人的，对于影响整个系统的设计决策更是如此。两个人编写的代码总比一个人写的代码好，无论一个程序员多么聪明，别人的意见仍有助于避免由于无知、自大或疏忽而产生错误决策。虽然许多程序员保持专心致志没有问题，但是让其他人帮助这些程序员不出闪失也是有好处的，特别是当程序员尝试解决困难的问题时，或当程序员想要放弃时，旁边有人鼓励和协助有利于继续前进。

（3）降低风险。风险会使大多数团队停滞不前。在团队的软件开发项目中，管理者有时会想要做但却不敢冒险去做一些事，这是大多数管理者求稳的结果。降低风险的最佳方法是确保团队中的每个人都完全熟悉系统的所有部件以及对系统的所有更改。技术讲解和设计文档很有用，但对于大多数快节奏的项目，它们并不能很好且迅速地传播知识，而传播知识最有效的方法是让一个知道代码的人与另一个不知道代码的人一起解决问题。

（4）是知识传播的最好途径。很多软件公司都建有自己的知识库，有的还建立了自己的培训部门，甚至高薪聘请一些专家做技术培训，但往往发现效果并不理想。而与有经验的同事一起结对则是在实际项目中学习，具有非常强的针对性。你学到的不仅是一些技术和技巧,更多是他们思考问题的方式、解决问题的方法。和各种具有不同经验的同事一起结对,你的能力可以得到快速的提高。

(5) 打造出最佳的合作团队。团队是有组织有计划、合理有效地利用各种资源,进行最佳的组合。结对并不是一对固定的伙伴,结对编程鼓励在团队中经常交换结对伙伴。这时,项目不再是一个人的事情,也不是两个人的事情,而是整个团队的事情。通过结对,大家可以在最短的时间内完成磨合。结对能很好地促进团队的沟通交流,经常一起合作结对的伙伴彼此了解、熟悉,很多都是工作和生活上的好友。在这样的团队里,大家很乐意互相协助,一起分享知识,分享快乐。

现在越来越多的项目都交给由不同地理位置的员工组成的虚拟团队来完成,很多开源软件也都是由分布在世界各地的开发者共同完成的,这使得结对编程很难应用于这样的虚拟团队,因为结对编程要求两个开发人员坐在一台计算机前去共同完成一个开发目标,以达到优势互补的目的。

另外,现有的即时通信软件也不能帮助两个开发者共同编辑一个源代码文件,地理位置的限制使得实施结对编程变得几乎不可能。为了有效地支持软件分布式开发,提高软件协同开发环境的易用性和有效性,国外软件工程方面的专家提出分布结对编程的概念,这是对结对编程的探索,从而发挥了结对编程在分布式软件开发中的作用。

3.4.2 结对编程方式

1. 面对面结对编程

面对面结对编程是指两个程序员肩并肩坐在同一台计算机前在同一个软件制品上一起工作的软件开发方式。面对面结对编程有许多可以得到证明的好处:直接快速的交流、高质量的代码和增强程序员工作的乐趣。

面对面结对编程最大的好处就是交流非常方便,因为两个人靠得很近,言语和手势的交流非常自然,效果也非常好。甚至遇到困难的问题时,两个人可以拿起一张纸,通过绘制各种图形和书写文字来表达问题,很容易达成一致,从而快速地解决问题。

2. 分布结对编程

在结对编程环境中,基础设施缺乏、地理位置分离和时间安排冲突这些障碍经常给结对编程带来困难。分布结对编程让程序员在不同的地方进行合作编程成为了可能。软件行业发展的一个大趋势就是软件的全球化。这个趋势背后的驱动因素包括软件公司雇佣不同国家或城市的高水平程序员,为客户就近成立研究小组,创造快速虚拟发展小组,持续做一些关键性的项目,即使他们不在一个时区也没关系。

近几年,灵活的软件方法在业界已经引起越来越多的关注,而极限编程被认为是这些灵活工具中最重要的一种。尽管已经有一些工具能够比较好地支持分布式灵活软件开发,我们仍然有必要对分布式极限编程的工具和处理进行更多的研究,特别是在提供共享编码方式的扩展解决上。鉴于全球化软件发展的趋势,要求两名开发者进行面对面的交流并不符合全球化软件发展的需求,其要求两名程序员虽然在不同的地点,但是他们还能一起合作使用结对编程方式编写代码,这种方法称为分布结对编程。

分布结对编程是一种编程风格,两个程序员在地理上是分布的,通过网络在同一个软件制品上同步工作。相对于面对面结构编程,分布结对编程可以支持结对者,结对者通过网络可以随时随地结对工作,大大提高了结对的概率。为了进行分布结对编程,需要功能较为强大的结对工具支持结对者高效地工作。

3.5 小　结

敏捷开发强调快速响应软件的变化,充分发挥人的能动作用。Scrum是一种用于敏捷开发的迭代式增量软件开发过程,包括一系列实践和预定义角色的过程框架。极限编程和结对编程是敏捷过程的两个成功的重要实践。极限编程的思想是开发人员要做到极致。极限编程有交流、简单、反馈和勇气4个要点,它们统一构成了极限编程的精髓。结对编程要求两个程序员通过合作完成同一个任务,互相审查以减少编程错误,提高代码质量。结对编程方式分为面对面结对编程和分布结对编程两种。面对面结对编程要求两个程序员肩并肩坐在一起完成编程任务,而分布结对编程允许程序员在不同地方通过网络进行协同工作,提高了结对工作的效率。

习　题

1. 什么是敏捷过程? 简述敏捷开发的原则。

2. 阐述 Scrum 的特点和过程。举例说明相比传统的过程模型,Scrum 的优势是什么。

3. 简述极限编程的思想,举例阐述极限编程的要素。

4. 什么是结对编程? 简述结对编程的优缺点。

5. 简述面对面结对编程相对于分布结对编程的优势与不足,并举例说明如何克服这些不足。

6. 结对编程有哪些角色? 简述交换角色的目的。

第4章 需求获取

【学习重点】

(1) 理解用户需求与软件需求的区别与联系。

(2) 理解需求获取过程。

(3) 理解需求获取方法,特别是基于用例的需求获取方法。

需求是软件开发的基础,每个软件开发过程都是以获取用户需求为目的的活动,即理解客户的基本需求和目标。准确获取用户的需求是项目成功的开端。然而,软件工程所需要解决的问题往往十分复杂,尤其是当软件是全新的时候,了解问题的本原是一个非常困难的过程。因此,对用户需求的完全理解和软件需求描述,是保证软件成功开发至关重要的前提。

4.1 关于用户需求和软件需求

视频讲解

在软件工程中,所有风险承担者都对需求获取感兴趣。这些风险承担者包括客户、用户、业务或需求分析员、开发人员、测试人员、用户文档编写者、项目管理者和客户管理者。这部分工作若处理好了,不仅能开发出很出色的软件,同时会使客户满意、开发者获得项目成功和收益。若处理不好,则会导致误解、挫折、障碍以及潜在质量和业务价值上的威胁的产生。因为需求分析奠定了软件工程和项目管理的基础,所以所有风险承担者都应采用有效的需求分析过程。

在软件工程中,需求需要从用户角度和软件角度两个不同的层次来理解与分析。

1. 用户需求

业务需求也称为领域需求,源于软件的应用领域需求,是一个新的特有的功能需求,是对已存在的功能预期的约束或者是需要实现的一个特别的计算,它们常常反映应用领域的基本问题。业务需求很重要,它直接影响软件的可用性。

用户需求是站在用户角度描述的软件必须要完成的业务需求,通过使用实例文档或场景说明予以详细描述。用户需求从使用者的角度定义系统应用提供哪些服务,以辅助用户完成实际业务要求。比如用户要购买一套住房,需要贷款,那么软件可以帮助用户计算贷款额度和还款额度等。用户需求不一定全部需要通过软件来实现。

2. 软件需求

从软件角度来看,用户希望软件能够完成的功能和受到的约束称为软件需求,主要包括功能需求和非功能需求。

功能需求站在开发人员的角度定义了软件必须实现的功能,使得用户能完成他们的任务,从而满足了业务需求。功能需求描述软件预期提供的行为或服务,包括对软件应提供的服务、如何对输入做出反应以及软件在特定条件下的行为的描述,在某些情况下,功能需求可能还需明确声明软件不应该做什么。

功能需求是站在软件的角度来分析的,其取决于开发的软件类型、软件未来的用户和行业类型。软件的功能需求描述应该完整、一致和准确。完整性意味着用户所需的所有服务应该全部给出描述。一致性意味着需求描述不能前后矛盾。准确性是指需求不能出现模糊和存在二义性的地方。实际上,要做到需求描述满足以上 3 点几乎是不可能的,因为只有深入地进行分析之后问题才能暴露出来,所以应在评审或是随后的阶段发现问题并加以改正。

非功能需求指逻辑上与软件相关的整体特性需求的集合,其给用户提供处理方案并满足业务需求。非功能需求是不直接与系统具体功能相关的一类需求,也是站在软件的角度来分析的,主要与软件的总体特征相关,属于限制性要求,是对实际使用环境所提出的要求。例如,性能要求、可靠性要求、安全性要求等。非功能需求关心的是软件的整体特征,因此,非功能需求比功能需求对软件更关键。一个功能需求没有得到满足可能减小软件的使用范围,而一个非功能系统需求没有得到满足则可能导致整个软件无法使用。例如,在一个图书馆管理系统中的"借书"服务,如果系统可以实现借书功能,但借一本书需要十分钟以上,这就难以容忍了,自然没有用户愿意使用这样的系统。

非功能需求源于用户的限制,包括预算上的约束、机构政策、与其他软硬件系统间的互操作性,还包括安全规章、隐私权保护等外部因素。非功能需求可进一步分为产品需求、机构需求和外部需求等。产品需求是描述软件特定行为的需求,包括系统运行速度和内存消耗等性能要求、出错率等可靠性要求和可用性要求等。机构需求是客户和开发者所在机构的政策和规定要求,如过程标准、实现要求、交付要求。外部需求包括所有的软件系统外部因素和开发过程,如互操作要求、道德伦理要求等。

非功能需求很难检验,例如,软件的易用性、可恢复性和对用户输入的快速反应性的要求比较难以描述且不确定,给开发者带来许多问题。理论上,非功能需求应能够量化,从而才能使其更容易验证,但实际上,对需求的量化通常是非常困难的,客户没有能力量化这些需求,而且量化成本很高。

非功能需求与功能需求有时会发生冲突,它们之间存在着相互作用的关系。例如,一个POS 系统所需的存储因为成本原因受到限制,而商品的描述和价目表的信息量却很大。如果采用远程服务器提供商品描述和价目表信息,那必然需要网络通信,进而需要网络技术,但同时 POS 机数量很多,并发访问必然引起服务器处理瓶颈问题。

4.2　需求获取过程

需求获取主要是理解客户需要什么、分析软件需求、评价可行性、协商合理的方案、无歧义地详细说明方案、确认规格说明、管理需求并将这些需求转化为可行的软件。

1. 沟通

通常,只有确定了商业或业务需求或发现了潜在的新市场,项目才开始。业务领域的共利益者定义业务用例,确定市场的范围,进行粗略的可行性分析,并确定项目范围的工作说明。

在项目起始阶段,软件工程师会询问一些似乎与项目无直接联系的问题,目的是为问题及方案需求方、客户和开发人员之间初步的交流和合作做基本的协商准备。

2. 导出需求

导出需求应理解以下问题:

(1) 确定系统范围。系统的范围就是系统的边界,是客户和开发者共同关心的部分。

(2) 理解用户需要。客户或用户并不完全确定他们需要什么,对其计算环境所知甚少,对问题域或许也没有完整的认识,且可能存在与需求工程师沟通上的问题。需求工程师的任务就是确定业务需求、需求冲突,并说明有歧义和不可测试的需求。

(3) 易变问题。由于如用户讲不清楚、业务发生变化等各种原因,需求随时间变化。分清需求稳定部分和易变部分非常重要,这将对系统架构设计、适应需求变化和降低反复成本等有直接的影响。

为了解决这些问题,需求工程师必须以有条理的方式开展需求收集活动:

(1) 识别真正的用户。识别真正的用户不是一件容易的事情,项目总是要面对多方面的用户,有时他们的利益各不相同。例如,POS 机系统中,收银员希望能够快速准确地输入,而且没有支付错误,因为少收的货款将从他们的薪水中扣除;售货员希望自动更新销售提成;客户则希望快速看到输入的商品项目和价格,以最小代价完成购买活动,并得到购物凭证,以便出门验证或退货。

(2) 正确理解用户的需求。用户可能会说出不需要的、模糊、混乱或矛盾的信息,甚至会夸大或者弱化真正的需求,这就要求工程师了解行业知识、业务和社会背景,能过滤需求,理解和完善要求,最终确认用户需求。

(3) 耐心听取客户和用户意见。获取需求应能够从客户和用户凌乱的建议和观点中整理出真正的需求,耐心分析客户和用户的不确定性需求和过分要求,并进行沟通。

(4) 尽量使用符合客户和用户语言习惯的表达。使用符合客户和用户熟悉的术语进行交流,可快速地了解客户和用户的需求,同时可以在谈论的过程中提出有针对性的问题,为客户和用户提供有价值的建议。站在客户和用户的立场上分析问题,为客户着想,反而会得到更好的效果。

3. 精化需求

精化需求即开发一个精确的软件模型,用以说明软件的功能、特征和约束。精化是一个分析建模过程,由一系列模型和精化任务构成。例如,使用场景技术描述最终用户如何与软件交互来刻画业务本质,精练业务实体及其属性和关系。也可以将其精练为分析类,定义每一个类的属性和所需求的服务,确定类之间的关联和协作关系,用 UML 图来描述。精化的结果是形成一个分析模型,该模型定义了问题的信息域、功能域和行为域。

4. 可行性研究

可行性研究的目的是确定用最小的代价,在尽可能短的时间内是否能够解决问题。可行性研究的输入是软件的一个框架描述和高层逻辑模型,输出是一份软件需求开发评估报告。软件需求开发评估报告提供了对需求工程和软件开发是否值得做的具体建议和意见,它让部门了解需求执行下去所需要花费的成本和代价,帮助用户对需求进行重新评估。可行性研究主要回答以下三个问题:软件是否符合机构的总体要求? 软件是否可以在现有的技术条件、预算下和时间限制内完成？软件能否集成已存在的其他软件或系统？

可行性研究的内容包括信息评估、信息汇总和报告生成。信息评估找出上述问题的信息，分析和回答问题。信息汇总是建立软件的逻辑模型和探索解决方案，并从技术可行性、经济可行性、管理可行性和时间可行性4个方面研究每种方案的可行性。报告生成即产生需求报告。报告内容包括是否开发软件的意见和建议，可能的软件范围的修正，预算和时间的调整意见，或者对高层需求的建议等。

5. 与客户和用户协商

若用户和客户提出了过高的目标要求，或者是提出了相互冲突的要求，就需要工程师通过协商和沟通来调节这些冲突和解决问题。由于资源有限，应该让用户/客户和其他共利益者对各自的需求排序，按优先级讨论冲突，决定哪些特征是必要的，哪些是重要的，是需求开发的主要部分。识别和分析与每项需求相关的风险、开发工作量、成本和交付时间。使用迭代的方法，删除、组合或者修改需求，以使各方都能达到一定的满意度。

6. 编写需求规格说明

一个规格说明可以是一份写好的文档、一套图形化的模型、一个形式化的数学模型、一组使用场景、一个原型或以上各项的任意组合。对大型系统而言，文档最好采用自然语言和图形化模型来编写。

软件需求规格（Software Requirement Specification，SRS）是需求分析任务的最终"产品"，是客户、管理者、分析工程师、测试工程师、维护工程师交流的标准和依据。软件需求规格描述了软件的数据、功能、行为、性能需求、设计约束、验收标准，以及其他与需求相关的信息。

软件需求规格文档一旦经过评审通过，便可以成为客户与开发商之间的一项合同，也是软件验收的一个标准集。需求规格说明文档包括软件的用户需求和详细的需求描述。其中，用户需求是从用户角度来描述软件的功能需求和非功能需求，以便让不具备专业技术方面知识的用户能看懂。

用户需求描述软件的外部行为，可用自然语言、图表和直观的图形来叙述。在需求文档中，用户需求和细节层次需求描述是分开表达的，以便于用户阅读。GB/T 9385—2008《计算机软件需求规格说明规范》给出了需求规格文档的内容框架。

7. 验证需求

验证需求指对需求文档和制品进行质量评估，确保需求说明准确、完整，表达了必须的质量特征，并将作为软件设计和最终验证的依据。验证需求包括正确性、一致性、完整性、可行性、必要性、可检验性、可跟踪性等，最后需要客户签字确认。

8. 管理需求

随着业务水平的提高和信息化建设的推进，客户会在不同的阶段和时期对项目提出需求变更。这种变更一般不可避免，所以在进行需求分析时要尽可能分清哪些是稳定的需求，哪些是易变的需求，以便在设计时将软件的架构建立在稳定的需求上，同时留出变更的空间。

管理需求是对需求进行组织、控制和文档化的系统方法，通过建立基线在客户和开发人员之间建立一个约定。管理需求包括在项目进展过程中维持需求规格一致性和精确性的活动，从标识开始，遍历跟踪表。每个跟踪表将标识的需求与软件或其环境的一个或多个方面相关联。需求跟踪表可以跟踪需求的特征、来源、依赖、子系统和接口等关系。

4.3 基于会谈的需求获取方法

在需求分析的最初阶段,需求分析员要与客户及用户碰头协商,决定目标产品需要什么信息。通常由客户和用户决定最初的会谈,以后的会谈可在前一次会谈过程中决定。会谈工作要持续到需求分析员确信所有来自用户和软件未来使用者的信息都已完全明确为止。会谈有两种形式,即非正式会谈和正式会谈。

1. 非正式会谈

非正式会谈通过提出一些可自由回答的问题来鼓励会谈人员表达自己的想法。初次会谈时,往往没有人知道说什么或者问什么。双方均担心所说的话被误解,均在考虑最终谈话将导向何处,均希望能够控制事情的进程并获得成功。

一般,非正式会谈时可以询问客户和用户为什么对目前的产品不满意,了解问题的性质、需要解决的方案、所需的人数和能力,同时关注客户的目标和收益。

非正式会谈也是与客户和用户建立友好与融洽关系的主要时机。由于双方的行业领域不同,且初次见面还没有彼此了解,讲话都比较慎重,以免发生不愉快的事情,因此一般从其他话题入手,如天气、爱好、新闻等,建立融洽的气氛,再转到项目的事情上来。

建立融洽的气氛之后,双方可就项目的基本情况展开讨论,解释一些专业术语,交流不同的理解,分析业务的基本要求和现状,进一步引出存在的问题、需要软件完成什么要求,以及企业的预算和期望等。一旦双方建立信任关系,便可讨论软件方面的本质问题和规模等。

经过初步接触,双方可约定下一次会谈的时间和主要议题。非正式会谈一般持续时间比较短,2~4小时即可。非正式会谈的目的是了解项目的背景、规模、约束和要求等。

2. 正式会谈

正式会谈将提出一些事先准备好的议题。例如,如何刻画某个解决方案的成功之处,该解决方案解决了什么问题,解决方案的应用环境等。会谈者要准备一份有关会谈结果概要的书面报告,最好每人一份,以便进一步陈述或者增加遗漏的项目。

对于任何大、中型规模的软件,其通常有不同类型的最终用户。例如,一个银行自动柜员机(ATM)系统项目包括以下相关人员:

(1) 接受系统服务的当前银行客户。

(2) 银行间自动柜员机有互惠协议的其他银行的代表。

(3) 从该系统中获得管理信息的银行支行管理者。

(4) 负责系统日常运转和处理客户意见的支行柜台职员。

(5) 负责系统和客户数据库集成的数据库管理者。

(6) 负责保证系统信息安全的银行信息安全管理者。

(7) 将该系统视为银行市场开拓手段的银行市场开发部职员。

(8) 负责硬件和软件维护及升级的硬件和软件维护工程师。

上述众多的项目相关人员说明,即便是一个相对简单的系统,也会有许多不同的视点需要考虑。因为从不同视点观察一个问题,可以得到不同的解决方法。然而,视点之间不是完全孤立的,一些视点之间也会存在重叠。

对多个视点进行分析的关键是发现众多视点的存在,并提供一个框架发现不同视点提出的需求之间的冲突。一个视点可以有以下几种情况。

(1) 数据源或数据接收者：该视点用于产生或者接收数据。分析过程包括视点的识别、产生或者接收了什么数据，以及采取了什么处理过程。

(2) 一个表示框架：即一个视点被看成一种特别的软件模型类型，如实体关系模型、数据流图等。不同分析方法会对被分析的软件有不同的理解。

(3) 服务接收者：该视点被看成软件之外的一个成分，接收来自软件的服务。

视点可以给服务提供数据或者控制信号。分析过程就是检查不同视点接收的服务，收集这些信息以解决需求冲突。

面向多视点的需求分析过程如下：

(1) 视点识别：包括发现接收软件服务的视点和提供给每个视点的特别服务。

(2) 视点组织：包括组织相关的视点到层次结构中，通用的服务放在较高的层次，并被较低层次的视点继承。

(3) 视点文档编写：包括对被识别的视点和服务描述的精练。

(4) 视点映射：包括在面向对象设计中通过封装在视点中的服务信息识别对象。

例如，当服务被子视点“客户”继承的时候，首先与“客户”视点相关的通用服务被“账户持有者”和“外部客户”继承，接着就是发现所提供服务的详细信息，即服务所需的数据，以及这些数据如何使用。需求视点的导出来自每个相对应的项目相关人员，每个服务都需要与相关视点对应的最终用户一起讨论，当视点为另外一个系统时，就要和视点专家一起讨论。

4.4　基于调查的需求获取方法

获取需求的另外一种方法是向客户所在单位的相关用户发放调查表。

当需要对数百人进行个人意见调查时，这种方法十分有效。而且，一个经过仔细考虑的书面回答可能比会谈者对问题的口头回答更准确。然而，在一个有条理的会谈者引导下的非正式会谈中，会谈者先仔细倾听，再在最初回答的基础上提出问题，这往往能比书面的调查获得更多、更好的信息。因为调查表是预先设定好的，用户在回答问题的过程中产生的问题就无法动态提出了。

一般的做法是先与主要的用户进行非正式会谈，然后在对此次会谈理解的基础上制订调查表，再将调查表分发给所有的目标用户。

特别是在事务环境中，获得信息的一种方法便是分析用户的各种表格。例如，一个财务部门的表格形式可以表现为各种记账单，包括入账金额、入账时间、入账科目、经办人等。这些表格中的各个字段说明了财务工作流程和各个环节的相关重点。

有关用户当前事务如何进行的信息对决定用户的需求是十分有益的。获取这些信息的一个更新的方法是在工作现场安装摄像机，准确记录工作流程。

虽然问卷调查对于大量用户存在的情况是一个非常好的方法，但是如果问卷题目设置不当或者题目内容不合理，也会导致得出错误的结论，因此，需要根据问卷调查结果进行问卷可靠性分析。

可靠性分析的目的是检查问卷的指标设置是否合理、指标之间是否存在关联，以及结果是否可信等。进行可靠性分析的基本方法是层次分析法。

4.5　基于场景的需求获取方法

通常,人们容易把事物与现实生活中的例子而不是抽象描述联系起来。若能把用户如何与一个软件交互用一个场景来描述的话,分析人员就容易理解并评论它。从对场景的评论中得到信息,然后再将其以形式化方式表示出来进行需求分析,这种方法称为场景分析或情景分析。

场景分析是用户根据应用目标系统的"样本",把他们的需求明确地告诉需求分析员,从而实现对某个目标的表述的一种方法。场景分析可以在很随意的情况下进行,分析员与项目相关人员共同识别场景,并捕获这些场景的细节。场景是对交互实例片段的描述,每个场景可能包含一个或多个交互,它们能在不同的细节层次上提供不同类型的场景信息。

场景开始于一个框架,在导出过程中,细节被逐渐增加,直到产生交互的一个完整的描述。绝大多数情况下,一个场景可能包括如下内容:

(1) 在场景开始部分的一个软件状态描述;

(2) 一个关于标准事件流的描述;

(3) 一个关于哪儿会出错,以及如何处理错误的描述;

(4) 有关其他可能在同一时间进行的活动的信息;

(5) 在场景完成后软件状态的描述。

场景分析在各个方面都很有用。首先,它们可以在某种程度上演示软件的行为,以便于用户理解,并可揭示一些其他的需求;其次,由于场景分析能为用户所理解,因此可确保客户和用户在需求分析过程中始终扮演一个积极的角色。

【例 4.1】　ATM"取款"场景描述。

场景名:取款。

参与者:银行客户。

场景描述:

(1) 插入有效的银行卡;

(2) ATM 验证该银行卡;

(3) 系统要求输入银行卡密码,用户输入密码;

(4) 系统通过网络向银行内部系统请求验证密码;

(5) 若验证通过,系统请求选择业务,用户选择取款;

(6) 系统要求输入取款金额,如 1000 元;

(7) 系统验证是否有足够的现金,并请求验证银行内部服务器处理取款;

(8) 若处理成功,系统计算钞票数目,并送出现金;

(9) 用户取走现金;

(10) 系统打印凭条,用户取走凭条;

(11) 系统退出银行卡,用户取走银行卡。

4.6　基于用例的需求获取方法

需求捕获的目标有两个:一是发现真正的需求,二是以适用于用户、客户和开发人员的方式加以表示。一个软件通常有多种类型的用户,每类用户表示为一个参与者,参与者在与用例交互时使用软件。用例为向参与者提供某些有价值的结果而执行一些动作序列。

如果需求工程师了解用户如何与软件交互，软件团队将能够更好、更准确地刻画软件的特性，完成有针对性的分析和模型设计。因此，使用 UML 分析建模，将从开发用例图、活动图和泳道图形式的场景开始。

4.6.1 用例分析

用例着眼于为用户增加价值，提供了一种捕获功能需求且直观的方法，可驱动整个开发过程。用例从某个特定参与者的角度用简单易懂的语言说明一个特定的使用场景。要开始开发用例，应提前列出特定参与者执行的功能或者活动。这些可以从所需软件功能的列表中获得，或通过与最终用户交流获得，或通过评估工作流程获得。

用例模型帮助客户、用户和开发人员在如何使用软件方面达成共识。每类用户识别为一个参与者，软件所有的参与者和用例组成了用例模型。用例图描述部分用例模型，显示带有联系的用例和参与者的集合。

用例图包括参与者、用例、关联和边界 4 个要素。参与者用小人形表示，描述与软件交互的人或系统；用例用椭圆表示，描述软件的功能；关联用直线表示，描述参与者驱动或需要某个用例；边界用矩形框表示，描述开发人员关注的软件范围。

【例 4.2】 POS 机系统需求描述。

POS 机系统是电子收款机系统，通过计算机化处理销售和支付，记录销售信息。该系统包括计算机、条码扫描仪、现金抽屉等硬件，以及使系统运转的软件和为不同服务的应用程序提供的接口。POS 机系统的需求描述如下：

- 收银员可以记录销售商品信息，系统计算总价。
- 收银员能够通过系统处理支付，包括现金支付、信用卡支付和支票支付。
- 经理还能处理顾客退货。
- 系统要求具有一定的容错性，即如果远程服务（如库存系统）暂时中断，系统必须仍然能够获取销售信息并且至少能够处理现金付款。
- POS 机必须支持日益增多的各种客户终端和接口，如多种形式的用户图形界面、触摸屏输入装置、无线掌上电脑等。
- 系统需要一种机制提供灵活的处理不同客户独特业务的逻辑规则和定制能力。

POS 机系统中，系统的参与者主要有收银员、经理、顾客、公司销售员等。这里主要考虑收银员和经理的用例图，如图 4.1 所示。

随着用户更多地交谈，需求工程师为每个标记的功能开发用例。

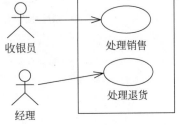

图 4.1 POS 机系统部分用例图

4.6.2 构建活动图或泳道图

1. 活动图

UML 活动图通过提供特定的场景内交流的图形化表示来补充用例。在某个处理环境中，活动图可以描述存在的并且已经被定义为需求导出任务一部分的活动或功能。活动图使用两端为半圆形的矩形表示一个特定的处理；箭头表示通过软件的流向；判定菱形表示判定分支；水平线、分叉点和连接表示并发活动；矩形表示对象，即一个活动对象。

　　活动图通常能够既表示控制流又表示数据流。UML 活动图能够满足数据流建模，从而代替传统的数据流图表示法。图 4.2 给出了 POS 机处理销售用例的 UML 活动图的例子。

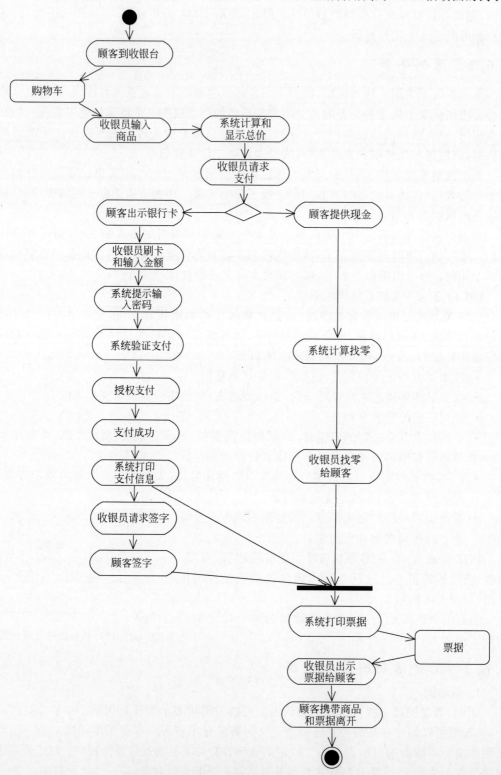

图 4.2　POS 机处理销售用例的 UML 活动图

图 4.2 中的黑色圆点表示起点,黑色圆点外带一个圆代表终点。过程描述如下:顾客携带购物车到收银台,收银员逐个输入商品,系统计算总价,然后请求顾客付款。若是现金支付,则出示票据,并将商品提交给顾客;若是支票或信用卡支付,则请求授权。若同意支付,则完成票据和商品移交活动。

2. 泳道图

UML 泳道图是活动图的一种有用的变形,可以让建模人员表示用例所描述的活动图,同时判断哪个参与者对活动矩形所描述的活动负责。泳道用纵向分割图的并列条形部分表示,就像游泳池中的泳道,也称特定分区。UML 泳道图通常对于涉及众多参与者的非常复杂的业务过程建模具有价值。在进行复杂业务过程建模时,可以利用耙子符号和活动图分层描述。图 4.3 是 POS 机处理销售用例中银行卡付款的 UML 泳道图。

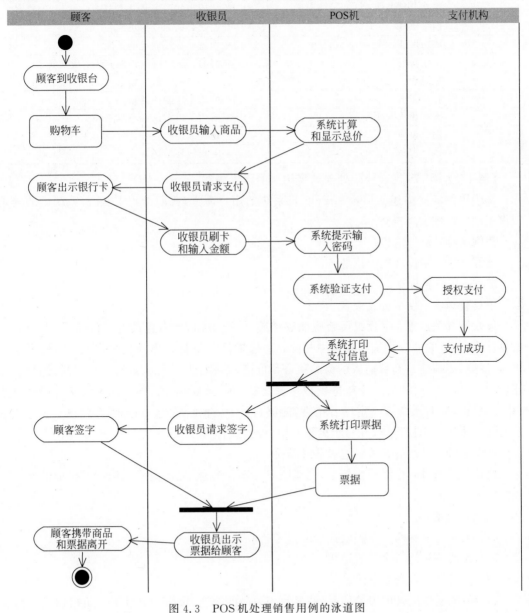

图 4.3　POS 机处理销售用例的泳道图

4.6.3 用例详细描述

通常,用例既可以使用非正式的描述性风格编写,也可以使用某个结构化的格式编写,而且有些格式更强调描述的直观性。用例场景描述的模板如表 4.1 所示。

表 4.1 用例场景详细描述的模板

用例不同部分	说 明
用例名称	以动词开始描述用例名称
范围	要设计的系统
级别	"用户目标"或者"子功能"
主要参与者	调用系统,使之交付服务
涉众及其关注点	关注该用例的人及其需求
前置条件	开始前必须为真的条件
成功保证	成功完成必须满足的条件
主成功场景	典型的、无条件的、理想方式的成功场景
扩展	成功或失败的替代场景
特殊需求	相关的非功能性需求
技术和数据变元素	不同的 I/O 方法和数据格式
发生频率	影响对实现的调查、测试和时间安排
杂项	未决问题等

【例 4.3】 POS 机系统中处理销售用例的详细描述。

基于用例场景描述的模板和 POS 机系统的用户需求,我们给出 POS 机系统中的处理销售用例的详细文本描述。

用例名称:处理销售。

范围:零售端收款机应用业务。

级别:用户目标。

主要参与者:收银员或顾客。

涉众及其关注点:①收银员希望能够准确、快速地输入,而且没有支付错误,因为如果少收货款,少收的部分将从其薪水中扣除;②售货员希望自动更新销售提成;③顾客希望快速、便捷、清晰地看到所输入的商品项目和价格,以最小代价完成购买活动,并得到购买凭证,以便退货;④销售公司希望准确地记录交易,满足顾客要求,确保记录了支付授权服务的支付票据,同时系统有一定的容错性,能够自动、快速地更新账户和库存信息;⑤经理希望能够快速执行超控操作,并易于更正收银员的不当操作。

前置条件:收银员必须经过确认和认证。

成功保证条件:存储销售信息,更新账户和库存信息,记录提成,生成票据,记录支付授权的批准。

主成功场景:

(1) 顾客携带所购商品到收银台通过零售收款机付款。

(2) 收银员开始一次新的销售交易。

(3) 收银员输入商品条码。

(4) 系统逐步记录出售的商品,并显示该商品的描述、价格和累计额。价格通过一组价格规则来计算。

收银员重复步骤(3)～(4),直到输入结束。

(5)系统显示总额和计算折扣。

(6)收银员告知顾客总额,并请顾客付款。

(7)顾客付款,系统处理支付。

(8)系统记录完整的销售信息,并将销售和支付信息发送到外部的账务系统和库存系统。

(9)系统打印票据。

(10)顾客携带商品和票据离开。

扩展部分:

(1)经理在任意时刻要求进行超控操作:系统进入经理授权模式;经理或收银员执行某一经理模式的操作;系统恢复到收银员授权模式。

(2)系统在任意时刻失败:为了支持恢复和更正账务处理,要保证所有交易的敏感状态和时间都能够从场景的任何一步中完全恢复。

- 收银员重启系统,登录,请求恢复上次状态。
- 系统重建上次状态:系统在恢复过程中检测到异常,向收银员提示错误,记录此错误,并进入一个初始状态;收银员开始一次新的销售交易。

(3)针对主成功场景中的步骤(1):客户或经理需要恢复一个中断的销售交易,或者收银员执行恢复操作,并且输入 ID 以提取对应的销售交易,或者系统显示被恢复的销售交易状态及其小计。若未发现对应的销售交易,则系统向收银员提示错误,或者收银员可能会开始一个新销售交易,并重新输入所有商品。若发现对应的交易,则收银员继续该次销售交易。

(4)针对主成功场景中的步骤(2):若为无效商品 ID(在系统中未发现),则系统提示错误并拒绝输入该 ID,或收银员响应该错误。

- 若商品 ID 可读,如数字型的 UPC(通用产品代码),则收银员手工输入商品 ID,系统显示商品项目的描述和价格,对于无效商品 ID,系统提示错误,收银员通过执行查找产品帮助以获得正确的商品 ID 及其价格。收银员可以向其他员工询问商品的 ID 或价格,然后手工输入 ID 或价格。
- 若系统不存在该商品 ID,但是该商品附有价签:收银员请求经理执行超控操作,经理执行相应的超控操作,然后收银员选择手工输入价格,输入价签上的价格。

其他情况请读者思考补充。

(5)针对主场景中的步骤(4):若系统定义的商品价格不是顾客预期的价格,则收银员请求经理批准,经理执行超控操作,然后收银员手工输入超控后的价格,系统显示新价格。

(6)针对主场景中的步骤(5):若顾客声称他们符合打折条件,则收银员提出打折请求,收银员输入顾客 ID,系统按照打折规则显示折扣总计。若顾客要求兑现账户积分,用于此销售交易,则收银员提交积分请求,输入顾客 ID,系统应用积分直到价格为 0,同时扣除结余积分。

(7)针对主场景中的步骤(6):若顾客要求现金付款,但所携现金不足,则顾客要求使用其他方式付款,或者顾客要求取消此次销售交易,收银员在系统上取消该销售交易。

(8) 针对主场景中的步骤(7)：若顾客要求现金支付，则收银员输入收取现金的现金额。系统显示找零金额，并弹出现金抽屉，然后收银员放入收取的现金，并给顾客找零，系统记录该现金支付。若顾客要求信用卡支付，则顾客提供信用卡账户信息，收银员输入账户信息，系统显示其支付信息以备验证，系统向外部支付授权服务系统发送支付授权请求，并请求批准该支付。

其他情况请读者思考补充。

(9) 针对主场景中的步骤(8)：若顾客索要赠品票据(不显示价格)，则收银员请求赠品票据，系统给出赠品票据。若打印票据，系统能够检测到错误，给出提示，收银员更换纸张，收银员请求打印其他票据。

特殊需求：适用大尺寸平面显示器触摸屏 UI(User Interface,用户界面)。文本信息可见距离为 1 米。90%的信用卡授权相应时间小于 30 秒。由于某些原因，我们希望在访问远程服务失败的情况下具有较强的恢复功能。支持文本显示的语言国际化。

技术和数据变元素：经理超控需要刷卡(有读卡器读取超控卡)或在键盘上输入授权码。商品 ID 可用于条码扫描器(如果有条形码)或键盘输入。商品 ID 可适用于 UPC(通用产品代码)、EAN(欧洲物品编码)等任何编码方式。

发生频率：频繁使用。

杂项：研究远程服务的恢复问题。针对不同业务需要进行定制。收银员必须在系统注销后带走他们的现金抽屉等。

【例 4.4】 ATM 系统的用例模型。

图 4.4 给出了一个 ATM 系统的用例模型。

"取款"用例的动作序列如下。

用例名称：取款。

描述：完成一次取款。

动作序列：

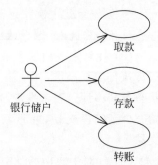

图 4.4 ATM 系统的用例模型

(1) 银行储户出示银行卡和密码表明自己是合法用户。

(2) 系统进行身份验证，并提示用户选择业务。

(3) 用户选择取款功能和输入取款金额。

(4) 系统进行验证，并从账户上扣除金额，送出相应金额的钞票给储户，并记录日志。

用例还可用来说明非功能性需求，如某个用例特定的性能、可用性、准确性和安全性等需求。例如，"取款"用例：在所有95%用例执行中，银行储户从选择取款数量到得到相应的货币的响应时间应小于 30 秒。

4.7 小 结

需求获取是一个非常重要而又很复杂、需要交替进行、反复迭代的过程。从用户角度看，需求分为业务需求和用户需求；从软件角度看，需求分为功能需求和非功能需求。需求分析过程通过执行初步沟通、导出需求、精化需求、可行性研究、与客户和用户协商、编写规格说明、验证需求和管理需求 8 个不同的活动来完成。

需求获取方法主要包括会谈、调查表、场景分析和用例分析等。用例建模根据外部使用者从使用系统或业务分析出发,抽取出系统的业务需求和领域要求,并精化为系统的需求。用例模型包括用例视图模型、用例场景和用例活动图或泳道图 3 部分。用例场景描述每个用例的交互过程,并以活动图或泳道图的形式展示给用户,便于与用户沟通。

习　　题

1. 简述需求获取过程的主要步骤。
2. 举例阐述用户需求和系统需求的区别。
3. 说明功能需求和非功能需求的区别与联系。
4. 给出 ATM 系统的非功能需求。
5. 给出面对面结对编程系统的领域需求。
6. 描述图书馆系统中借书过程的一个常规场景。
7. 描述银行客户从 ATM 上存入一笔钱的场景。
8. 简述活动图与泳道图的区别与联系。
9. 开发 ATM 系统的活动图。
10. 开发 POS 机系统的处理退货功能活动图。

第二部分
结构化软件工程范型

本部分将介绍结构化软件工程范型的基本原理、方法、过程及其模型,包括结构化分析、结构化设计和结构化软件测试 3 章内容,将关注以下问题:

- 结构化分析与设计要建立哪些模型?
- 概要设计与详细设计的关系是什么?
- 软件概要设计主流的技术是什么?
- 软件详细设计主流的技术是什么?
- 软件测试包括哪些过程和主要技术?

第 5 章　结构化分析

【学习重点】
(1) 理解结构化分析的基本概念。
(2) 理解结构化分析的基本步骤。
(3) 理解结构化分析的主要方法。

5.1　结构化分析概述

结构化分析方法是一种传统的系统化的软件建模技术,其过程包括创建描述软件中所涉及的信息和行为,依据功能和行为对软件进行功能划分,建立软件的数据模型和数据处理模型,并描述模型所涉及的软件要素。

在需求工程中,分析师需要创建软件的各种模型,以便更好地理解数据流与控制流、处理功能与操作行为及相关信息,并综合考虑软件的功能需求、非功能需求和数据要求的分析结果,导出软件的逻辑模型。例如,使用精化的软件分解方法,建造软件处理的数据、功能与行为模型,为软件设计者提供可被翻译成数据、体系结构、界面和行为设计的模型,以及通过需求规格说明文档为开发者和客户提供软件质量评估的依据等。

结构化分析(Structured Analysis,SA)方法是 20 世纪 70 年代由 E. Yourdon 等倡导的一种适用于大型数据处理系统的、面向数据处理的软件需求分析方法。结构化分析方法一般采用以下指导性活动。

(1) 充分理解问题。人们通常急于求成,甚至在问题未被很好地理解之前,就产生了一个解决错误问题的软件。

(2) 开发快速原型。原型的目的是使用户能够了解将如何进行人机交互(推荐使用原型技术)的过程(包括输入、输出信息等),理解软件功能需求与业务需求的差别。

(3) 描述软件需求。记录每个需求的起源和原因,这样能有效地保证需求的可追踪性和可回溯性。

(4) 建立软件高层模型。使用多个分析模型,建立软件所涉及的数据、功能和行为的模型,为软件工程师提供不同的视图,有效避免可能会忽略某些软件要素,并增加识别出存在不一致性的地方。

(5) 确定软件需求优先级。赋予软件需求优先级,优先开发重要的功能,提高软件开发生产效率。

(6) 验证软件需求。软件需求常用自然语言描述,存在含糊的可能,这可以通过复审发现问题,删除需求描述含糊或不一致的地方。

5.2　结构化分析模型

结构化分析方法是一种半形式化的分析与建模技术,其过程包括对软件相关的各种信息进行分析,抽取其本质特征,创建描述数据、功能和行为的模型。

软件模型不是软件的替代表示,而是抛弃了具体细节的一个软件功能抽象。在理想情况下,软件需求描述需要给出软件中各种实体的全部信息,而软件功能抽象就是挑选出软件中最突出的特征进行简要描述。所以,软件模型可以从不同的角度表达软件的特征。

结构化分析模型的主要目标是描述客户的需要,为软件设计建立基础,定义在软件开发完成后可以确认的一组需求。结构化分析模型有面向数据的软件模型和面向行为的软件模型两大类。

(1)面向数据的软件模型主要刻画软件中所涉及的数据及其关系,用来确定软件的数据结构和存储结构模型。实体关系模型就是一个面向数据的软件模型,其关心的是寻找软件中的数据及其之间的关系,却不关心软件的功能。

(2)面向行为的软件模型又包括两类。一类是面向数据处理流的软件模型,也称为数据流模型,用来描述软件中处理数据的过程。数据流模型集中在数据的流动和数据转换功能方面,而不关心数据结构细节。另一类是状态转换模型,用来描述软件是如何对内外部事件做出响应的。这两种模型可以单独使用,也可以一起使用,要视软件的具体情况而定。结构化分析模型分别用数据流图、数据字典、状态转换图、实体-关系图等描述,其组成形式如图5.1所示。

图5.1　结构化分析模型组成形式

结构化分析模型组成的核心是数据字典(Data Dictionary,DD),包含了软件使用或开发的所有数据描述的中心库。结构化分析模型有3类视图。

(1)数据流图(Data Flow Diagram,DFD)。其服务于两个目的:一是指明数据在软件中移动时如何被变换,二是描述软件对数据进行变换的功能和子功能。数据流图提供了附加信息,它们可以用于信息域的分析,并作为软件功能建模的基础。

(2)实体-关系图(Entity-Relationship Diagram,E-RD)。实体-关系图用于描述数据对象的属性、数据对象之间的关系等。

（3）状态转换图（State Transition Diagram，STD）。状态转换图用于指明作为外部事件的结果，软件将如何动作。状态转换图可表示软件的各种行为模式，以及在状态间转换的方式，是行为建模的基础。

结构化分析模型组成的外层是描述。在实体-关系图中出现的每个数据实体及其属性可以使用数据对象来描述。在数据流图中出现的每个加工/处理的功能描述包含在加工规约中。软件控制方面的附加信息包含在控制规约中。

5.3 数据流分析方法

面向数据流是一种结构化需求分析方法，也是一种软件建模活动，简称数据流分析方法。该方法使用简单易读的符号，根据软件内部数据传递和变换关系，自顶向下逐层分解，描绘满足用户要求的软件行为模型。

5.3.1 数据流图

数据流分析方法采用数据流图来表示软件的行为模型。用数据流图描述软件的处理过程是一种很直观的方式。在需求分析中用数据流图来建立现存目标软件的数据处理模型，描述数据被手工或计算机处理或转换的过程。当数据流图用于软件设计时，这些处理或转换在最终生成的程序中将是若干功能模块。

数据流图有 4 种基本符号，如图 5.2 所示。

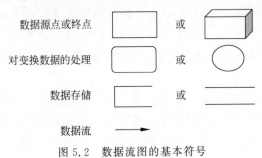

图 5.2　数据流图的基本符号

- 矩形或立方体表示数据源点或终点。
- 圆角矩形或圆代表对变换数据的处理。
- 开口矩形或两条平行线代表数据存储。
- 箭头表示数据流。

这里，处理可以是一个过程或一系列程序组成的过程，甚至可以是由人工完成的过程。一个数据存储可以表示一个文件或文件的一部分、数据库的元素或记录的一部分等；数据可以存储在磁盘、主存等任何介质上。数据存储是处于静止状态的数据，而数据流是处于活动中的数据。数据源点和终点有时会是同一个实体或对象，若只用一个符号代表数据的源点和终点，则至少有两个箭头与这个符号相连。

数据流图的基本要点是描绘软件"做什么"，而不考虑"怎样做"。通常数据流图会忽略出错、打开和关闭文件之类的内部处理等软件细节的处理方面。

数据流图通常作为与开发人员交流的工具，是软件分析和设计的工具，也有助于进行更详细的设计。

5.3.2 数据字典

数据字典是分析模型中出现的所有名字的集合,并包括有关命名实体的描述。如果名字是一个复合对象,它还应有对其组成部分的描述。数据字典在软件模型开发中非常有用,它可以管理各种数据流图、实体-关系图和状态转换图中的各种信息。使用数据字典有以下两个作用。

(1) 它是所有名字信息管理的有效机制。在一个大型软件系统中,需要给模型中的许多实体和关系命名,而这些名字在软件中必须保持一致且不能出现冲突。数据字典可以检查名字的唯一性。

(2) 作为连接软件分析、设计、实现等阶段的纽带,以阶段进化的方式进行信息存储。随着软件的改进,字典中的信息也会发生相应的变化,新的信息会随时加入进来。

在描述数据流图涉及的信息时,数据字典应该由数据流、数据流分量、数据存储和处理4类元素的定义组成。除数据定义之外,数据字典还应该包括关于数据的其他信息。

(1) 一般信息,包括名字、别名、描述等。

(2) 定义,包括数据类型、长度、结构等。

(3) 使用特点,包括取值的范围、使用频率、使用条件、使用方式、条件值等。

(4) 控制信息,包括用户、使用特点、改变数、使用权等。

(5) 分组信息,包括文档结构、从属结构、物理位置等。

在数据字典中,应对组成的数据元素定义进行自顶向下的分解。分解的原则是当包含的元素不需要进一步定义,且每个和工程有关的人都清楚时为止。

由数据元素组成数据的方式有3种基本类型,可以使用这3种类型的任意组合定义数据字典中的任何条目。

(1) 顺序:顺序连接两个或多个分量元素,一般用加号表示顺序连接关系。

(2) 选择:从两个或多个可选的分量元素中选取一个,选择运算符用方括号表示,对于多个可供选择的元素,用"|"符号分隔。例如,[A-1|A-2|A-3]表示三个可选数据元素。

(3) 重复:描述的分量元素重复零次或多次,重复运算符用花括号表示,并与重复的上下限同时使用。如果上下限相同,则表示重复次数固定;如果上下限分别为0和1,则表示分量可有可无。

数据字典描述通常采用卡片形式,一张卡片上应包含名字、别名、描述、定义、位置等信息。

5.3.3 数据流分析方法的步骤

数据流分析方法的步骤分为数据流图要素分析、构建数据流图和建立数据字典3个步骤。

(1) 数据流图要素分析。根据问题确定数据的源点、终点、数据流、数据存储和处理等。

(2) 构建数据流图。根据数据流图要素绘制数据流图。

(3) 建立数据字典。对数据流分析中所涉及的所有要素进行详细的规格描述。

前两个步骤是一个逐步求精的过程,一开始从整体的角度分析数据流处理过程,然后针对每个数据流处理过程进行多次分解,精化数据流图,直到不能分解为止。

【例 5.1】 订货软件的数据流图构建。

设某工厂的采购部每天需要一张订货报表。订货零件的信息包括零件编号、零件名称、数量、价格、供应者等。零件的入库、出库事务通过计算机终端输入给订货系统。当某零件的库存数少于给定的库存量临界值时,就应该再次订货。

(1) 数据流分析。

根据订货软件需求的描述,可以抽取以下要素。

① 数据源点有仓管员(负责入库或出库事务,并上报信息至订货系统);

② 数据终点有采购员(接收每天的订货报表);

③ 数据流有事务和订货报表;

④ 数据存储有订货信息和库存清单;

⑤ 处理有处理事务和产生报表。

(2) 构建基本软件模型。

软件的特征就是将输入信息转换成输出信息,任何软件的基本模型都由若干数据源点或数据终点和一个对数据加工处理组成。图 5.3 所示的是订货软件基本模型的数据流图。

图 5.3　订货软件基本模型的数据流图

(3) 第 1 次求精。

很明显,订货软件基本模型的数据流图非常抽象,因此需要把订货软件中的处理进一步细化,确定出软件的主要功能。订货软件细化后的数据流图如图 5.4 所示,可分为处理事务和产生报表两个主要功能,同时增加了库存清单和订货信息两个数据存储,并对应出现了事务、库存信息、订货信息、订货报表 4 个数据流。

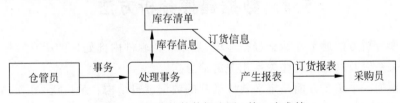

图 5.4　订货软件数据流图:第 1 次求精

(4) 第 2 次求精。

对订货软件的数据流图进一步细化。订货软件第 2 次求精的数据流图如图 5.5 所示。当发生一个事务时,接收它并按照事务的内容修改库存清单,然后根据库存临界值确定是否订货。考虑到入库、出库是不同的事务处理,于是把处理事务进一步分为处理入库和处理出库。

产生报表实际上包含了订货和生成订货报表两个过程,因此进一步将产生报表进一步分成处理订货和生成报表两个处理。

注意,数据流和数据存储的命名必须有具体含义。处理的命名应反映整个处理的功能,通常是由一个动词加上一个具体的宾语组成。

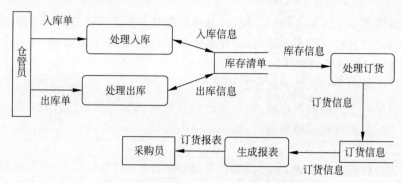

图 5.5 订货软件数据流图:第 2 次求精

订货系统中部分卡片形式的数据定义如下。

名字:订货报表

别名:订货信息

描述:每天一次需要订货的零件表

定义:订货报表=1{零件信息}N

位置:输出到打印机

其中:

零件信息=零件编号+零件名称+数量+价格+1{供应者}3

分量定义为:

零件编号=8 位字符

零件名称=20 位字符

数量=[1 | 2 | 3 | 4 | 5]

价格={零件单价}

数据字典应能产生交叉参照表,有错误检测、一致性校验等功能。

5.4 数据建模分析方法

视频讲解

数据建模分析方法通常开始于数据建模,是定义在软件内部处理的所有数据实体、数据实体之间的关系以及其他与这些关系相关的信息。

软件建模的一个重要方面是定义软件处理的数据逻辑结构。最广泛采用的数据建模技术是实体-关系模型,它描述数据实体、实体之间关系及实体属性。

1. 数据建模过程

实体是软件能够理解的复合信息的表示,是具有若干不同的特征或属性的事物,是实现世界中存在的且可相互区分的事物。实体可以是外部事物,也可以是发生的事件、组织单位、地点或结构等。

建立实体-关系模型分为抽取实体和建立实体-关系图两个步骤。抽取实体的方法是采用领域分析的方法。首先,要进行领域分析,获取领域所涉及的各种名词和术语,这些都有可能成为实体。然后,针对这些候选的实体,剔除与系统无关的或不密切的实体,或者属于其他实体属性的实体等。

实体之间往往是有联系的。例如,在图书馆管理系统中,"借书者"实体与"图书"实体之间就存在"借"或"还"的关系。实体可以以多种不同的方式相互连接。要确定这种关系,需要理解所创建的软件环境中借书者与图书的角色,可以用一组"实体/关系"对来定义有关的关系,例如借书的人、买书的人等。如果在图书馆管理系统中,可以理解为借书的人,而在书店中可理解为买书的人。

建立实体-关系图就是根据实体及它们之间的关系构建实体及其关系的表达。首先,分析这些实体,确定它们之间的关系和这些关系的重数。然后,绘制完整的实体-关系图。最后,编写实体-关系图中所涉及的元素的规格说明。

2. 实体-关系图

实体-关系模型可用实体-关系图来表示。实体-关系图由实体、实体之间的联系和实体属性组成。

(1) 实体是客观世界中存在的且可相互区分的事物。实体可以是人或者物,也可以是具体事物,还可以是抽象概念。例如,职工、学生、课程等都是实体。

(2) 实体之间的关系描述了实体与实体之间的联系。在实体-关系图中,关系用一个菱形表示,实体与实体通过关系相连。关系还需要理解实体 X 出现的次数与实体 Y 的多少次出现相关,称为关系的基数。关系的基数分为 3 类:

- 一对一(1∶1)关系,表示一个实体只能和一个实体关联。
- 一对多(1∶N)关系,表示一个实体可以和很多实体关联。
- 多对多(M∶N)关系,表示一个实体和另一个实体的多次出现关联。

关系的基数可以定义为能够参与一个关联的最大实体实例数。例如,教师与课程的"教"是一对多的关系,每位教师可能教多门课程,但每门课程只能由一位教师教。学生和课程的"学"是多对多关系,一名学生可以学多门课,而每门课可以有多名学生来学。

(3) 属性是实体或关系所具有的性质。通常一个实体有若干属性。例如,"学生"实体有系、年级、学号、性别等属性。关系也可以有属性。例如,学生"学"课程所取得的成绩,既不是学生的属性也不是课程的属性。因为"成绩"既依赖于某名学生,又依赖于某门具体的课程,所以它是学生与课程之间"学"关系的属性。

【例 5.2】 图书馆管理系统的实体-关系图。

根据图书馆管理系统的问题描述,可得到以下实体:图书、借书者、管理员、借书目录、预约记录、书目。图书馆管理系统初步的实体-关系图如图 5.6 所示。

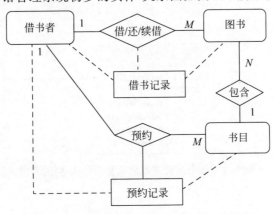

图 5.6 图书馆管理软件系统的部分实体-关系图

结构化分析

借书者可以借/还/续借一本图书;图书可包含在书目中;借书者可预约一个书目(抽象的书)。另外,借/还/续借的结果是产生删除/更新一条借书记录;预约产生一条预约记录。借书记录和预约记录是关联的结果,而虚线指明借书记录是借书者与图书的共同关联实体。同理,预约记录是借书者与书目的共同关联实体。

特别说明的是,图书和书目的概念不同。图书指的是图书馆管理系统中具体的一本书,可由每本书上的编号或条码号区分,而书目是该书的描述,它可以包含几本相同书名的图书。因此,预约只能发生在书目上,而不是图书上,因为如果预约某本具体的图书,那么即便同类书目的其他书归还,预约者还不能借,原因是预约的不是那本书,这显然不符合实际情况。

这些实体的主要属性如下。

借书者:借书者编号、姓名、性别、借书数、最大借书数、罚金金额、有限期。

图书:图书号、书目号。

书目:书目号、书名、作者、出版社、丛书名、收藏数、在馆数、预约数。

借书记录:图书号、借书者编号、借出日期、应还日期、续借次数。

预约记录:书目号、借书者编号、预约日期。

这里需特别注意借书记录和预约记录分别是借/还/续借关系的结果,而且这种关系是一对多的关系,因此,可以将这种一对多的关系通过借书者编号和图书号转换为一对一的关系,如图 5.7 所示。

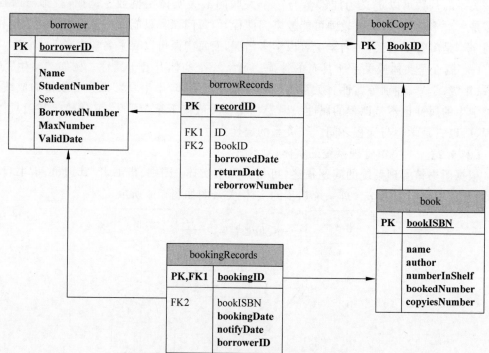

图 5.7　图书馆管理系统调整后的实体-关系图

5.5 状态分析方法

状态分析方法的主要任务是建立软件的状态模型。状态模型特别适合于具有复杂状态的软件建模,可以刻画软件处于不同状态时对事件的响应行为,尤其是对控制系统和网络通信协议的分析特别有效。

状态模型是一种描述系统对内部或者外部事件响应的行为模型。它描述软件的状态和事件,以及事件引发软件在状态间的转换。这种模型适用于描述实时软件系统,因为实时软件系统往往是由外界环境的激励而驱动的。

状态模型一般采用状态转换图(简称状态图)的标记方法。状态图描述了系统中某些复杂对象的状态变化,主要有状态、变迁和事件 3 种符号。

(1) 状态是可观察的行为模式,用圆角矩形表示。

(2) 变迁表示状态的转换,用箭头表示。

(3) 事件是引发变迁的消息,用箭头上的标记表示。

状态图还可以用事件后的方括号表示先决条件,只有当这个条件为真时,才会发生状态变迁。当用状态自身的弧线箭头表示先决条件不为真时,状态不会变迁。

状态建模方法分为以下两个步骤。

(1) 软件的状态、行为与事件分析。软件的状态、行为与事件分析确定软件有哪些状态、行为和事件。可以通过软件运行场景来确定,也可以人为划分为一些逻辑状态。状态分析确定状态之间的转移和导致转移的事件。行为与事件分析需要确定事件导致什么样的状态转移,以及事件发生的条件等。

(2) 构建状态图。利用步骤(1)中分析的结果绘制状态图。

【例 5.3】 电梯系统状态分析。

在一幢有 m 层的大厦中安装一套由 n 部电梯组成的电梯系统,按照下列条件求解电梯在各楼层之间移动的逻辑关系:每部电梯有 m 个按钮,每个按钮代表一个楼层。当按下一个按钮时该按钮指示灯亮,同时电梯驶向相应的楼层,当到达相应楼层时指示灯熄灭。除了最底层和最高层之外,每一层楼都有两个按钮分别指示电梯上行和下行。按下按钮后指示灯就开始亮,当电梯到达此楼层时指示灯熄灭,并向所需要的方向移动。当电梯无升降运动时,关门并停在当前楼层。

通过上述的问题描述,经分析可知,电梯系统主要是控制电梯的运行,而电梯的运行比较复杂,具有很多状态。因此,重点分析电梯系统的各种状态和行为。电梯在运行过程中一般具有下列状态。

- 空闲:无请求时,电梯处于休息状态。
- 暂停:上下乘客时,电梯处于暂停状态。
- 上行:电梯处于向上运行状态。
- 下行:电梯处于向下运行状态。
- 处于第一层:初始启动,电梯会在第一层处于等待状态。
- 向第一层移动:当电梯长时间没有请求而处于空闲状态时,电梯会移动到第一层。

电梯系统具有下列事件。

70

- 向上：驱动电梯向上运行。
- 向下：驱动电梯向下运行。
- 停止：电梯停止运行。
- 无请求：没有乘客请求乘坐电梯。
- 长时间无请求：长时间没有乘客请求乘坐电梯。

绘制状态图时，一般要确定软件的初始状态和终止状态。初始状态是指系统加电或启动时要进入的第一个状态。电梯系统的初始状态是电梯处于第一层。终止状态是指结束时系统的状态，即软件系统最后一个转向到终止的状态。电梯系统没有终止状态，除非停止系统运行。一般，起始状态只有一个，而终止状态可以有多个，也可以没有。电梯系统的状态图如图 5.8 所示。

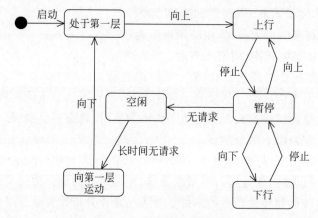

图 5.8　电梯系统的状态图

复杂的状态还可进一步分解为子状态。例如，"暂停"状态就是一个复合状态，其可以进一步分为"电梯门打开"状态、"系统计时"状态和"电梯门关闭"状态，如图 5.9 所示。

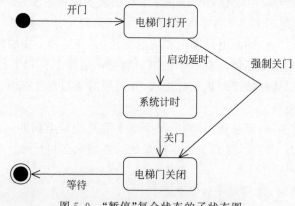

图 5.9　"暂停"复合状态的子状态图

视频讲解

5.6　结构化分析过程

结构化分析过程主要包括问题描述、绘制数据流图、确定需要计算机化部分、定义数据、定义处理逻辑、定义物理资源、确定输入/输出规格说明、确定数据规模与访问频率、确定硬件需求和撰写软件需求规格说明文档等过程。

【例 5.4】 书店图书销售软件结构化分析。

(1) 问题描述。

书店从各出版社购买图书,并将其销售给学校、公司和个人客户。书店除订购流行的图书外,还根据需要订购其他图书。书店提供学校订购服务,并根据客户和订购量予以优惠。现在书店希望实现计算机化管理,需如何做?

仔细分析上述问题,确定需要具备哪些商务功能(入账、出账和库存),系统是采用批处理方式还是联机方式,硬件设备情况,实现计算机化管理的目标等。可以看出,其目的是销售图书、管理图书以及管理账目。

为了有效地分析软件的需求,采用逐步求精的结构化分析技术。结构化的分析,可以通过数据流图的描述确定逻辑数据流。

(2) 绘制数据流图。

图书销售例子的数据源为"顾客";数据流为"订单""发货清单";数据存储为"图书数据"和"顾客数据"计算机文件,处理为"处理订单"操作。

画数据流图需要逐步求精,得到一套分层的数据流图。图 5.10 为第 1 次求精的数据流图。

当顾客有一个"图书需要"而书店没有时,图书细节将放入"待订单"(可以表示为计算机文件)。计算机每天扫描这些订单,如果向一个供应商发出的订单足够多,就批量订购;如果一个订单已等待了 5 天,则必须立即订购;如果订单有效,则处理订单并发货。图 5.11 为第 2 次求精的数据流图。第 2 次求精没有考虑的财务功能,即入账和出账等,可在第 3 次求精中加入。

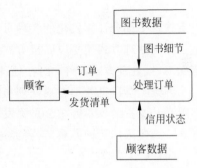

图 5.10　数据流图:第 1 次求精

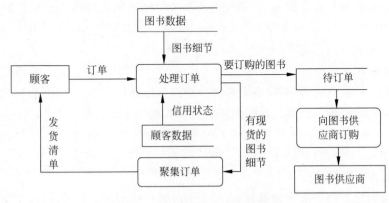

图 5.11　数据流图:第 2 次求精

图 5.12 仅给出了第 3 次求精的一部分。最终求精的数据流图可能更大,此时需要一个有层次结构的数据流图来描述。

(3) 确定需要计算机化部分。

系统的自动化方案选择,取决于客户的投资和目标。一般必须利用成本-效益分析方法

结构化分析

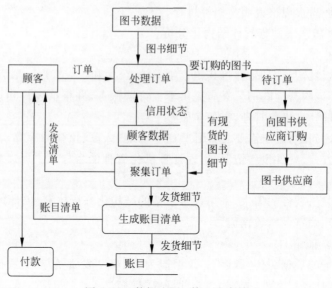

图 5.12　数据流图：第 3 次求精

对实现各个部分计算机化的各种可能方案进行分析。对数据流图各个部分的操作,必须决定是以批处理方式还是以联机方式执行。一般地,在需要处理大批数据和需要严密控制的情况下,批处理方式较好;而在处理数据量较小和使用内部机器的情况下,联机方式更好。

方案 1 是以批处理方式处理出账和订购图书,用联机方式处理订单的有效性检查、聚集订单和开发货清单。方案 2 是除发货票据使用联机方式或批处理方式外,其余都使用联机方式。具体采用哪种方案,需要经过后续分析得出。

(4) 定义数据。

在设计一个大型软件时,数据字典保存了所有数据元素信息。首先,对涉及的每个数据流、数据存储进行标识,然后再逐步求精细化每个数据流、数据存储。

本例的数据流和数据存储有"订单""图书细节""顾客细节""图书数据""顾客数据""账目""发货清单"等。"订单"可细化为"订单标识""顾客细节""图书细节",其中"顾客细节"和"图书细节"还可进一步细化。

(5) 定义处理逻辑。

确定了软件的数据元素,就可以分析每个处理具体做什么了。例如,分析"生成账目"中"给教育部门打折扣"细节。书店提供向学校打折扣的细节是:若少于 10 本则给予 10% 的折扣;多于 10 本且少于 50 本则给予 15% 的折扣;多于 50 本则给予 20% 的折扣。这个处理逻辑适合用一个判定树来描述。

(6) 定义物理资源。

开发人员根据联机需求和数据元素,做出有关硬件的情况。此外,对每个文件必须指定一些信息,包括文件名、组织结构(排序、索引等)、存储介质和记录(字段数)。如果使用一个数据库管理系统,还要指定每个表的相关信息。

(7) 确定输入/输出规格说明。

必须指定数据输入格式,即使没有详细的布局,至少也要指定输入哪些内容。输入屏幕和打印输出格式也需要详细地确定。

（8）确定数据规模与访问频率。

确定有关数值数据,包括输入量(每日或每小时)、打印报表的频率、每个报表的最后期限、CPU 和大容量存储之间传输的每一类记录的大小和数量,以及每个文件的大小。

（9）确定硬件需求。

计算出磁盘大小和存储容量、备份存储要求,确定输出设备,以及给出购买设备的建议。

（10）撰写系统需求规格说明文档。

根据以上结构化分析和建立的模型,建立系统标准化的需求规格说明文档,并进行评审。

5.7 软件需求规格说明文档

软件需求分析的描述通常采用一种规范的需求规格文档。软件需求规格说明文档即软件需求规格说明书(Software Requirement Specification,SRS),是需求分析任务的最终"产品"。软件需求规格说明文档通过分配给软件的功能和性能,建立完整的数据描述、详细的功能和行为描述、性能需求和设计约束的说明、合适的校验标准,以及其他和需求相关的信息。

1. 需求规格说明文档的读者

软件需求规格说明文档有一个很广泛的读者范围,从订购软件的高级管理者到负责开发软件的软件工程师。图 5.13 所示为软件需求规格说明文档的用户。

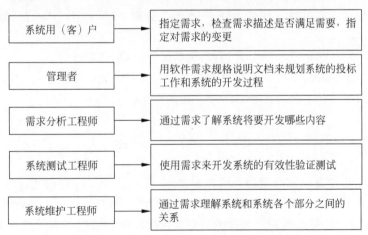

图 5.13 软件需求规格说明文档的用户

对于开发工程师们来说,软件需求规格说明文档一方面必须是清晰和具备可理解性的,另一方面必须是完备的和详细的。因为它是拟定设计的唯一可用的信息源。如果该文档中包含了遗漏、矛盾、模糊不清等错误,则设计中的这些错误将不可避免地被带到实现中。因此,需要能以一种非技术的描述形式有效地表述目标产品,以便于理解;而且应足够准确,以保证在开发周期的最后,交给客户的产品是无缺陷的。

2. 软件需求规格说明文档描述要求

软件需求规格说明文档是软件工程项目中最重要的一个文档。它相当于客户和开发商之间的一项合同。它精确地描述让软件做什么,以及软件的约束条件等。它还给软件设计提供了一个蓝图,给软件验收提供了一个验收标准集。所以,软件需求规格说明文档应满足以下各个方面的描述要求。

- 只叙述软件的外部行为。
- 定义软件实现上的约束。
- 是容易改变的。
- 成为软件维护人员的参考工具。
- 记录软件的整个生命周期。
- 应对未料到的事件给出可接受的反应。

3. 软件需求规格说明文档标准

软件需求规格说明文档包括软件的用户需求和一个详细的软件需求描述。一般情况下,用户需求和软件需求被集中在一起描述。若是较简单,则用户需求在软件需求的引言部分给出;若是有很多项需求,则详细的软件需求可被分开到不同的文档中单独描述。

IEEE/ANSI 830—1993 标准和我国 GB/T 9385—2008 国家标准给出了关于软件需求规格说明文档的内容框架。下面是软件需求规格说明文档各个部分的简要介绍。

(1) 引言部分。陈述关于计划文档的背景和为什么需要该软件,解释软件是如何与其他软件协同工作的。

(2) 任务概述。陈述软件的目标、运行环境和软件的规模等。

(3) 数据描述。给出软件必须解决的问题的详细描述,并记录信息内容和关系、输入/输出数据及其结构。

(4) 功能描述。给出解决问题所需要的每个功能,包括每个功能的处理过程、设计约束等。

(5) 性能需求。描述性能特征和约束,包括时间约束、适应性等。

(6) 运行需求。给出交互的用户界面要求,与其他软/硬件的接口,以及异常处理等。

(7) 其他需求。给出软件维护性各个方面的要求。

5.8 小　　结

结构化分析方法是一种典型的分析建模技术,已经获得了广泛应用。抽象和分解是结构化分析的指导思想。模型是忽略软件所有细节的抽象视图。结构化分析模型工具有数据流图、数据字典、实体-关系图和状态转换图等。数据流图和数据字典常用于结构化分析,用于描述软件的数据处理及其流程的信息,它们一起被称为软件逻辑模型。实体-关系图和状态转换图辅助描述软件所涉及的实体动态变化行为。

习　　题

1. 什么是结构化分析?
2. 阐述结构化分析要创建的模型。
3. 给出面对面结对软件系统的用户管理的数据模型。
4. 给出网上书店的主要功能和优先级。

5. 给出网上书店的实体-关系图。

6. 给出电子表软件的状态图(提示：电子表具有 3 种状态,分别为显示时间、设置小时、设置分钟。模式按钮是外部事件,导致电子表发生状态变化)。

7. 图书馆管理系统中在检查读者能否借书时要考虑哪些规则?

8. 借书功能的可借性是否要考虑预约?

9. 请建立图书馆管理系统的实体-关系模型。

结构化分析

第6章 结构化设计

【学习重点】
(1) 理解结构设计的基本概念与原理。
(2) 理解软件概要设计的过程与方法。
(3) 理解软件详细设计的过程与方法。

6.1 结构化设计概述

软件设计处于软件工程的核心地位。软件设计包含了一系列原理、方法和实践,可以指导软件开发人员进行高质量的软件开发。软件设计原理建立了最重要的原则,用以指导软件设计工作。在运用设计技术和方法之前,必须理解设计的概念与原理,而且设计本身会产生各种软件设计模型,这些将指导以后的实现活动。

"设计先于编码",这是软件工程"推迟实现"基本原则的又一体现。软件设计是把软件需求"变换"为用于构造软件的蓝图。所以,它的"输入"是需求分析各种模型元素,"输出"是软件设计模型和描述。

软件设计的目标是对将要实现的软件的体系结构、数据模型、软件模块间的接口,以及所有模块采用的算法给出详尽的描述。软件设计包括以下任务。

(1) 数据设计。其将分析模型中的实体-关系模型转换为设计模块中要处理的数据逻辑表示以及软件实现所要求的数据结构。

(2) 体系结构设计。其定义了软件的主要结构元素之间的联系,可用于达到软件所定义需求的体系结构风格和设计模式以及影响体系结构实现方式的约束。

(3) 接口设计。其描述了软件和其他协作软件之间、软件和使用人员之间是如何通信的。接口是信息流和特定的行为的类型。

(4) 构件设计。其将软件体系结构的结构元素变换为对软件构件的过程性描述。

6.2 软件设计过程

对于软件设计,设计者不可能一次就完成一个完整的软件设计,所以,软件设计是一系列迭代步骤的过程。软件设计过程就是使设计者能够构建设计模型,用来描述将要构造软件的各个方面。

软件设计过程主要包括概要设计和详细设计。然而,软件设计的这两个过程在各具特色的软件设计方法中是以不同的过程形式表现的。

6.2.1 概要设计

软件设计的第一阶段是概要设计,也称为总体设计,或结构设计,或高层设计。软件概要设计的主要任务是仔细地分析软件需求规格说明文档,进行软件模块划分,形成具有预定功能的模块组成结构和控制关系,并给出模块之间的接口。软件概要设计中的输出是模块列表和如何连接它们的接口描述。

软件概要设计一般采用以下的典型步骤。

(1)方案设计。分析员根据软件的逻辑模型,从不同的软件结构和物理实现角度考虑,给出各种可行的软件结构实现方案,并且分析比较各个方案的利弊。

(2)方案选取。按照低成本、中等成本和高成本将可供选择的方案分类,然后根据软件的规模和目标,以及成本-效益分析、进度计划等征求用户的意见。

(3)推荐最佳方案。分析员综合分析对比各种合理方案的利弊,推荐一个最佳的方案,并制订实现计划。

(4)功能分解和软件结构设计。对于一个大型软件系统,设计人员一下子就从全局角度考虑软件的结构,这可能比较复杂,不利于设计工作开展。因此,采用"分而治之"的方法,将软件分解成一系列子系统,然后对每个子系统进行结构设计。

(5)数据库设计。对于需要使用数据库的应用领域,设计人员在已经分析的软件要处理的数据的基础上,进一步设计数据库的逻辑结构和物理结构。数据库设计包括模式设计、子模式设计、完整性和安全性设计,以及设计优化等。

(6)编制设计文档。软件设计结果需要通过设计文档来体现。设计文档应包括软件设计说明书、用户手册、测试计划、详细的实现计划和数据库设计结果等。

(7)审查和复审。对设计的结果包括设计文档进行严格的技术审查和复审。

概要设计阶段的主要任务是把软件的功能需求映射成软件结构,形成软件结构图。在软件理论和工程的实践中,人们已经采用各种表达软件构成的描述形式,建立了软件设计结构表达的一些规范。

6.2.2 详细设计

软件设计的第二阶段是软件详细设计,也称为模块设计,或过程设计,或底层设计。详细设计是为软件概要设计阶段给出的软件结构图中的各个模块设计处理过程的细节,确定模块所需的算法和数据结构等。详细设计阶段的任务是依据概要设计阶段的分解,设计每个模块内的算法、流程等。详细设计过程主要针对程序开发部分来说,但不是真正的编码,而是设计出程序的详细的规格说明,即模块实现蓝图,包含必要的细节,程序员可以根据详细设计编写模块的程序代码。

详细设计是将概要设计的框架内容具体化、明细化,将概要设计模型转换为可以操作的软件实现模型,它是设计出模块实现的程序蓝图。程序员根据这个蓝图编写实际的程序代码,因此详细设计的结果决定了最终的程序代码的质量。详细设计的目标不仅是设计准确地实现模块的功能,而且设计出的处理过程应该尽可能简明易懂。

详细设计主要描述每个模块或构件的设计细节,主要包括模块或构件的处理逻辑、算法、接口等。详细设计的内容包括以下几点。

（1）模块或构件描述：描述模块或构件的功能，以及需要解决的问题，这个模块或构件在什么时候可以被调用，为什么需要这个模块或构件。

（2）算法描述：确定模块或构件的处理算法和步骤，包括公式、边界和特殊条件，甚至参考资料等。

（3）数据描述：描述模块或构件内部的数据结构。

模块或构件的处理逻辑可采用流程图、PDL(Procedural Description Language，过程描述语言)、盒图、判定表等描述算法的图、表和伪代码来表示。

详细设计说明书又可称为程序设计说明书。编制目的是说明一个软件各个层次中的每一个模块或子程序的设计考虑，如果一个软件比较简单，层次很少，则详细设计文档可以不单独编写，有关内容可以合并入概要设计说明书中。

6.3 结构化设计原理

视频讲解

把一个大型软件系统的全部功能按照一定的原则合理地划分为若干模块，每个模块完成一个特定功能，所有的这些模块以某种结构形式组成一个整体，这就是软件结构化设计原理。软件结构化设计可以简化软件的设计和实现，提高软件的可理解性和可测试性，并使软件更容易得到维护。

结构化设计的核心是模块化，将软件划分成一系列相对独立的模块。模块是一个独立命名的，拥有明确定义的输入、输出和特性的程序实体。它可以通过名字访问，可单独编译，例如，过程、函数、子程序、宏等都可作为模块。

1. 分解原理

随着软件规模的不断扩大，软件设计的复杂性也在不断增大，采用有效的分解，即"分而治之"，是能够使问题得以很好解决的必不可少的措施。

一般来说，问题的总复杂性和总工作量会随着分解逐步减少，但是，如果无限地分解下去，总工作量反而会增加。这是因为，一个软件的各个模块之间是相互关联的，模块划分的数量越多，模块间的联系也越多。模块本身的复杂性和工作量虽然随着模块变小而减少，模块的接口工作量却随着模块数增加而增大。因此，软件模块化必须保证科学、合理地进行模块分解。

如何控制软件设计能科学而合理地进行模块分解，这与抽象和信息隐蔽等概念紧密相关。模块化分解就是对软件进行层次化的求精过程。在软件结构每一层次中的模块表示了对软件抽象层次的一次精化。用自顶向下、从抽象到具体的方式进行分解，不仅可以使软件结构非常清晰，容易设计，便于阅读和理解，也增加了软件的可靠性，提高了软件的可修改性，而且有助于软件的测试、调试和软件开发过程的组织管理。

根据信息隐蔽原则，应该使模块内部的信息，对于不需要这些信息的其他模块来说是隐蔽的。"隐蔽"意味着有效的模块化可以通过定义一组独立的模块而实现，这些独立的模块之间仅仅交换那些必须交换的信息。

2. 抽象原理

在考虑一个复杂问题时，软件分析工程师最自然的办法就是分解。因为复杂的问题涉及多方面的问题和细节，如果全盘考虑则势必造成不能清楚地思考问题，必然导致给出不合理的解决方案。分解必然需要抽象的支持,抽象是抓住主要问题,隐藏细节,这样才能容易分解。

抽象具有不同的级别。在最高的抽象级上,使用问题所处的环境的语言以概括性的术语描述解决方案。在较低的抽象级上,将提供更详细的解决方案说明。例如,当软件分析工程师开始考虑需求时,与用户使用业务描述语言和领域术语来交谈,主要目的是了解用户的动机。然后使用用例和场景等方法得到用户的基本要求,最后使用各种建模方法描述和理解用户的真正需求。

当在不同的抽象级间移动时,软件分析工程师试图创建过程抽象和数据抽象。过程抽象是指具有明确和有限功能的指令序列。过程抽象侧重于功能,而隐藏了具体的细节。例如,在图书馆管理系统中,用例"借书"功能名称或用例图中的"借书"用例图标,实际上隐含了一系列的细节,例如浏览书库,找到要借的书,到借阅处办理借书手续,最后带着图书离开等。数据抽象是描述数据对象的集合。例如,在过程抽象"借书"的情形下,可以定义"图书""借书记录""借书者"等的数据抽象。

抽象是人类解决复杂问题的基本方法之一。只有抓住事物的本质,才能准确分析和处理问题,找到合理的解决方案。

3. 信息隐蔽原理

信息隐蔽建议模块应该具有的特征是每个模块对其他所有模块都隐蔽自己的设计决策。也就是说,模块应该详细说明且精心设计以求在某个模块中包含的信息不被不需要这些信息的其他模块访问。

信息隐蔽意味着通过一系列独立的模块可以得到有效的模块化,这些独立的构件或模块之间仅仅交换那些必须交换的信息,交互是最简单的。也就是说,独立的构件或模块之间的"接口"简单而清晰。

把信息隐蔽原理用于模块化分解的一个设计标准,在软件测试和维护过程中,在需要修改时将提供最大的益处。由于构件内部的数据和程序对软件的其他部分是隐蔽的,在修改过程中,无意地引入错误并传播到软件其他部分的可能性很小。

4. 逐步求精原理

逐步求精是一种自顶向下的设计策略。通过连续精化层次结构的细节来实现软件的开发,层次结构的开发将通过逐步分解功能的过程抽象直至形成程序设计语言的语句。逐步求精是人类采用从抽象到具体的过程把一个复杂问题趋于简单化控制和管理的有效策略。逐步求精是一个细化的过程,即从在高层抽象级上定义的功能陈述或数据描述开始,然后在这些原始陈述上持续细化越来越多的底层具体细节。

5. 模块独立性原理

模块独立性是指开发具有独立功能而和其他模块没有过多关联的模块,也就是说,使每个模块完成一个相对独立的特定功能,并且和其他模块之间的关系尽可能简单。模块独立性体现了有效的模块化。独立的模块由于分解了功能,简化了接口,使得软件比较容易开发。独立的模块比较容易测试和维护。因此,模块独立性是一个良好设计的关键,而良好的设计又是决定软件质量的关键。

6.4 模块独立性度量

模块独立性可以由两个定性标准度量,即模块自身的内聚和模块之间的耦合,前者也称为模块内联系或模块强度,后者也称为模块间联系。显然,模块独立性越高,模块内联系越强,模块间联系越弱。

1. 模块的内聚性

内聚性是从功能的角度对模块内部聚合能力的量度。模块的内聚程度按照从弱到强,逐步增强的顺序,可分成7类,如图6.1所示。高内聚是模块独立性追求的目标。

图 6.1 内聚程度的划分

(1) 偶然性内聚。模块内的各个任务在功能上没有实质性联系,纯属"偶然"因素组合了块内各个互不相关的任务。

(2) 逻辑性内聚。模块通常由若干逻辑功能相似的任务组成,通过模块外引入的一个开关量来选择其一执行。这种内聚增大了模块间的耦合。

(3) 时间性内聚。模块内的各个任务由相同的执行时间联系在一起。例如,初始化模块。

(4) 过程性内聚。模块内的各个任务必须按照某一特定次序执行。

(5) 通信性内聚。模块内部的各个任务靠公用数据联系在一起,即都使用同一个输入数据,或者产生同一个输出数据。

(6) 顺序性内聚。模块内的各个任务是顺序执行的,上一个任务的输出是下一个任务的输入。

(7) 功能性内聚。模块的各个成分结合在一起,完成一个特定的功能。显然,功能性模块具有内聚性最强、与其他模块联系少的特点。

"一个模块,一个功能"已成为模块化设计的一条重要准则。当然,应尽量使用高、中内聚性模块,而低内聚性模块由于可维护性差,应尽可能避免使用。

2. 模块的耦合性

耦合性是对一个软件结构内不同模块之间互连程度的度量。耦合性的强弱取决于模块间接口的复杂程度,以及通过接口的数据类型和数目。模块的耦合程度按照从弱到强,逐步增强的顺序,也可分成7类,如图6.2所示。弱耦合是模块独立性追求的目标。

图 6.2 耦合程度的划分

（1）非直接耦合。同级模块相互之间没有信息传递，属于非直接耦合。

（2）数据耦合。在调用下属模块时，如果交换的都是简单变量，便构成数据耦合。

（3）特征耦合。在调用下属模块时，如果交换的是数据结构，便构成特征耦合。由于传递的是数据结构，不仅数据量增加，而且会使模块的相关性增加，显然耦合程度比数据耦合高。

（4）控制耦合。模块间传递的信息不是一般的数据，而是作为控制信息的开关值或标志量。例如，逻辑性内聚的模块调用就是典型的控制耦合，由于控制模块必须知道被调模块的内部结构，从而增强了模块间的相互依赖。

（5）外部耦合。若一组模块访问同一个全局变量，可称它们为外部耦合。

（6）公共耦合。若一组模块访问同一个全局性的数据结构，则称它们为公共耦合。全局性的数据结构可以是共享的通信区、公共的内存区域、任何存储介质文件、物理设备等。

（7）内容耦合。若一个模块可以直接调用另一个模块中的数据，或者直接转移到另一个模块中去，或者一个模块有多个入口，则称为内容耦合。内容耦合是最强的耦合，往往被称为是"病态"的块间联系，应尽量不用。

耦合是影响软件复杂程度的一个重要因素。考虑模块间的联系时，应该尽量使用数据耦合模块，少用控制耦合模块，限制公共耦合的范围，不采用内容耦合模块。

6.5 软件结构化设计

视频讲解

6.5.1 软件结构描述

软件结构是软件系统的模块层次结构，反映了整个软件的功能实现。软件结构以层次表示程序的系统结构，即一种控制的层次体系，并不表示软件的具体过程。软件结构表示了软件元素之间的关系，例如调用关系、包含关系、从属关系和嵌套关系等。

软件结构一般用树状或网状结构的图形来表示。在软件工程中，一般采用结构图（Structure Chart，SC）来表示软件结构。软件结构图的主要元素有以下几个。

（1）模块：用带有名称的方框表示，其名称应体现模块的功能。

（2）控制关系：用单向箭头或直线表示模块间的调用关系。

（3）信息传递：用带注释的短箭头表示模块调用过程中传递的信息。

（4）循环调用和选择调用：在上部模块底部加一个菱形符号表示选择调用，在上部模块的下方加一个弧形箭头，表示循环调用。

软件结构图具有以下的形态特征，如图6.3所示。

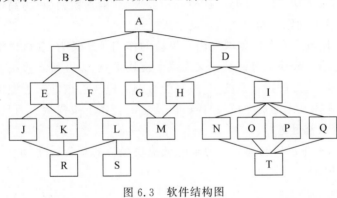

图6.3 软件结构图

（1）深度。软件结构的深度指结构图控制的层次，也是模块的层数。图 6.3 中的结构图的深度为 5，能粗略表示一个系统的大小和复杂程度，深度和程序长度之间存在着某种对应关系。

（2）宽度。软件结构的宽度指一层中最大的模块个数。图 6.3 中的结构图的宽度为 8。一般来说，结构的宽度越大，系统就越复杂。

（3）扇出。软件结构的扇出指一个模块直接下属模块的个数。图 6.3 中的结构图的模块 I 的扇出为 4。扇出过大，表示模块过分复杂，需要控制和协调的下级模块太多。扇出的上限一般为 5～9，平均为 3 或 4。

（4）扇入。软件结构的扇入指一个模块直接上属模块的个数。图 6.3 中的结构图的模块 T 的扇入为 4。扇入过大，意味着共享该模块的上级模块数目多，这有一定的益处，但是决不能违背模块的独立性原则而片面追求高扇入。

绘制软件结构图时应注意模块不能重名，调用关系只能从上到下。

软件结构化设计应该始终考虑要开发一个能满足所有功能和性能需求，并能满足设计质量要求的软件。软件的结构化设计除了要达到"正确"的目标之外，还必须进行优化，以达到"最佳"设计。优良的结构化设计往往又能导致程序设计的高效。

人们在开发软件的长期实践中积累了丰富的经验，总结出以下一些软件结构化设计的优化策略，给软件工程师们提供有益的启示。

（1）改进软件结构提高模块独立性。通过模块的分解或合并，力求降低耦合度、提高内聚性。模块功能应该可以预测，但也要防止模块功能过分局限。

（2）减少复杂的数据结构。在满足模块化要求的前提下尽量减少模块数量，在满足软件需求的前提下尽可能减少复杂的数据结构。

（3）模块规模应适中。经验表明，一个模块的规模不应过大。一般做法是，对过大的模块应进行分解，但不应降低模块的独立性；过小的模块开销大于有效操作，而且规模数目过多将使系统接口复杂，可以进行适当的合并。

（4）软件结构的深度、宽度、扇入数和扇出数适当。深度表示软件结构中控制的层次，它往往能粗略地表示一个系统的大小和复杂程度。如果层数过多，应该适当调整分解程度。宽度是软件结构内同一层次上模块数目的最大值。宽度越大表示系统越复杂。一般地，宽度数量应控制在 7±2，即 5～9 个模块。扇出数是一个模块直接调用的模块数目。扇出数过大意味着模块过分复杂，需要控制和调用过多的下级模块；扇出数过小也不好，会导致层次加深。一般来说，平均扇出数是 3～5。扇入数指一个模块被上级模块调用的数目。扇入数越大意味着共享该模块的上级模块越多。一般来说，扇入数大（称为高扇入）是好的，但是，不能违背模块独立性原理而单纯追求高扇入。

（5）模块的作用域应该在控制域之内。模块的作用域定义为，受该模块内一个判定影响的所有模块的集合。模块的控制域定义为这个模块本身，以及所有直接或间接从属于它的模块的集合。在一个好的设计系统中，所有受影响的模块应该都属于做出判定的那个模块，最好是局限于做出判定的那个模块自身，以及它的直属下级模块。而且，软件的判定位置离受它控制的模块越近越好。

（6）设计单入口、单出口的模块。力求降低模块接口的复杂程度，单入/出口的模块易于理解，也容易维护。

模块接口复杂是发生错误的一个重要原因。应该仔细设计模块接口,使得信息传递简单,并且和模块的功能一致。接口复杂或者不一致是强耦合、低内聚的征兆,应该按照模块的独立性原则,重新分析设计这个模块接口。

6.5.2 数据流模型

软件结构化设计的目的是建立软件的层次结构,也称为概要设计。面向数据流分析(Data Flow Analysis,DFA)的设计方法是基于数据处理过程建立软件的组成结构。

根据基本的软件模型,输入数据必须以"外部"信息形式进入软件系统。例如,键盘输入的数据、鼠标交互的事件等,经过内部处理以后再以"外部"的输出形式离开系统,如报表、界面显示等。根据输入数据的"流动"特点,有3种数据流类型:变换流、事务流和二者的混合流。

1. 变换流

图 6.4 所示为变换流模型,表示了数据的时间"历史"状况。输入数据可以通过各种路径进入系统,输入数据在"流"入系统的过程中由外部形式变换成内部数据形式,这就被标识为输入流。在软件的核心,输入数据经过一系列加工处理,这被标识为变换流。通过变换处理后的输出数据,沿各种路径转换为外部形式"流"出软件,这被标识为输出流。整个数据流体现了以输入、变换、输出的顺序方式,沿一定路径前行的特征,这就是变换型数据流,简称变换流。

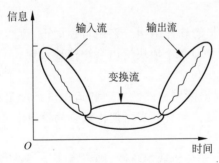

图 6.4 变换流模型

2. 事务流

当数据流经过一个具有"事务中心"特征的数据处理时,它可以根据事务类型从多条路径的数据流中选择一条活动通路。这种具有根据条件选择处理不同事务的数据流,就称为事务型数据流,简称事务流。图 6.5 所示的是具有事务流特征的数据流模型。

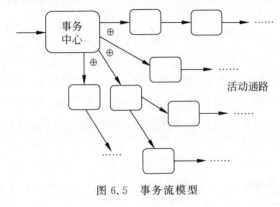

图 6.5 事务流模型

83

第6章

结构化设计

在一个大型软件的数据流图中,变换流和事务流往往会同时出现,称为混合流。例如,在一个事务型的数据流图中,分支动作路径上的信息流也可能会体现出变换流的特征。以事务流为中心,在分支通路上出现变换型的数据流。在有的系统中是以变换流为中心,在变换中是以拥有多条通路的事务流形式存在的。

视频讲解

6.5.3 软件结构化设计方法

面向数据流分析的设计是一种结构化设计方法。面向数据流分析的设计能与大多数需求规格说明技术配合,可以使模块达到高内聚性(顺序性内聚)。这一设计技术是将数据流图分析模型映射为软件模块组成结构的设计描述,所以也称为结构化设计方法。

面向数据流分析的设计是以数据流图为基础的,根据数据流的类型特征,其设计也相应分成变换设计方法和事务设计方法。但是,无论是哪一种类型的设计,设计的步骤基本相同,步骤如下。

(1)复查基本系统模型,并精化系统数据流图。不仅要确保数据流图给出了目标系统正确的逻辑模型,而且应使数据流图中的每个处理都表示一个规模适中、相对独立的子功能。

(2)确定数据流类型。分析数据流类型,确定数据流具有变换流特征还是事务流特征。

(3)第1次分解。如果是变换流特征,则按照变换设计方法进行;如果是事务流特征,则按照事务设计方法进行。

(4)逐步分解,形成初步的软件结构。采用自顶向下、逐步求精的方式完成模块分解,确定相应的软件组成结构,并对每个模块给出一个简要说明,包括模块接口信息、模型内部信息、过程陈述、约束等。

(5)优化软件结构。根据模块独立性原理和运用设计度量标准,对导出的软件结构进行优化,得到具有尽可能高的内聚性和尽可能松耦合的模块组成结构。

1. 变换流设计

变换流设计方法的要点是分析数据流图,确定输入流、输出流边界,根据输入、变换、输出3个数据流分支将软件映射成一个标准的"树状"体系结构。变换设计方法是将具有变换流特征的数据流图映射为软件结构图,其设计过程除基本过程步骤外,不同之处是确定输入和输出边界以及变换设计。

具有变换流特征的软件结构第1次分解主要是将软件分解成3个组成部分,即输入部分、输出部分和变换处理部分,它们分别对应数据流图的输入、输出和处理。因此,需要确定输入流和输出流的边界,也分别称为最高输入/输出抽象点。

确定输入流边界的方法是:从最初的输入流开始,逐步检查后续的数据流是否发生数据本质的改变,如数据流类型和性质变化。如数据流发生了变化,则前一个数据流就是一个最高输入抽象点。如果只有一个输入流,则该最高输入抽象点就是输入边界。如果存在多个输入流,则可找到多个最高输入抽象点,由这些抽象点组成一个边界,就是输入边界。

同样,输出边界是从最后一个输出流向前移动,分析数据是否发生本质改变,则可确定最高输出抽象点,进而确定输出边界。

确定了输入和输出边界以后,输入流边界和输出流边界之间就是变换流,也称为"变换中心"。第1次分解就是根据输入/输出边界将系统分解为3模块,分别为输入模块、输出模块和变换模块。注意,要给这 3 个模块起合适的名称。

2. 事务流设计

事务流设计是把事务流映射成包含一个接收分支和一个发送分支的软件结构。接收分支的映射方法和变换设计映射出输入结构的方法相似,即从事务中心的边界开始,把沿着接收流通路的处理映射成一个个模块。发送分支结构包含了一个分类控制模块和它下层的各个动作模块。数据流图的每条事务动作流路径应映射成与其自身信息流特征相一致的结构。

事务流设计方法是将具有事务流特征的数据流图映射为软件结构图,其设计过程除基本过程外,不同之处是确定事务中心和事务设计。

如果是事务流特征,则必然存在一个事务中心,并且事务中心往下存在多个分支,每个分支组成一条通道,而每次只有一条通道被执行,称为活动通道。每条活动通道的执行取决于事务中心的"指令"。

一旦确定了事务中心,软件结构将划分为发送分支和接收分支两部分。发送分支包含一个"事务中心"和各个事务动作流;接收分支为输入部分。然后,分别给各个分支起合适的名称。

【例 6.1】 "统计输入文件中单词数"程序的变换流设计。

设计一个"统计输入文件中单词数"程序,其数据流图如图 6.6 所示。

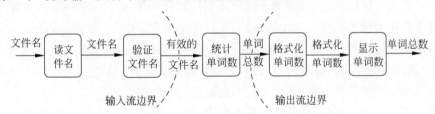

图 6.6 "统计输入文件中单词数"程序数据流图

这是一个简单的、具有明显变换流特征的程序。程序首先读文件名,验证文件名的有效性;再对有效的文件进行"统计单词数"处理;单词的总数经过格式化处理,最后被送到"显示单词数"输出。

分析输入流边界的方法是从输入流开始,经过多个处理以后,发现数据流的性质发生变化,则可确定该数据流的前一个数据流处就是输入流边界。例如,图 6.6 中开始的数据流是"文件名",经过"读文件名"和"验证文件名"以后变为"有效的文件名",但数据流性质并没有发生改变,但经过"统计单词数"后变为"单词总数",明显发生性质变化,因此,输入流边界为"有效的文件名"处,即图中虚线所示。同样,输出流边界应从输出端向前回溯,当发现输出流的性质改变时,可确定该数据流的后一个数据流为输出流边界。例如,图中"单词总数"向前回溯一直到"有效的文件名"才发生性质改变,故输出流边界应在"单词总数"处,即图中虚线所示。根据输入流边界和输出流边界确定了输入、变换、输出数据流,软件可映射成如图 6.7 所示的 3 个模块的结构。

"读取和验证文件名""统计单词数""格式化和显示单词数"模块分别对应数据流图的输入、变换和输出 3 部分。"读取和验证文件名"模块把验证标志传给"统计单词数"模块。文件名若无效,则打印错误信息,退出系统;若有效,则统计该文件的单词数目,然后传给"格式化和显示单词数"模块。"读取和验证文件名"及"格式化和显示单词数"模块具有通信内

图 6.7　"统计输入文件中单词数"的软件结构图：第 1 次分解

聚性，可分别把各自的功能进一步分解为下属模块功能。图 6.8 给出了第 2 次分解后的软件结构图。

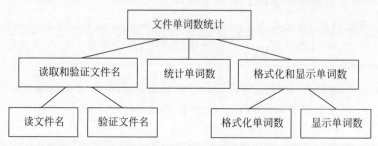

图 6.8　"统计输入文件中单词数"的软件结构图：第 2 次分解

　　然后对其进行结构优化，保证每个模块具有功能内聚性，各模块之间仅有数据耦合。最后给出各个模块的简要描述。该"统计输入文件中单词数"例子比较简单，只有一个输入流和一个输出流。复杂软件往往具有多个输入流和多个输出流。在有多个输入流和多个输出流时，应分别找出各个输入流和输出流的边界，即最高抽象点，然后分别连接这些输入流的最高抽象点和输出流的最高抽象点，分别形成输入边界和输出边界。

　　【例 6.2】　"ATM 业务"系统的事务流设计。

　　"ATM 业务"系统的数据流图如图 6.9 所示。ATM 系统是一个典型的具有事务流特征的程序。用户将磁卡插入 ATM，输入密码验证后，机器会根据用户的选择进行操作，执行一系列业务服务，如存款、取款、查询等。

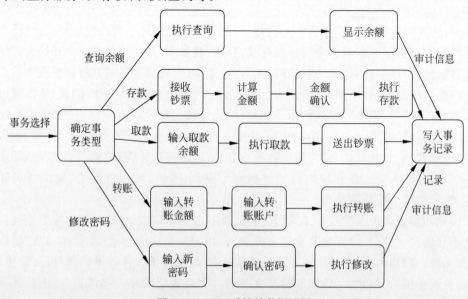

图 6.9　ATM 系统的数据流图

ATM 系统结构应分解为分析器与调度器两部分。分析器用于确定事务类型,并将事务类型信息传给调度器,然后由调度器执行该项事务。事务操作部分可以逐步求精,直到给出最基本的操作细节。事务基本操作细节模块往往是被上层模块共享的,这部分结构模式往往被称为"瓮型"结构。图 6.10 给出了 ATM 系统结构设计方案。

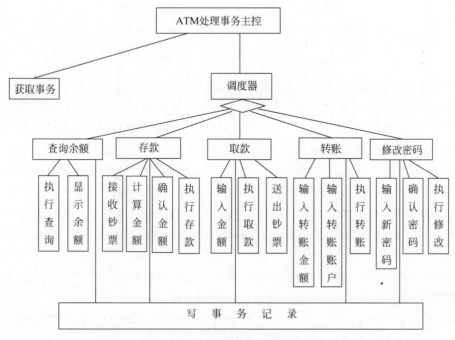

图 6.10　ATM 系统结构设计方案

综合分层的数据流设计是将变换流设计与事务流设计相结合。设计方法同变换流设计和事务流设计一样。混合流设计中的关键是变换流和事务流的边界的划分。

【例 6.3】　业务选择模块的混合流设计。

对图 6.9 中的输入数据流进行细化,结果如图 6.11 所示。

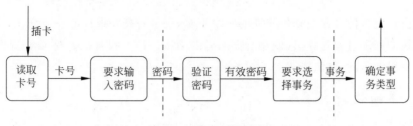

图 6.11　输入数据流图

显然,这是一个混合流数据流图,输入部分是一个变换流,后面部分是一个事务流。可以采用混合流的方法进行设计。首先,对输入部分按照变换流设计方法给出输入和输出边界,如图 6.11 中的虚线所示,输入部分的结构如图 6.12 所示。

接口是提供给其他模块或者软件使用的一种约定或者规范。因此接口必须要保证足够的稳定性和易用性,这是设计接口的基本要求。接口提供了不同系统之间或者系统不同组件之间的界定。在软件设计中,接口提供了一个屏障,从实现中分离目标,从具体中分离抽象,从开发中分离用户。站在用户的角度看,一个接口建立并命名了一个目标对象的使用方

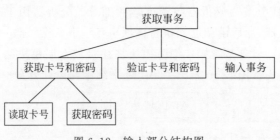

图 6.12 输入部分结构图

法。一些约束使得开发者的目的得以体现和加强。

接口必须相对稳定,否则将导致接口的使用者和提供者为了适应新接口而不断修改接口的实现,不但造成重复劳动,而且严重时将影响整个软件的开发进度。那么如何保证设计的接口相对稳定呢?首先,接口的语义必须明确。接口一般包括接口调用方法、接口名称、参数的类型和名称。其次,采用版本定义来区分接口的差异。如提供接口版本查询功能,接口的实现提供了接口版本的查询功能。

接口是提供给第三方使用的,不好用的接口会受到使用者的抱怨。拥有超过 5 个参数的函数一方面会给调用者带来困难,导致参数排列组合的情况过多;另一方面也不利于编译器优化时采用寄存器传递参数。

接口的设计需要考虑用户的使用习惯、方便程度和安全程度。对于封装来说,远不止私有数据那么简单。在设计中,封装往往会涉及自我包含。

在空间或者时间上分离方法的执行,例如线程、远程方法调用、消息队列等,能够对设计的正确性和效率产生意义深远的影响。这种分离也会带来以下问题。

(1) 并发引入了不确定性和环境选择的开销。

(2) 分布引入了回调的开销,这些开销可能不断增加,而且会导致错误。

6.6 软件详细设计

详细设计是软件工程中软件开发的一个步骤,就是对概要设计的一个细化,就是详细设计每个模块的处理过程与算法,以及所需的局部结构。详细设计的目标是实现模块功能的算法要在逻辑上正确,算法描述要简明易懂。

6.6.1 详细设计任务

详细设计的重点在于描述系统的实现方式,各模块详细说明实现功能所需的类及具体的方法函数,包括涉及的 SQL(Structured Query Language,结构化查询语言)语句等。

详细设计的基本任务如下。

(1) 为每个模块进行详细的算法设计。用某种图形、表格、语言等工具将每个模块处理过程的详细算法描述出来。

(2) 为模块内的数据结构进行设计。对于需求分析、概要设计确定的概念性的数据类型进行确切的定义。

(3) 为数据结构进行物理设计,即确定数据库的物理结构。物理结构主要指数据库的存储记录格式、存储记录安排和存储方法,这些都依赖于具体所使用的数据库系统。

(4) 其他设计。根据软件系统的类型,还可能要进行以下设计:代码设计。为了高效完成数据的输入、分类、存储、检索等操作,节约内存空间,需对数据库中的某些数据项的值进行代码设计、输入/输出格式设计、人机对话设计。对于一个实时系统,用户与计算机频繁对话,因此要进行对话方式、内容、格式的具体设计。

(5) 编写详细设计说明书。

(6) 评审。对处理过程的算法和数据库的物理结构都要进行评审。

6.6.2 详细设计方法

视频讲解

结构化程序设计的理念是在 20 世纪 60 年代,由 Dijkstra 等提出并加以完善的。结构化的程序一般只需要用 3 种基本的逻辑结构就能实现。这 3 种基本逻辑结构是顺序结构、选择结构和循环结构。它们都强调对功能域的维护,每一种逻辑结构都有可预测的逻辑结构,并且都是单入口和单出口。顺序结构最为简单;选择结构有 if-then-else(二分支)和 do-case(多分支)两种结构形式;循环结构有 do-while 和 do-until 两种结构形式。

详细设计描述工具可以分为以下几类。

(1) 图形工具。把过程表示成一幅图的组成部分,逻辑构造用具体的图形来表示。

(2) 列表工具。用一个表来表示过程的细节,列出了各种操作及其相应的条件。

(3) 语言工具。用类语言来表示过程的细节,这种类语言很接近于编程语言。

一种设计工具应当表现出控制的流程、处理功能、数据的组织以及其他方面的实现细节,从而在编码阶段能把对设计的描述直接翻译成程序代码。

1. 流程图

流程图是一种图形设计工具,也称为程序框图,能直观地描述过程的控制流程,便于初学者掌握。流程图中较常用的一些符号如图 6.13 所示。方框表示一个处理步骤,菱形代表一个逻辑条件,箭头表示控制流向。注意:流程图中使用的箭头代表控制流而不是数据流。

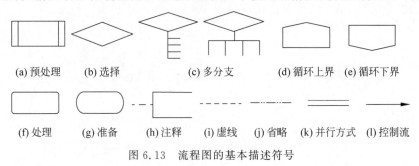

(a) 预处理　　(b) 选择　　　(c) 多分支　　(d) 循环上界　(e) 循环下界

(f) 处理　　(g) 准备　　(h) 注释　　(i) 虚线　　(j) 省略　　(k) 并行方式　(l) 控制流

图 6.13　流程图的基本描述符号

流程图的主要优点是对控制流程的描绘很直观,便于初学者掌握。流程图的缺点如下。

(1) 流程图本质上不是逐步求精的好工具,它诱使程序员过早地考虑程序的控制流程,而不去考虑程序的全局结构。

(2) 流程图中用箭头代表控制流,因此程序员不受任何约束,可随意转移控制。

(3) 流程图不易表示数据结构。

2. 盒图

盒图也是一种图形设计工具,是由 Nassi 和 Shneiderman 提出的,所以又称为 N-S 图。

90

其基本描述符号如图 6.14 所示。

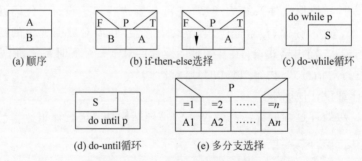

(a) 顺序　　　　(b) if-then-else选择　　　　(c) do-while循环

(d) do-until循环　　　(e) 多分支选择

图 6.14　盒图的基本描述符号

每个处理步骤都用一个盒子来表示,这些处理步骤可以是语句或语句序列,在需要时,盒子中还可以嵌套另一个盒子,嵌套深度一般没有限制,只要整张图可以在一张纸上容纳下即可。盒图具有下述特点。

(1) 功能域(即一个特定控制结构的作用域)明确,可以从盒图上一眼就看出来。

(2) 由于只能从上面进入盒子,从下面走出盒子,除此之外没有其他的入口和出口,因此盒图限制了控制的随意转移,从而保证程序有良好的结构。

(3) 很容易确定局部和全局数据的作用域。

(4) 很容易表现嵌套关系,也可以表示模块的层次结构。

盒图很容易表示程序结构化的层次结构,确定局部和全局数据的作用域。由于没有箭头,因此不允许随意转移控制。坚持将盒图作为详细设计的工具,可以使程序员逐步养成用结构化的方式思考问题和解决问题的习惯。

3. 问题分析图

问题分析图(Problem Analysis Diagram,PAD)是一种图形设计工具。它由程序流程图演化而来,用二维树状结构的图来表示程序的控制流,将这种图翻译成程序代码比较容易。图 6.15 所示为 PAD 的基本描述符号。

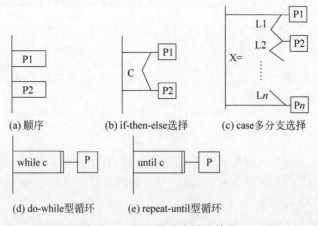

(a) 顺序　　　(b) if-then-else选择　　　(c) case多分支选择

(d) do-while型循环　　　(e) repeat-until型循环

图 6.15　PAD 的基本描述符号

PAD 的基本原理是:采用自顶向下、逐步细化和结构化设计的原则,力求将模糊的问题解的概念逐步转换为确定的和详尽的过程,使之最终可采用计算机直接进行处理。

PAD 的主要优点如下。

（1）使用表示结构化控制结构的 PAD 符号设计出来的程序必然是结构化程序。

（2）PAD 所描绘的程序结构十分清晰。图 6.15 中最左边的竖线是程序的主线，即第一层结构。随着程序层次的增加，PAD 逐渐向右延伸，每增加一个层次，图形向右扩展一条竖线。PAD 中竖线的总条数就是程序的层次数。

（3）用 PAD 表现程序逻辑，易读、易懂、易记。PAD 是二维树状结构的图形，程序从图 6.15 中最左竖线上端的节点开始执行，自上而下、从左向右顺序执行，遍历所有节点。

（4）容易将 PAD 转换成高级语言源程序，这种转换可用软件工具自动完成，从而可省去人工编码的工作，有利于提高软件可靠性和软件生产率。

（5）既可用于表示程序逻辑，又可用于描绘数据结构。

PAD 支持自顶向下、逐步求精方法的使用。开始时设计者可以定义一个抽象的程序，随着设计工作的深入而使用 def 符号逐步增加细节，直至完成详细设计，如图 6.16 所示。

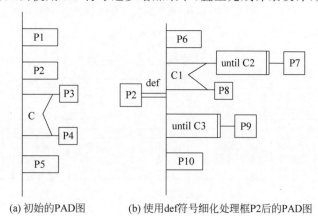

(a) 初始的PAD图　　　　(b) 使用def符号细化处理框P2后的PAD图

图 6.16　使用 def 符号逐步细化

HIPO（层次化的输入-处理-输出）图采用功能框图和 PDL 联合来描述程序逻辑，它由可视目录表和 IPO（输入-处理-输出）图组成。可视目录表给出程序的层次关系，IPO 图则为程序各部分提供具体的工作细节。可视目录表由体系框图、图例、描述说明 3 部分组成。

（1）体系框图又称层次图（H 图），是可视目录表的主体，用它表明各个功能的隶属关系。它是自顶向下逐层分解而得到的一个树状结构。它的顶层是整个系统的名称和系统的概括功能说明；第二层把系统的功能展开，分成了几个框；将第二层的功能进一步分解，就得到了第三层、第四层、……，直到最后一层。每个框内都应有一个名字，用以标识它的功能。还应有一个编号，以记录它所在的层次及在该层次的位置。

（2）每一套 HIPO 图都应当有一个图例，即图形符号说明。附上图例，不管人们在什么时候阅读它都能对其符号的意义一目了然。它是对层次图中每一框的补充说明，在必须说明时才用，所以它是可选的。描述说明可以使用自然语言。例如，应用 HIPO 法对盘存/销售系统进行分析，得到如图 6.17 所示的工作流程图。

分析此工作流程图，可得如图 6.18 所示的可视目录表。IPO 图为层次图中的每一个功能框详细地指明输入、处理及输出。通常，IPO 图有固定的格式，图中处理操作部分总是列在中间，输入和输出部分分别在其左边和右边。由于某些细节很难在一张 IPO 图中表达清

结构化设计

楚,常常把 IPO 图又分为两部分,简单概括地称为概要 IPO 图,细致一些的称为详细 IPO 图。

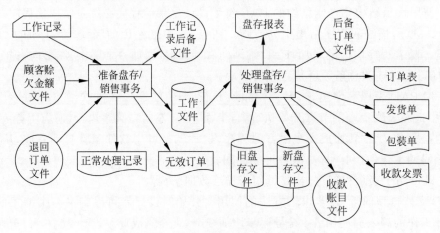

图 6.17　盘存/销售系统工作流程图

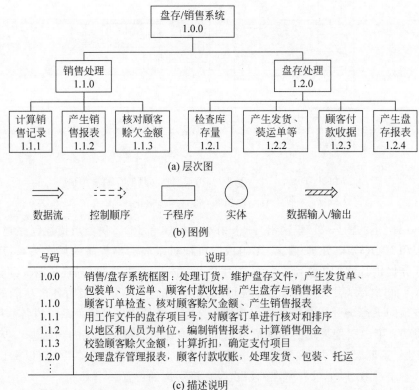

(a) 层次图

数据流　　控制顺序　　子程序　　实体　　数据输入/输出

(b) 图例

号码	说明
1.0.0	销售/盘存系统框图:处理订货,维护盘存文件,产生发货单、包装单、货运单、顾客付款收据,产生盘存与销售报表
1.1.0	顾客订单检查、核对顾客赊欠金额、产生销售报表
1.1.1	用工作文件的盘存项目号,对顾客订单进行核对和排序
1.1.2	以地区和人员为单位,编制销售报表,计算销售佣金
1.1.3	校验顾客赊欠金额,计算折扣,确定支付项目
1.2.0	处理盘存管理报表,顾客付款收账,处理发货、包装、托运
⋮	

(c) 描述说明

图 6.18　盘存/销售系统的可视目录表

概要 IPO 图用于表达对一个系统,或对其中某一个子系统功能的概略表达,指明在完成某一功能框规定的功能时需要哪些输入、哪些操作和哪些输出。图 6.19 是表示销售/盘存系统第二层的对应于 H 图上的 1.1.0 框的概要 IPO 图。

在概要 IPO 图中,没有指明输入—处理—输出三者之间的关系,用它来进行下一步的设计是不可能的。故需要使用详细 IPO 图以指明输入—处理—输出三者之间的关系,其图形与概要 IPO 图一样,但输入、输出最好用具体的介质和设备类型的图形表示。图 6.20 是销售/盘存系统中对应于 H 图上 1.1.2 框的一张详细 IPO 图。

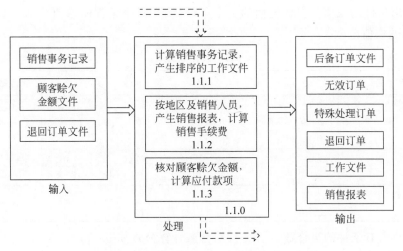

图 6.19　对应 H 图上 1.1.0 框的概要 IPO 图

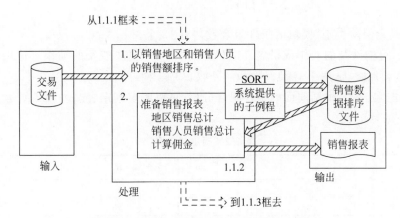

图 6.20　对应于 H 图 1.1.2 框的详细 IPO 图

　　HIPO 的图形表达方法容易看懂,适用范围很广,绝不限于详细设计。事实上,绘制可视目录表就是与概要设计密切相关的工作。如果利用它仅仅表达软件要达到的功能,则是需求分析中描述需求的很好的工具。因为 HIPO 是在开发过程中的表达工具,所以它又是开发文档的编制工具。

　　4. 判定表与判定树

　　判定表与判定树是一种列表设计工具,常用于条件嵌套的复杂判定情况的分析和设计,以及多分支结构代码的设计与实现。

　　【例 6.4】　汽车保险类别确定。

　　某数据流图中有一个"确定保险类别"的模块,指的是申请汽车驾驶保险时,要根据申请者的情况确定不同的保险类别。模块逻辑为:如果申请者的年龄在 21 岁以下,要额外收费;如果申请者是 21 岁以上并且是 26 岁以下的女性,适用于 A 类保险;如果申请者是 26 岁以下的已婚男性,或者 26 岁以上的男性,适用于 B 类保险;如果申请者是 21 岁以下的女性或 26 岁以下的单身男性适用于 C 类保险。除此之外的其他申请者都适用于 A 类保险。

　　使用判定表与判定树方法的具体步骤如下。

（1）提取问题中的条件。"确定保险类别"模块涉及的条件有年龄、性别、婚姻 3 种。

（2）标出条件的取值。根据上面的 3 个条件,确定每个条件的取值范围。表 6.1 给出了每个条件的取值范围。

表 6.1 条件取值表

条 件 名	取 值	符 号	取值数 m
年龄	年龄≤21 岁 21 岁<年龄<26 岁 年龄≥26	C Y L	$m_1=3$
性别	男 女	M F	$m_2=2$
婚姻	未婚 已婚	S E	$m_3=2$

（3）计算所有条件的组合数 N。条件组合数计算公式如下:

$$N=\prod_{i=1}^{3} m_i=3\times 3\times 2=12$$

所以,"确定保险类别"模块的条件组合数共有 12 个。

（4）提取可能涉及的动作或措施。"确定保险类别"模块涉及的动作有适用于 A 类保险、适用于 B 类保险、适用于 C 类保险和额外收费共 4 种。

（5）制作判定表。根据前面的条件组合分析,可以制定判定表。表 6.2 所示为"确定保险类别"模块的判定表。

表 6.2 确定判定表

判定类别	1	2	3	4	5	6	7	8	9	10	11	12
年龄	C	C	C	C	Y	Y	Y	Y	L	L	L	L
性别	F	F	M	M	F	F	M	M	F	F	M	M
婚姻	S	E	S	E	S	E	S	E	S	E	S	E
A 类保险				√	√				√	√		
B 类保险			√					√			√	√
C 类保险	√	√	√				√					
额外收费	√	√	√	√								

（6）完善判定表。初步的判定表可能会存在一些问题,需要进一步完善。例如,问题陈述中若没有"除此之外……",那么第 9 和第 10 两列就无法选取动作,应该补充完整。两个或多个规则中,具有相同的动作,且与所对应的各个条件组合中的条件的取值无关。例如,第 1 和第 2、第 5 和第 6、第 9 和第 10、第 11 和第 12 都与第 3 个条件"婚姻"关联,因此可合并,合并后如表 6.3 所示。

表 6.3 合并后的判定表

判定类别	1	3	4	5	7	8	9	11
年龄	C	C	C	Y	Y	Y	L	L
性别	F	M	M	F	M	M	F	M
婚姻	--	S	E	--	S	E	--	--

续表

A 类保险				√			√	
B 类保险			√			√		√
C 类保险	√	√			√			
额外保险	√	√	√					

注：表中"--"表示与取值无关。

判定表能够把在什么条件下系统应做什么动作都准确无误地表示出来,但不能描述循环的处理特征,循环处理还需要 PDL。判定树是判定表的变形,一般情况下它比判定表更直观,且易于理解和使用。与判定表 6.3 等价的判定树,如图 6.21 所示。

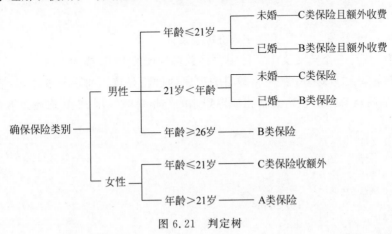

图 6.21　判定树

5．PDL

PDL 是介于自然语言和形式语言之间的一种半形式化的语言,过程描述语言是在自然语言基础上加了一些限定,使用有限的词汇和有限的语句来描述加工逻辑,它的结构可分成外层和内层两层。

外层用来描述控制结构,采用顺序、选择、重复三种基本结构。内层一般采用祈使语句的自然语言短语,使用数据字典中的名词和有限的自定义词,其动词含义要具体,尽量不用形容词和副词来修饰。下面是 PDL 的 3 种形式。

1) 顺序结构

```
A seq
      Block1
      Block2
      Block3
A end
```

其中,seq go end 是关键字。

2) 选择结构

```
A select cond1
   Block1
A or cond2
   Block2
A or cond3
   Block3
```

95

第 6 章

结构化设计

```
A end
```

其中,select、or 和 end 是关键字,cond1、cond2 和 cond3 是分别执行 Block1、Block2 和 Block3 的条件。

3) 重复结构

```
A iter until cond
    Block1
A end

A iter while cond
    Block1
A end
```

其中,iter、until、while 和 end 是关键字,cond 是条件。

【例 6.5】 统计一个英文文本文件中空格数目程序的 PDL 描述。

统计一个英文文本文件中的空格数目的程序的过程是读入每一行文本,计算每一行的空格数目,然后将所有行的空格数目相加得到总的空格总数。用 PDL 描述如下:

```
统计空格 seq
    打开文件
    读入字符串
    Totalsum = 0
    程序体 iter until 文件结束
            … //内部循环体
    程序体 end
    印总数 seq
        印出空格总数
    印总数 end
    关闭文件
    停止
统计空格 end
```

程序首先是顺序结构,共 7 条语句,其中程序体是一个循环结构。PDL 可以很好地表示嵌套结构。

6.7 小　　结

软件设计是软件工程的核心阶段。软件设计包括概要设计和详细设计。

软件设计的核心是模块化设计。模块化设计遵循抽象、分解、逐步求精和模块独立性等一系列指导原则。模块独立性可以由模块自身的内聚性和模块之间的耦合度两个定性标准度量。模块独立性越高,内聚性越强,耦合度越弱。

概要设计就是确定系统的模块以及模块之间的结构和关系,将软件的功能需求分配给所划分的最小单元模块。面向数据流分析的设计方法是概要设计的重要方法之一。面向数据流分析的设计根据数据流类型将数据流图映射成相应软件结构图,然后进行优化设计,得到合理的软件模块结构。

在软件模块确定后,软件结构图中的每一个模块的算法和数据结构,用结构化详细设计工具来描述。详细设计工具主要有程序流程图、盒图、PAD、HIPO 图、判定树与判定表和

PDL 等。这些工具都能够表示结构化程序设计的 3 种基本结构,同时都能层次化表示程序的处理逻辑,体现自顶向下、逐步求精的思想。

习　　题

1. 阐述软件设计的过程及其任务。

2. 阐述软件设计的主要概念和原理。

3. 请分析分解、逐步求精和抽象的关系。

4. 举例阐述衡量模块独立性的指标。

5. 简述软件结构图的主要元素和作用。

6. 简述面向数据流分析的设计的步骤。事务流设计与变换流设计有何不同?

7. 面向数据流分析的设计中,软件结构图分解结束的标准是什么?

8. 给出图书馆管理系统中图书流通子系统的图书归还书、续借、预约功能的软件结构图。

9. 简述程序的基本的逻辑结构,并用 PAD 表示。

10. 为一个软件销售公司对不同客户的"优惠折扣"程序的设计判定表。问题描述如下:公司的优惠方案是对于个人且购买数量小于 5 件的优惠 10%;对于个人又且属于教育部门,购买数量大于 5 件以上的优惠 15%;对于教育部门且购买数量大于 5 件以上的优惠 20%;对于企业且购买数量大于 5 件以上的优惠 15%;其余情况没有优惠。

第7章 结构化软件测试

【学习重点】
(1) 理解软件测试的基本概念和策略。
(2) 掌握软件测试的技术。

7.1 软件测试概述

视频讲解

软件测试是软件开发过程中的重要组成部分。在软件开发过程中,要求开发人员通过测试活动验证所开发的软件在功能上是否满足用户的业务需求,在性能上是否满足客户要求的负载压力、响应时间、吞吐量等。

软件测试要求从客户的需求出发,站在客户的角度去考察软件,分析客户将如何使用该软件,使用过程中可能会遇到什么样的问题。只有将这些问题都解决,软件的质量才能得到提高。

软件测试核心的3个最佳实践是尽早测试、连续测试和自动化测试。在上述3个最佳实践的基础上,行业和企业为软件测试人员提供了一套完整的软件测试流程和软件自动化测试工具,支持他们有效地完成软件测试任务。一个测试团队基于这样一套完整的软件测试流程,使用一套完整的自动化软件测试工具,完成全方位的软件质量验证活动。

测试人员在软件测试过程中需要完成以下任务。

(1) 寻找错误。

(2) 避免软件开发过程中的缺陷。

(3) 衡量软件的品质。

(4) 关注用户的需求。

7.1.1 软件测试的目的

软件测试的目的是发现缺陷而执行程序的过程。软件测试是为了证明程序中有错,而不是证明程序中无错。软件测试通过事先设计好的测试用例来测试软件,一个好的测试用例指的是它可能发现至今尚未发现的缺陷。一次成功的测试指的是发现了新的软件缺陷的测试。

这种观点可以提醒测试人员要以查找错误为中心,而不是为了证明软件的正确功能。但是仅凭字面意思理解这一观点可能会产生误导,例如认为发现错误是软件测试的唯一目的,查找不出错误的测试就是没有价值的,而事实却并非如此。首先,测试并不仅仅是为了要找出错误。通过分析错误产生的原因和错误的分布特征,可以帮助项目管理者发现当前所采用的软件过程的缺陷,以便改进。同时,这种分析方法也能帮助测试人员设计出有针对性的检测方法,改善测试的有效性。其次,没有发现错误的测试也是有价值的,完整的测试是评定测试质量的一种方法。

软件测试完成后要确认以下几点。

(1) 确认软件的质量。确认软件是否完成了用户所期望的功能,以及是否以正确的方式完成了该功能。

(2) 提供关于软件开发效果的信息。如提供给开发人员或程序经理的反馈信息,为软件开发风险评估所准备的信息等。

(3) 软件测试不仅包括测试软件的本身,还包括软件开发的过程。

如果一个软件开发完成之后发现了很多问题,这说明此软件开发过程很可能是有缺陷的。因此,软件测试能够保证整个软件开发过程是高质量的。

软件测试决定了如何去组织测试。如果测试的目的是尽可能多地找出错误,那么测试就应该直接针对软件比较复杂的部分或是以前出错比较多的位置。如果测试是为了给最终用户提供具有一定可信度的质量评价,那么测试就应该直接针对在实际应用中会经常用到的商业假设。不同的机构会有不同的测试目标,相同的机构也可能有不同的测试目标,可能是测试不同的区域或是对同一区域的不同层次的测试。

7.1.2　验证和确认

验证(Verification)是指已经实现的软件是按照需求做的,是符合需求规格的。验证测试是指测试人员在模拟用户环境的测试环境下,对软件进行测试,验证已经实现的软件或软件组件是否实现了需求中所描述的所有需求项。

确认(Validation)是指已经实现的软件或软件组件在用户环境下满足了用户需要。确认测试是指测试人员在真实的用户环境下,软件或软件组件不仅实现了需求中所描述的所有需求项,还满足了用户的最终需要。验证和确认的区别是测试环境和测试目标不同,但都是软件在发布前必须要进行的测试活动。

验证和确认的区别是测试环境和测试目标不同,但都是软件在发布前必须要进行的测试活动。验证和确认紧密结合,并采用多种方法进行验证和确认,如同行评审、检查、走查、测试等。

经过验证测试组织开发软件产品的同行对软件产品进行系统性的检查,发现软件产品中的缺陷,并提出必要的修改意见,达到消除工作产品缺陷的目的。同行的评审及测试是主要的验证方法,根据特定的需求选择软件产品,并选择有效的验证方法对软件产品进行验证。

确认测试用于确保软件或软件构件满足其预定的用途。确认测试主要是对中间及最终产品的检查与验收,表现形式为审批、签字确认、正式的验收报告等。

7.1.3　软件测试的原则

(1) Parito 法则。一般情况下,在分析、设计、实现阶段的复审和测试工作只能够发现和避免 80% 的缺陷(俗称 Bug),而系统测试也只能找出其余缺陷中的 80%,最后剩余的缺陷只有在用户大范围、长时间使用后才有可能会暴露出来。因为测试只能够保证尽可能多地发现错误,无法保证能够发现所有的错误,也称80-20理论。

(2)木桶理论。木桶理论在软件生产方面就是全面质量管理的概念。产品质量的关键因素是分析、设计和实现,测试应该是融于其中的补充检查手段,其他管理、支持,甚至文化因素也会影响最终软件的质量。木桶理论要强调的就是对最短的木板进行改进,只有短木板变为长木板,桶能装的水才会更多。

(3)测试不能证明软件无错。软件测试是不完全、不彻底的。测试无法显示潜藏的软件缺陷。在测试未发现错误时,不能说明软件中没有错误。

(4)完全测试软件是不可能的。主要原因是输入量太大、输出结果太多、软件实现的途径太多、"太多"的可能性加在一起致使测试条件难以确定。

(5)测试无法显示潜伏的软件缺陷。软件测试工作可以报告已发现的软件缺陷,却不能保证软件缺陷全部找到,也不知道还有多少潜藏的软件缺陷。继续测试,可能还会找到新的软件缺陷。

(6)程序中存在错误的概率与该程序中已发现的错误数成比例。软件缺陷的"群集"现象,即80%的错误存在于20%的代码中。程序员疲倦、程序员易犯同样的错误、缺陷的"传递"和"放大"是犯错的原因。

(7)软件缺陷的免疫力。软件会对相同类型的测试产生"免疫力"。经过几轮的测试,应发现的错误都被发现了,再测试下去也不会发现新的错误。解决的办法是不断编写新的测试用例,采用新的测试软件,对软件的不同部分进行测试,以找出更多的软件缺陷。

(8)并非所有软件缺陷都能修复。项目组需要对每个软件缺陷进行评估,根据风险和成本决定是否修复或延期修复。软件缺陷不需要修复的原因是没有足够的时间、不算是真正的软件缺陷、修复的风险太大、不值得修复和存在商业风险等。

7.2 软件测试的基本过程

测试软件过程包括单元测试、集成测试、验证测试和确认测试。对于传统的软件系统来说,单元测试对最小的可编译的软件单元(过程、模块)进行测试,一旦把这些单元都测试完,就把它们集成到软件结构中去。在集成过程中还应该进行一系列的回归测试,以发现模块接口错误和新单元加入软件中所带来的副作用。最后,把软件作为一个整体来测试,以发现软件需求错误。

7.2.1 单元测试

单元测试也称为模块测试,是对软件中的基本组成单位(如过程、模块等)进行测试。因为需要知道程序内部设计和编码的细节,所以单元测试一般由程序员而非测试人员来完成。通过测试可发现实现该模块的实际功能与定义该模块的功能说明不符合的情况,以及编码错误。

单元测试大多采用白盒方法,尽可能发现模块内部的程序差错。一般认为,使用结构化语言编程时,单元测试所说的单元是指函数、过程等。单元测试的工作量较大,简单、实用、高效才是硬道理。

单元测试任务包括模块接口测试、模块局部数据结构测试、模块边界条件测试、模块中所有独立执行通路测试和模块的各条错误处理通路测试。

（1）模块接口测试是单元测试的基础。只有在数据能正确流入、流出模块的前提下，其他测试才有意义。判断测试接口正确与否应该考虑输入的实际参数与形式参数的个数、属性、量纲是否一致；调用其他模块时所给实际参数的个数、属性和量纲是否与被调模块的形式参数一致；调用预定义函数时所用参数的个数、属性和次序是否正确；对全程变量的定义各模块是否一致。如果模块内包括外部输入/输出，还应该考虑文件属性、格式说明与输入/输出语句是否匹配，缓冲区大小与记录长度是否匹配，文件使用前是否已经打开和处理了文件尾。

（2）检查局部数据结构是为了保证临时存储在模块内的数据在程序执行过程中保持完整和正确。局部数据结构往往是错误发生的根源，应仔细设计测试用例，以便能够发现不合适或不相容的数据类型说明、错误的变量初始化或缺省值、不正确的变量名(拼错或不正确地截断)，以及内存地址出现上溢、下溢现象和异常等。

（3）在模块中应对每条独立执行路径进行测试，单元测试的基本任务是保证模块中每条语句至少执行一次。此时设计测试用例是为了发现因错误计算、不正确的比较和不适当的控制流造成的错误。此时，基本路径测试和循环测试是最常用且最有效的测试技术。

（4）一个好的测试用例设计应能预见各种出错条件，并预设各种出错处理通路，出错处理通路同样需要认真测试。边界条件测试是单元测试中最后，也是最重要的一项任务。众所周知，软件经常在边界上失效，采用边界值分析技术，针对边界值及其左、右设计测试用例，很有可能发现新的错误。

一般认为单元测试应紧接在编码完成之后，当源程序编制完成并通过复审和编译检查，便可开始单元测试。测试用例的设计应与复审工作相结合，根据设计信息选取测试数据，将增大发现上述各类错误的可能性。在确定测试用例的同时，应给出期望结果。应为测试模块开发一个驱动模块(Driver)和若干桩模块(Stub)，驱动模块在大多数场合称为"主程序"，它接收测试数据并将这些数据传递到被测试模块，被测试模块被调用后，"主程序"打印"进入/退出"信息。

驱动模块和桩模块是测试时使用的程序，而不是最终交付软件的组成部分，但它们需要一定的开发费用。若驱动模块和桩模块比较简单，则实际开销就相对低些。

7.2.2　集成测试

一般程序是由多模块组成的。集成测试也称为组装测试，是把多模块按照一定的集成方法和策略，逐步组装成子系统，进而组装成整个系统的测试。为什么模块通过了单元测试，组装成完整的程序系统还会出现问题、还要测试呢？原因有以下几点。

（1）程序的各模块之间可能有比较复杂的接口。单个模块的接口测试很容易产生疏漏，而且不易被发现。例如，有些数据在通过接口时会不慎丢失，有些全局性数据在引用中可能出问题等。所以，集成测试的重点是模块之间的接口测试。

（2）单元测试中往往使用了驱动模块和桩模块。它们是真实模块的简化，与它们所代替的模块并不完全等效。因此，单元测试本身就可能存在缺陷。

（3）单个模块中可能允许有误差，但是模块组装后的积累误差可能达到了不能容忍的程度。单个模块的功能似乎正常，但是模块组装后产生的综合功能可能不正常。

由此可见,在软件测试过程中,集成测试不仅必要,而且占有重要的地位。一般,集成测试和系统集成过程同步进行,也就是说,集成测试融合在系统集成过程之中。所以,集成测试是在构造软件体系结构的过程中,通过测试发现与接口有关问题的系统化技术。

模块集成方式一般都采用渐增式。渐增式包括自顶向下、自底向上和混合式 3 种。那么,集成测试策略也有相应的自顶向下测试、自底向上测试和混合式测试 3 种,它们主要的优缺点如下。

(1) 自顶向下测试的优点是能较早展示整个软件的概貌,获得用户的理解和支持。主要缺点是测试上层模块时要使用桩模块,很难模拟出真实模块的全部功能,可能使部分测试内容被迫推迟,只能等真实模块集成后再补充测试。因为使用桩模块较多,增加了设计测试用例的困难。

(2) 自底向上测试从下层模块开始,设计测试用例比较容易,但是在测试的早期不能显示出整个软件程序的概貌。

(3) 混合式测试的优点综合了以上两种测试策略的长处。一般的策略是对关键模块采取自底向上测试,这就可能把输入/输出模块提前组装进程序,使设计测试用例变得较为容易;或者使具有重要功能的模块早些与有关的模块相连,以便及早暴露可能存在的问题;除关键模块和少数与之相关的模块外,对其余模块,尤其是上层模块采用自顶向下的测试方法,以便尽早得到软件总体概貌。

7.2.3 验证测试

经过集成测试,软件已经按照设计把所有模块组装成一个完整的系统,接口错误也基本排除,接着应该验证软件的有效性了,这就是验证测试的任务。验证测试在集成测试之后进行,其目的是验证已组装的程序是否满足软件需求规格说明的要求。

典型的验证测试包括有效性测试和配置复审等。在软件需求规格中一般都有标题为"有效性标准"的内容,它提供了验证测试的依据。配置复审主要是检查程序的文档是否配齐、文档内容是否一致等。

验证测试是由软件开发单位组织实施的最后一项开发活动。验证测试后,软件就要交付验收。因此,开发单位必须十分重视,并做好这项工作。同集成测试一样,验证测试也应该由独立的测试机构负责实施。

7.2.4 确认测试

确认测试也称为系统测试,其目的是保证所实现的软件确实是用户想要的。为了达到此目的,需要完成一系列测试活动。这些测试活动包括功能测试、性能测试、验收测试、安装测试等。

(1) 功能测试。功能测试主要测试系统的功能性需求,找出功能性需求和软件之间的差异,即检查软件是否完成了需求规格说明书中所指定的功能。

(2) 性能测试。性能测试主要测试系统的非功能性需求,找出非功能性需求和系统之间的差异,即检查软件是否完成了需求规格说明书中所指定的非功能性要求,如安全性、可靠性和效率等。性能测试期间要进行很多项测试活动,如强度测试、安全性测试、恢复测试、软件配置审查、兼容性测试等。

在这个阶段发现的问题往往和需求分析阶段的差错有关,涉及面通常比较广,因此解决起来也比较困难。为了制订解决该测试过程中发现的软件缺陷或错误的策略,通常需要和用户充分协商。

7.3　测试用例设计

测试用例是按一定的顺序执行的与测试目标相关的测试活动的描述,即确定"怎样"测试。测试用例被视为有效发现软件缺陷的最小测试执行单元,也被视为软件的测试规格。在测试工作中,测试用例的设计是非常重要的,是测试能够正确有效执行的基础。设计好测试用例,也是保证测试工作的最关键因素之一。

(1) 尽可能地找出软件错误。测试的目的是查找错误。寻找测试用例的设计灵感,应沿着"软件可能会怎样失效"这条思路进行回溯。

(2) 杜绝冗余的用例。如果两个测试都是查找同一个错误,会造成重复浪费,而用例计划的编写可以很好地避免这一问题的出现。

(3) 寻找最佳测试方法。在对某一个模块测试时,总会有某个方法的测试效率高于其他的。要找出最佳的方法,需要采用有效的方法来编写测试用例。

(4) 使得程序失效显而易见。测试人员如果没有详细地阅读软件输出,或是没有看出问题就在眼前,就会忽视很多软件失效的情况。

在生成测试用例的同时,应记下每项测试预期的输出或结果。执行测试时应对照着这些记录。待查的输出或文件应尽可能简短。在测试用例设计的实际过程中,不仅需要根据场合单独使用这些方法,还常常综合运用多个方法,使测试用例的设计更为有效。

测试用例设计遵循与软件设计相同的工程原则。测试用例设计包括测试策略、测试计划、测试描述和测试过程4个阶段。测试用例设计由软件设计说明书驱动,即从软件的功能设计要求进行用例的构造,满足各种条件和动作的执行。一个完整的测试用例应该包含正面测试和负面测试。正面测试验证程序应该执行的工作,负面测试验证程序不应该执行的工作。例如,在测试登录模块时,既要能够通过登录的情况,也要有不能通过登录的情况,测试用例要分多种情况进行设计。

测试用例是软件测试的核心,但如何以最少的人力、资源投入,在最短的时间内完成测试,发现软件的缺陷,保证软件的优良品质,则是软件测试探索和追求的目标。每个软件或软件开发项目都需要有一套优秀的测试方案和测试方法。

7.4　黑盒测试方法

视频讲解

黑盒测试是根据程序组件的规格说明测试软件功能的方法,也称为功能测试。由于被测对象作为一个黑盒子,它的功能行为只能通过研究其输入和输出来确定,所以又称为软件输入/输出接口测试。测试工程师给出组件或软件设计执行软件所需的一些输入,根据功能描述分析,并检查其相应的输出。如果输出不是所预期的结果,则表明成功检测出了错误。

由于注重于功能和数据信息域的测试,黑盒测试一般能发现功能错误或遗漏、性能错误、数据结构或数据库访问错误、界面错误、初始化或终止错误等一些类型的错误。

黑盒测试方法的设计测试用例的原则如下。

(1) 对于有输入的所有功能,既要用有效的输入来测试,也要用无效的输入来测试。

(2) 经过菜单调用的所有功能都应该被测试,包括通过同一个菜单调用的组合功能也要测试。

(3) 设计的测试用例数量能够达到合理测试所需的"最少"数量。

(4) 设计的测试用例不仅能够告知有没有错误,而且能够告知某些类型的错误存在或不存在。

黑盒测试具有启发式知识和规范的测试方法,包括等价类划分、边界值分析和错误推测等。

7.4.1 等价类划分

等价类划分是一种典型的黑盒测试方法。等价类是指某个输入域的集合,它表示对揭露程序中的错误来说,集合中的每个输入条件是等效的。因此只要在一个集合中选取一个测试数据即可。等价类划分的办法是把程序的输入域划分成若干等价类,然后从每个部分中选取少数代表性数据作为测试用例。这样就可使用少数测试用例检验程序在一大类情况下的反应。

在考虑等价类时,应该注意区别以下两种不同的情况。

(1) 有效等价类。有效等价类指的是对程序的规范是有意义的、合理的输入数据所构成的集合。在具体问题中,有效等价类可以是一个,也可以是多个。

(2) 无效等价类。无效等价类指对程序的规范是不合理的或无意义的输入数据所构成的集合。对于具体的问题,无效等价类至少应有一个,也可能有多个。

确定等价类有以下几条原则。

(1) 如果输入条件规定了取值范围或值的个数,则可确定一个有效等价类和两个无效等价类。例如,程序的规范中提到的输入条包括"……项数可以从 12 到 2022……",则可取有效等价类为"项数<2022",无效等价类为"项数<12"及"项数>2022"。

(2) 输入条件规定了输入值的集合,或是规定了"必须如何"的条件,则可确定一个有效等价类和一个无效等价类。如某程序涉及标识符,例如,其输入条件规定"标识符应以字母开头……"则"以字母开头者"作为有效等价类,"以非字母开头者"作为无效等价类。

(3) 已划分的等价类中各元素在程序中的处理方式是不同的,则应将此等价类进一步划分成更小的等价类。

根据已列出的等价类表,按以下步骤确定测试用例。

(1) 为每个等价类规定一个唯一的编号。

(2) 设计一个测试用例,使其尽可能多地覆盖尚未覆盖的有效等价类。重复这一步,最后使得所有有效等价类均被测试用例所覆盖。

(3) 设计一个新的测试用例,使其只覆盖一个无效等价类。重复这一步骤,使所有无效等价类均被覆盖。这里强调每次只覆盖一个无效等价类。这是因为一个测试用例中如果含有多个缺陷,有可能在测试中只发现其中的一个,而另一些被忽视。

【例 7.1】 ATM 用户界面接收数据的测试用例设计。

ATM 软件功能可简述为：用户可以在 ATM 上拨号到银行，提供 6 位数（字母和数字）的密码，并遵循一系列键盘命令（查询、存款和取款等）操作顺序，以触发相应的银行业务功能。用户拨号的数据格式为：区号（空或 3 位数字）＋前缀（非 0 和 1 开始的 3 位数字）＋后缀（4 位数字）。

用户界面应用程序对用户各种数据元素相关的输入条件进行如下定义。

区号：输入条件，布尔值是否存在区号；范围数值为 200～999。

前缀：输入条件，范围大于 200，且不含 0 的数值。

后缀：输入条件，值为 4 位数字。

密码：输入条件，布尔值是否存在密码；值为 6 位字母或数字的字符串。

命令：输入条件，集合包含查询、存款、取款等命令。

根据上述等价分类启发式规则，可以为该例每个输入数据项的有效类和无效类设计测试用例，执行每个测试用例，并分析测试结果。等价分类测试用例的选择最好是每次执行最多的等价类属性。

7.4.2 边界值分析

边界值分析法是列出单元功能、输入、状态及控制的合法边界值和非法边界值，设计测试用例包含全部边界值的方法。典型的包括 if 语句中的判别值、定义域/值域边界、空或畸形输入、未受控状态等。人们发现许多软件错误只是在下标、数据结构和标量值的边界值及其上、下出现，运行这个区域的测试用例，发现错误的概率很高。

用边界值分析法设计测试用例时，需要遵守以下原则。

（1）如果输入条件规定了取值范围，或是规定了值的个数，则应以该范围的边界内及刚刚超出范围的边界外的值，或是分别以最大、最小及稍小于最小、稍大于最大个数作为测试用例。如有规范"某文件可包含 10～1255 条记录……"，则测试用例可选 10 条和 255 条及 9 条和 1256 条等。

（2）如果程序规范中提到的输入或输出域是个有序的集合（如顺序文件、表格等）就应注意选取有序集的第一个和最后一个元素作为测试用例。

（3）分析规范，尽可能找出可能的边界条件。

【例 7.2】 三角形无效类测试用例设计。

某程序读入 a、b、c 三个代表三角形三条边的整数值，根据 a、b、c 值判断组成三角形的情况。请列出 a、b、c 变量所有输入不合理的等价类，使用边界值分析法设计测试用例。

三角形无效类包括以下几种。

（1）非三角形：不能构成三角形，如两边长度之和小于第三边长度。

（2）退化情况：退化成一条直线。

（3）零数据：一条或两条或三条边长度为零。

（4）负数据：三条边长度中出现负值。

（5）遗漏数据：出现数据丢失的情况。

（6）无效数据：非法数据。

给出相应的测试用例如表 7.1 所示。

表 7.1 三角形无效类测试用例

不合理的等价类	测试数据(a,b,c)
非三角形	$(10,10,21),(10,21,10),(21,10,10)$
退化情况	$(10,5,5),(5,10,5),(5,5,10)$
零数据	$(0,0,0),(0,11,0),(0,10,12)$
负数据	$(-5,6,7),(-5,-5,10),(-10,-10,-10)$
遗漏数据	$(-,-,-),(10,-,-),(10,10,-)$
无效数据	$(A,B,C),(+,=,*),(10.6,A,7e3)$

7.4.3 错误推测

使用等价分类和边界值分析测试技术,可以帮助测试者设计出具有一定代表性的、容易发现错误的测试方案。但是,不同类型、不同特点的软件,通常又有各自特殊的容易出错的情况。此外,等价分类和边界值分析都只孤立地考虑各个输入条件的测试功效,没有考虑多个输入条件的组合效应,这可能会遗漏了容易出错的组合情况。而对于输入条件有很多种组合的情况,往往由于组合数目巨大,测试更是难以进行。因此,依靠测试者的直觉和经验,推测可能存在的错误类型,从各种可能的测试方案中选择最可能发现错误的测试方案,这就是错误推测法。

错误推测法采用的是一种凭借先验知识对被测对象做类比测试的思路,当然,这种类比测试的效果,在很大程度上取决于测试者的经验丰富程度和对被测对象的了解程度。错误推测法还常被用于对"错误成群"现象的处理。在着重测试那些已发现了较多错误,即"错误成群"的程序段时,根据经验运用错误推测法往往是很有效的。

7.5 白盒测试方法

视频讲解

白盒测试是有选择地执行程序中某些最有代表性路径的测试方法,所以也称为逻辑覆盖测试。所谓逻辑覆盖是对一系列测试过程的总称,这组测试过程逐步达到完整的路径测试。

逻辑错误与其存在的路径被运行的可能性成反比,对于主流功能之外的,看似特殊的情况,往往会掉以轻心,使得条件或控制的处理错误难于觉察。往往主观上认为某路径不可能被执行,而事实上,它可能就在正常情况下被执行。这就意味着关于控制流和数据流的一些无意识的假设,可能导致设计错误。当一个程序被翻译为程序设计语言源代码时,可能产生某些打印错误。虽然大多数打印错误能被语法检查机制发现,但是,其他的打印错误会在测试开始时才被发现。以上这些类型的错误,都只有在进行有效的逻辑路径测试后才能被发现。

白盒测试方法是从程序的控制结构路径导出测试用例集的。测试用例集执行程序逻辑的程度可以划分成不同等级,从而反映不同的软件测试质量。因此,白盒测试方法分为路径测试法、控制结构测试法和数据流测试法等。

白盒测试的优点包括以下几点。

- 使测试人员仔细思考软件的实现。

- 可以检测代码中的每条分支和路径。
- 揭示隐藏在代码中的错误。
- 对代码的测试比较彻底。
- 能够做到最优化。

但是,白盒测试也存在测试昂贵、无法检测代码中遗漏的路径、数据敏感性错误、不验证规格的正确性等缺点。

7.5.1 逻辑覆盖

白盒测试方法考虑的是测试用例对程序内部逻辑的覆盖程度,所以又称为逻辑覆盖法。最彻底的白盒测试方法是覆盖程序中的每一条路径,但这很难做到。为了衡量测试的覆盖程度,需要建立一些标准,目前常用的一些覆盖标准包括语句覆盖、判定覆盖、条件覆盖、判定/条件覆盖和条件组合覆盖等。

1. 语句覆盖

程序的某次运行一般并不能执行到其中的每一条语句,因此,如果某条语句含有一个错误,而它在测试中没执行,则这个错误就不可能被发现。为了提高发现错误的可能性,应该在测试时至少要执行程序中的每一条语句。

"语句覆盖"测试标准的含义是:选择足够的测试用例,使程序中的每条语句至少都能执行一次。例如下面的例子:

```
Procedure Example(Var A,B,C:real)
begin
    if(A>1)and(B=0)   then x:=x/A;
    if(A=2)or(x>1)    then x:=x+1;
end;
```

其程序流程图如图 7.1 所示。为了使程序中的每条语句至少执行一次,只须设计一个能通过路径 ace 的例子,例如,选择输入数据为 A=2,B=0,x=3,就可达到"语句覆盖"标准。

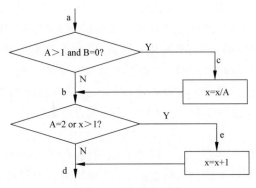

图 7.1 程序流程图

显然,语句覆盖是一个比较弱的覆盖标准。如果第一条条件语句中的 and 错误地写成 or,那么上面的测试用例是不能发现这个错误的,或者是第二条条件语句中 x>1 误写成 x>0,这个测试用例也不能暴露它。我们还可以列举出许多错误情况是上述测试数据不能发现的。所以,一般认为"语句覆盖"是很不充分的最低的一种覆盖标准。

2. 判定覆盖

比"语句覆盖"稍强的覆盖标准是"判定覆盖"(或称分支覆盖)。这个标准是:执行足够的测试用例,使得程序中的每个判定至少都获得一次"真"值和"假"值,即使程序中的每一个分支至少都通过一次。

如果设计两个测试用例,就可以达到"判定覆盖"的标准。为此,可以选择输入数据如下。

(1) A=3,B=0,x=1(沿路径 acd 执行)。

(2) A=2,B=1,x=3(沿路径 abe 执行)。

"判定覆盖"比"语句覆盖"严格,因为如果每个分支都执行过了,自然每条语句也就执行了。

3. 条件覆盖

执行足够的测试用例,使判定中每个条件获得各种可能的结果。对于示例程序,只须设计两个测试用例就可满足该标准:①A=2,B=0,x=4(沿路径 ace 执行);②A=1,B=1,x=1(沿路径 abd 执行)。

虽然同样只要两个测试用例,但它比判定覆盖中两个测试用例更有效。一般来说,"条件覆盖"比"判定覆盖"强,但是,并不总是如此,满足"条件覆盖"不一定满足"判定覆盖"。例如,对语句 IF(A AND B) THEN S 设计两个测试用例:A"真"B"假"和A"假"B"真"。对于上例设计两个测试用例为:①A=1,B=0,x=3(沿路径 abe 执行);②A=2,B=1,x=1(沿路径 abe 执行)。亦是如此,它们能满足"条件覆盖"但不满足"判定覆盖"。

4. 判定/条件覆盖

针对上面的问题引出了另一种覆盖标准,这就是"判定/条件覆盖",它的含义是:执行足够的测试用例,同时满足判定覆盖和条件覆盖的要求。显然,它比"判定覆盖"和"条件覆盖"都强。

例如,选取测试用例:

(1) A=2,B=0,x=4(沿路径 ace 执行)。

(2) A=1,B=1,x=1(沿路径 abd 执行)。

显然,(1)和(2)满足判定/条件覆盖标准。值得指出,看起来"判定/条件覆盖"似乎是比较合理的,应成为我们的目标,但是事实并非如此,因为大多数计算机不能用一条指令对多个条件做出判定,而必须将源程序中对多个条件的判定分解成几个简单判定。这个讨论说明了,尽管"判定/条件覆盖"看起来能使各种条件取到所有可能的值,但实际上并不一定能检查到这样的程度。针对这种情况,有下面的条件组合覆盖标准。

5. 条件组合覆盖

"条件组合覆盖"的含义是:执行足够的测试用例,使得每个判定中条件的各种可能组合都至少执行一次。这是最强的逻辑覆盖标准,必须使测试用例覆盖8种条件组合的结果:

(1) A>1,B=0;

(2) A>1,B<>0;

(3) A<1,B=0;

(4) A<1,B<>0;

(5) A=2,x>1;

（6）A＝2，x＜1；

（7）A＜＞2，x＞1；

（8）A＜＞2，x＜1。

必须注意到，(5)、(6)、(7)、(8)这4种情况是第2条条件语句的条件组合,而x的值在该语句之前是要经过计算的,所以还必须根据程序的逻辑推算出在程序的入口点x的输入值应是什么。

要测试上述8种组合结果并不是意味着需要8种测试用例,事实上,能用4种测试用例来覆盖它们:

（1）A＝2，B＝0，x＝4；

（2）A＝2，B＝1，x＝1；

（3）A＝1，B＝0，x＝2；

（4）A＝1，B＝1，x＝1。

上面4个例子虽然满足条件组合覆盖,但并不能覆盖程序中的每一条路径,可以看出,条件组合覆盖仍然是不彻底的,在白盒测试时,要设法弥补这个缺陷。

7.5.2 路径覆盖

基本路径测试法是根据程序的控制流路径设计测试用例的一种最基本的白盒测试方法。基本路径测试法需要程序控制流图支持,这在路径测试法中是考查测试路径的有用工具。

1. 程序控制流图描述

任何过程设计描述方法都可以映射到一个相应的程序控制流图描述,其映射要点如下。

（1）一条或多条顺序语句可映射为程序图的一个节点,用带标识的圆表示。

（2）一个处理框序列和一个判别框可映射为程序图的一个节点。

（3）程序控制流向可映射为程序控制流图的边(或称为连接),用方向箭头表示(类似于流程图中的方向箭头)。一条边必须终止于一个节点,即使该节点不代表任何语句。

（4）有边和节点限定的范围称为区域,区域应包括图外部的范围。

在程序控制流图的基础上,通过对所构造环路的复杂性的分析,导出基本可执行路径集合,从而设计测试用例。

在将程序流程图简化成控制流图时,应注意在选择或多分支结构中,分支的汇聚处应有一个汇聚节点。边和节点圈定的区域叫作区域,当对区域计数时,图形外的区域也应记为一个区域。

2. 确定程序图的环形复杂性

环形复杂性是一种以图论为基础的,为程序逻辑复杂性提供定量测度的软件度量。该度量用于基本路径测试法,是将计算所得的值定义为程序路径基本集的独立路径数,提供确保所有语句至少被执行一次的测试数目的上界。

【例7.3】 程序的基本路径测试。

图7.2(a)给出了一个抽象的流程图示例,其对应的程序控制流图描述如图7.2(b)所示。此例的节点以数字标识区分,边是用类似于流程图的方向箭头标识(最好能加以字母区分),区域用 R_1、R_2、R_3、R_4 标识。

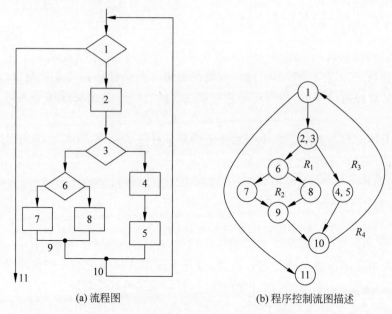

(a) 流程图　　　　　　(b) 程序控制流图描述

图 7.2　从程序流程图映射程序控制流图的示例

独立路径是指程序中至少引进一个新的处理语句集合，或一个新条件的任何一条路径。在程序图中，独立路径是指必须至少包含一条在定义路径之前不曾用到的边。图 7.2(b)所示的一个独立路径集合，即路径基本集如下。

路径 1：1—11。

路径 2：1—2—3—4—5—10—1—11。

路径 3：1—2—3—6—8—9—10—1—11。

路径 4：1—2—3—6—7—9—10—1—11。

特别要注意两点：①定义的每一条新的路径都至少包含一条新边，例如，路径 1—2—3—4—5—10—1—2—3—6—8—9—10—1—11 就不是独立路径，它是已有路径 2 和路径 3 的简单合并，不包含任何新边；②一个过程的路径基本集并不唯一，实际上可以派生出多种不同基本集。

一个基本集如何才能确定应该有多少条路径呢？可以用环形复杂性计算得到答案。程序图 G 的环形复杂性 $V(G)$ 可用以下三种方法之一来计算。

(1) $V(G)$ 等于程序图 G 的区域数。

(2) $V(G)=E-N+2$，E 是程序图 G 的边数，N 是程序图 G 的节点数。

(3) $V(G)=P+1$，P 是程序图 G 中判定的节点数。

采用上述任意一种方法计算图中程序图的环形复杂性，均为 4，即程序流程图有 4 个区域，或 11 条边－9 个节点＋2＝4，或 3 个判定节点＋1＝4。

更重要的是，$V(G)$ 的值不仅提供了组成基本集的独立路径的上界，而且可由此得出覆盖所有语句所需的测试用例设计数目的上界。

必须注意，一些独立的路径往往不是完全孤立的，有时它是程序正常控制流的一部分，这时，这些路径的测试可以是另一条路径测试的一部分。

7.5.3 循环路径测试策略

循环语句包括简单循环、嵌套循环和串接循环,对它们的测试稍有不同。

1. 简单循环测试

对于简单循环,测试应包括以下几种,其中的 n 表示循环允许的最大次数。

(1) 0 次循环:从循环入口直接跳到循环出口。

(2) 1 次循环:查找循环初始值方面的错误。

(3) 2 次循环:检查在多次循环时才能暴露的错误。

(4) m 次循环:此时的 $m < n$,也是检查在多次循环时才能暴露的错误。

(5) n(最大)次数循环、$n+1$(比最大次数多一)次的循环、$n-1$(比最大次数少一)次的循环。

2. 嵌套循环测试

对于嵌套循环,不能将简单循环的测试方法简单地扩大,然后用于嵌套循环,因为可能的测试数目将随嵌套层次的增加呈几何倍数增长。这可能导致出现一个天文数字的测试数目。下面是一种有助于减少测试数目的测试方法。

(1) 从最内层循环开始,设置所有其他层的循环为最小值。

(2) 对最内层循环进行简单循环的全部测试。测试时保持所有外层循环的循环变量为最小值。另外,对越界值和非法值进行类似的测试。

(3) 逐步外推,对其外面一层循环进行测试。测试时保持所有外层循环的循环变量取最小值,所有其他嵌套内层循环的循环变量取"典型"值。

(4) 反复进行,直到所有各层循环测试完毕。

(5) 对全部各层循环同时取最小循环次数,或者同时取最大循环次数。对于后一种测试,由于测试量太大,需人为指定最大循环次数。

3. 串接循环测试

对于串接循环,要区别两种情况。如果各个循环互相独立,则串接循环可以用与简单循环相同的方法进行测试。如果有两个循环处于串接状态,而前一个循环的循环变量值是后一个循环的初值。则这几个循环不是互相独立的,需要使用测试嵌套循环的办法来处理。

7.6 集成测试方法

视频讲解

集成测试也称为组装测试或联合测试。它是在单元测试的基础上,将所有模块按照设计要求组装成为子系统或系统,进行集成测试。实践表明,一些模块虽然能够单独工作,但并不能保证连接起来也能正常工作。程序在某些局部反映不出来的问题,在全局上很可能暴露出来,影响功能的实现。

7.6.1 集成策略

集成测试的实施方案有很多种,如自顶向下集成测试、自底向上集成测试、核心集成测试等。

1. 自顶向下集成测试策略

自顶向下集成测试策略是构造程序结构的一种增量式方式,它从主控模块开始,按照软件的控制层次结构,以深度优先或广度优先的策略,逐步把各个模块集成在一起。深度优先策略首先是把主控制路径上的模块集成在一起。

以图7.3为例,若选择了最左一条路径,应首先将模块M1、M2、M5和M8集成在一起,再将M6集成起来,然后考虑中间和右边的路径。广度优先策略则不然,它沿控制结构水平地向下移动。首先把M2、M3和M4与主控模块集成在一起,再将M5和M6和其他模块集成起来。

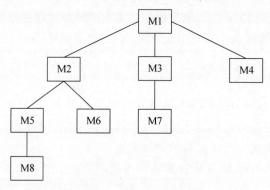

图7.3 模块组成结构

自顶向下集成测试的具体步骤如下。

(1) 以主控模块作为测试驱动模块,把对主控模块进行单元测试时引入的所有桩模块用实际模块替代。

(2) 依据所选的集成策略(深度优先或广度优先),每次只替代一个桩模块。

(3) 每集成一个模块,立即测试一遍。

(4) 只有每组测试完成后,才着手替换下一个桩模块。

(5) 为避免引入新错误,须不断地进行回归测试(即全部或部分地重复已做过的测试)。

从第(2)步开始,循环执行上述步骤,直至整个程序结构构造完毕。若采用深度优先策略,下一步将用模块M7替换桩模块S7,当然M7本身可能又带有桩模块,随后将被对应的实际模块一一替代。

自顶向下集成的优点在于能尽早地对程序的主要控制和决策机制进行检验,因此能够较早地发现错误。缺点是在测试较高层模块时,低层处理采用桩模块替代,不能反映真实情况,重要数据不能及时回送到上层模块,因此测试并不充分。

2. 自底向上集成测试策略

自底向上的集成方式是最常使用的方法。其他集成方法都或多或少地继承、吸收了这种集成方式的思想。自底向上集成方式从程序模块结构中最底层的模块开始组装和测试。因为模块是自底向上进行组装的,对于一个给定层次的模块,它的子模块事前已经完成组装并经过测试,所以不再需要编制桩模块。自底向上集成测试的步骤大致如下。

(1) 对被测模块进行分层,在同一层次上的测试可以并行进行,然后排出测试活动的先后关系,制订测试进度计划。利用图论的相关知识,可以排出各活动之间的时间序列关系,处于同一层次的测试活动可以同时进行,而且不会相互影响。

（2）按时间线序关系，将软件单元集成为模块，并测试在集成过程中出现的问题。这里，可能需要测试人员开发一些驱动模块来驱动集成活动中形成的被测模块。对于比较大的模块，可以先将其中的某几个软件单元集成为子模块，然后再集成为一个较大的模块。

（3）将各软件模块集成为子系统。检测各子系统是否能正常工作。同样，可能需要测试人员开发少量的驱动模块来驱动被测子系统。

（4）将各子系统集成为最终用户系统，测试各分系统能否在最终用户系统中正常工作。

自底向上的集成测试方案是工程实践中最常用的测试方法。它的优点是管理方便、测试人员能较好地锁定软件故障所在位置。

3. 核心系统先行集成测试

核心系统先行集成测试法的思想是先对核心软件模块进行集成测试，在测试通过的基础上再按各外围软件模块的重要程度逐个集成到核心系统中。每次加入一个外围软件模块都产生一个产品基线，直至最后形成稳定的软件。核心系统先行集成测试法对应的集成过程如同一条逐渐趋于闭合的螺旋形曲线，代表软件逐步定型的过程，其步骤如下。

（1）对核心系统中的每个模块进行单独的、充分的测试，必要时使用驱动模块和桩模块。

（2）对于核心系统中的所有模块，将其一次性集成到被测系统中，解决集成中出现的各类问题。在核心系统规模相对较大的情况下，也可以按照自底向上的步骤，集成核心系统的各组成模块。

（3）按照各外围软件部件的重要程度以及模块间的相互制约关系，拟定外围软件部件集成到核心系统中的顺序方案。方案经评审以后，即可进行外围软件模块的集成。

（4）在外围软件模块添加到核心系统以前，外围软件模块应先完成内部的模块集成测试。

（5）按顺序不断加入外围软件模块，排除外围软件模块集成中出现的问题，形成最终的交付软件。

该集成测试方法对于快速软件开发很有效果，适用于较复杂系统的集成测试，能保证一些重要功能和服务的实现。缺点是采用此法的系统一般应能明确区分核心软件模块和外围软件模块，核心软件模块应具有较高的耦合度，外围软件模块内部也应具有较高的耦合度，但各外围软件模块之间应具有较低的耦合度。

7.6.2 性能测试

性能测试是通过自动化的测试工具模拟多种正常、峰值以及异常负载条件来对软件的各项性能指标进行的测试。负载测试和压力测试都属于性能测试，两者可以结合进行。通过负载测试，确定在各种工作负载下软件的性能，目标是测试当负载逐渐增加时，软件各项性能指标的变化情况。

性能测试在软件的质量保证中起着重要的作用，它包括的测试内容丰富多样。性能测试包括应用在客户端性能的测试、应用在网络上性能的测试和应用在服务器端性能的测试3方面。通常情况下，这3方面有效、合理的结合，可以做到对软件性能全面的分析，并且能够做到对瓶颈的预测。

1. 应用在客户端性能的测试

应用在客户端性能测试的目的是考查客户端应用的性能,测试的入口是客户端。它主要包括并发性能测试、疲劳强度测试、大数据量测试和速度测试等,其中并发性能测试是重点。并发性能测试的过程是一个负载测试和压力测试的过程,即逐渐增加负载,直到达到软件的瓶颈或者不能接收的性能点,通过综合分析交易执行指标和资源监控指标来确定软件并发性能的过程。负载测试是确定在各种工作负载下软件的性能,目标是测试当负载逐渐增加时,利用软件组成部分的相应输出项,例如通过量、响应时间、CPU 负载、内存使用等来决定软件的性能。负载测试是对软件及其支撑架构进行分析,并通过模拟真实环境的使用,从而确定其能够接收的性能过程。压力测试是通过确定一个软件的瓶颈或者不能接收的性能点,来获得软件能提供的最大服务级别的测试。

并发性能测试的目的主要体现在 3 方面。

(1)以真实的业务为依据,选择有代表性的、关键的业务操作设计测试用例,以评价软件的当前性能。

(2)当扩展软件的功能或者新的软件将要被部署时,负载测试会帮助确定软件是否还能够处理期望的用户负载,以预测软件的未来性能。

(3)通过模拟成百上千个用户,重复执行和运行测试,可以确认性能瓶颈并优化和调整应用,目的在于寻找到瓶颈问题。

这类问题最常见于采用联机事务处理方式的数据库应用、Web 浏览和视频点播等系统。这种问题的解决要借助于科学的软件测试手段和先进的测试工具。

测试的基本策略是自动负载测试,通过在一台或几台 PC 上模拟成百或上千的虚拟用户同时执行业务的情景,对软件进行测试,同时记录下每一个事务处理的时间、中间件服务器峰值数据、数据库状态等。通过可重复的、真实的测试能够彻底地度量应用的可扩展性和性能,确定问题所在以及优化软件性能。预先知道了软件的承受力,就为最终用户规划整个运行环境的配置提供了有力的依据。

多媒体数据库性能测试的目的是模拟多用户并发访问某新闻单位多媒体数据库,执行关键检索业务,分析软件性能。

性能测试的重点是针对软件并发压力负载较大的主要检索业务,进行并发测试和疲劳测试。

【例 7.4】 基于 B/S 结构的检索业务的性能测试。

一个软件采用 B/S 运行模式对其进行并发测试,则并发测试设计了特定时间段内分别在中文库、英文库、图片库中进行单检索词、多检索词以及变检索式、混合检索业务等并发测试用例。疲劳测试用例则在中文库使用中设计了 1200 个并发用户数,进行测试周期约为 4 小时的单检索词检索。

在机房测试环境和内网测试环境中,100Mb/s 带宽情况下,针对规定的各并发测试案例,软件能够承受并发用户数为 200 的负载压力,每分钟的最大交易数达到 78.73 个,运行基本稳定,但随着负载压力增大,软件性能有所衰减。软件能够承受 500 并发用户数持续周期约 6 小时的疲劳压力,在此期间基本能够稳定运行。

当并发用户数超过 200 个时,监控到 HTTP-500 错误、连接错误和超时错误,且 Web 服务器报内存溢出错误,软件应进一步提高性能,以支持更大并发用户数。建议进一步优化软件,充分利用硬件资源,缩短交易响应时间。

2. 应用在网络上性能的测试

应用在网络上性能的测试的重点是利用成熟先进的自动化技术进行网络应用性能监控、网络应用性能分析和网络预测。

网络应用性能分析的目的是准确展示网络带宽、延迟、负载和 TCP 端口的变化是如何影响用户的响应时间的。

考虑到软件未来发展的扩展性,预测网络流量的变化、网络结构的变化对软件的影响非常重要。根据规划数据进行预测并及时提供网络性能预测数据是非常有必要的。由此,测试人员可以设置服务水平、规划日网络容量、离线测试网络、分析网络失效和容量极限、诊断日常故障、预测网络设备迁移和网络设备升级对整个网络的影响。

3. 应用在服务器上性能的测试

对于应用在服务器上性能的测试,可以采用工具监控,也可以使用软件本身的监控命令。实施测试的目的是实现对服务器设备、服务器操作系统、数据库系统、应用在服务器上性能的全面监控。

性能测试的目的是验证软件是否能够达到用户提出的性能指标,同时发现软件中存在的性能瓶颈并进行优化,其包括以下几个方面。

(1)评估软件的能力:测试中得到的负荷和响应时间数据可以被用于验证所计划的模型的能力,并帮助做出决策。

(2)识别软件体系中的弱点:受控的负荷可以被增加到一个极端的水平,并突破它,从而修复体系的瓶颈或薄弱的地方。

(3)软件调优:重复运行测试,验证调整软件的活动得到了预期的结果,从而改进性能。

(4)检测软件中的问题:长时间执行测试将导致软件由于内存泄露而引起失败,从而揭示软件中的隐含的问题或冲突。

(5)验证稳定性和可靠性:在一定生产负荷下执行一定时间的测试是评估软件稳定性和可靠性是否满足要求的唯一方法。

【例 7.5】 ATM 部分功能测试。

本例针对 ATM "取款"功能的交互过程的事件流进行测试用例设计。

1. 基本事件流

事件流 1:用户向 ATM 中插入银行卡,如图 7.4 所示,执行验证银行卡用例。如果银行卡是合法的,ATM 的界面提示用户输入用户密码(见表 7.2)。

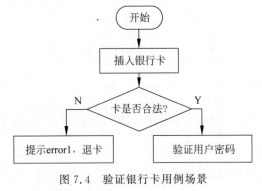

图 7.4　验证银行卡用例场景

表 7.2 "验证用户密码"的测试用例

参数 1	用户密码
参数类型	字符串
参数范围	字符串为 0~9 的阿拉伯数字组合,密码长度为 6 位

事件流 2:用户输入该银行卡的密码,ATM 与主界面进行密码传递,检验密码的正确性。如图 7.5 所示,执行验证用户密码用例场景。如果输入的密码正确,系统出现业务总界面。如果选择"取款"业务,则进入取款服务。

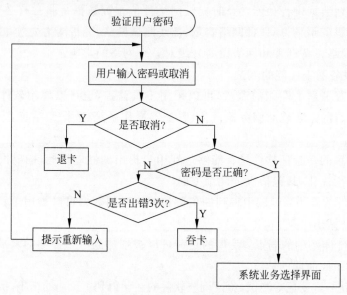

图 7.5 验证用户密码用例场景

事件流 3:系统进入系统业务选择界面,等待用户选择业务功能。假如用户选择"取款"业务,则系统进入取款功能。注意图 7.6 中的"⊕"表示互斥,代表用户每次只能进入一个业务功能。表 7.3 给出了业务功能选择测试。

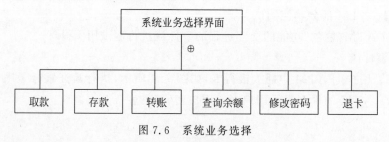

图 7.6 系统业务选择

表 7.3 "业务功能选择"测试用例

参数 1	单 击
参数类型	无
参数范围	用户可以选择"取款""存款""转账""查询余额""修改密码""退卡"项

事件流 4:系统提示用户输入取钱金额,提示信息为"请输入您的提款额度";用户输入取钱金额,系统校验金额正确,提示用户确认,提示信息为"您输入的金额是 xxx,请确认,谢

谢!",用户按下"确认"键,确认需要提取的金额(见表 7.4)。如图 7.7 所示,系统执行取款用例场景。

表 7.4 "取款金额"测试用例

参数 1	取 款 金 额
参数类型	整数
参数范围	50~1500 元 RMB,单笔取款额最高为 1500 元 RMB;每 24 小时之内,取款的最高限额是 4500 元 RMB

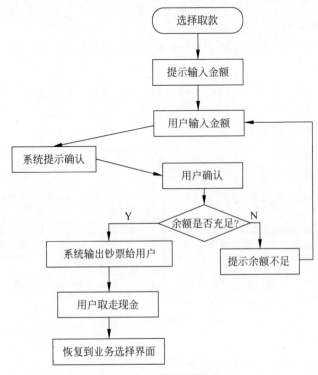

图 7.7 取款用例场景

事件流 5:系统同步银行主机,点钞票,输出给用户,并且减掉数据库中该用户账户中的存款金额。

事件流 6:用户提款,用户取走现金。ATM 恢复到业务选择界面。

事件流 7:用户选择"退卡",银行卡自动退出。如图 7.8 所示,系统执行退卡用例。用户取走银行卡。

2. 事件流分析

事件流 1:如果插入无效的银行卡,那么在 ATM 界面上提示用户"您使用的银行卡无效!",3 秒后,自动退出该银行卡。

事件流 2:如果用户输入的密码错误,则提示用户"您输入的密码无效,请重新输入";如果用户连续 3 次输入错误密码,ATM 吞卡,并且 ATM 提款机的界面恢复到初始状态。此时,其他提款人可以继续使用其他合法的银行卡在 ATM 上提取现金。用户输入错误的密码后,也可以按"退出"键,则银行卡自动退出。

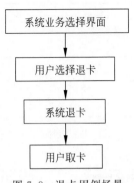

图 7.8 退卡用例场景

事件流 3:如果用户输入的单笔提款金额超过单笔提款上限,ATM 界面提示"您输入的金额错误,单笔提款上限金额是 1500 元,请重新输入";如果用户输入的单笔金额不是以 50 元为单位的,那么提示用户"您输入的提款金额错误,请输入以 50 元为单位的金额";如果用户在 24 小时内提取的金额大于 4500 元,则 ATM 提示用户"24 小时内只能提取 4500 元,请重新输入提款金额";如果用户输入正确的提款金额,ATM 提示用户确认后,用户取消提款,则 ATM 自动退出该银行卡;如果 ATM 中余额不足,则提示用户"抱歉,ATM 中余额不足",3 秒后,自动退出银行卡。

事件流 4:如果用户银行户头中的存款小于提金额,则提示用户"抱歉,您的存款余额不足!",3 秒后,自动退出银行卡。

事件流 5:如果用户没有取走现金,或者没有拔出银行卡,ATM 不做任何提示,直接恢复到界面的初始状态。

根据场景,得到 ATM 的基本路径:插入银行卡—提示输入密码—用户输入密码—提示输入金额—用户输入金额—提示确认—用户确认—输出钞票给用户,退卡—用户取走现金,取走银行卡—界面恢复初始状态。

3. 测试用例设计

下面分析测试数据,采用等价类划分和边界值法。

(1) 等价类划分,见表 7.5。

表 7.5   等价类划分

输入条件	有效等价类	无效等价类
银行卡	银行卡	非银行卡
密码	字符串由 0~9 的阿拉伯数字组合,密码长度为 6 位	长度不是 6 位的 0~9 的组合
金额	以 50 为单位,50~1500 元 RMB,单笔取款额最高为 1500 元 RMB;每 24 小时之内,取款的最高限额是 4500 元 RMB	非 50 的倍数,或大于 1500 元 RMB,24 小时内取款超过 4500 元 RMB
确认	TRUE	
取现金	TRUE、FALSE	
取银行卡	TRUE、FALSE	

(2) 边界值分析,见表 7.6。

表 7.6   边界值分析

输　　入	内　　点	上　　点	离　　点
密码	000001、999998	000000、999999	00000、1000000
金额	100 元、1350 元	50 元、1500 元	0 元、1550 元

(3) 得到的测试用例,部分见表 7.7~表 7.10。

表 7.7   第 1 组测试用例

测试用例编号	ATM_ST_FETCH_001
测试项目	银行 ATM 取款
测试标题	输入合法密码和金额,进行确认,并取走现金和银行卡
重要级别	高
预置条件	系统存在该用户

输入	金额为 100 元,密码为 000001
操作步骤	①插入银行卡;②输入密码 000001;③输入金额为 100 元;④确定金额;⑤取走现金;⑥取走银行卡。
预期输出	①提示输入密码;②提示输入金额;③提示确认;④输出钞票;⑤退出银行卡;⑥界面恢复初始状态

表 7.8　第 2 组测试用例

测试用例编号	ATM_ST_ FETCH _002
测试项目	银行 ATM 取款
测试标题	输入合法密码和金额,进行确认,不取走现金和银行卡
重要级别	中
预置条件	系统存在该用户
输入	金额为 1350 元,密码为 999998
操作步骤	①插入银行卡;②输入密码为 999998;③输入金额为 1350 元;④确定金额;⑤不取走现金;⑥不取走银行卡
预期输出	①提示输入密码;②提示输入金额;③提示确认;④输出钞票;⑤退出银行卡;⑥界面恢复初始状态

表 7.9　第 3 组测试用例

测试用例编号	ATM_ST_ FETCH _003
测试项目	银行 ATM 取款
测试标题	输入合法密码和金额,进行确认,并取走现金和银行卡
重要级别	中
预置条件	系统存在该用户
输入	金额为 50 元,密码为 000000
操作步骤	①插入银行卡;②输入密码为 000000;③输入金额为 50 元;④确定金额;⑤取走现金;⑥取走银行卡
预期输出	①提示输入密码;②提示输入金额;③提示确认;④输出钞票;⑤退出银行卡;⑥界面恢复初始状态

表 7.10　第 4 组测试用例

测试用例编号	ATM_ST_ FETCH _004
测试项目	银行 ATM 取款
测试标题	输入合法密码和金额,进行确认,并取走现金和银行卡
重要级别	中
预置条件	系统存在该用户
输入	金额为 1500 元,密码为 999999
操作步骤	①插入银行卡;②输入密码为 999999;③输入金额为 1500 元;④确定金额;⑤取走现金;⑥取走银行卡
预期输出	①提示输入密码;②提示输入金额;③提示确认;④输出钞票;⑤退出银行卡;⑥界面恢复初始状态

其他的测试用例请读者自行思考完成。

7.7 小 结

软件测试的目的是发现程序的错误,但是它并不能证明程序无错。软件中的错误情况非常复杂,主要分为语法错误、结构错误、功能错误和接口错误4种错误类型。

软件测试过程分为单元测试、集成测试、验收测试和确认测试4个过程。编码完成之后进行单元测试,常采用静态分析与动态测试,主要是发现软件中的语法错误、结构错误和功能错误。将模块组装成子系统和整个系统时进行集成测试和验收测试,主要是测试综合功能和接口。在软件安装之后进行验证和确认测试,主要是检查是否达到系统的所有要求。单元测试应该以结构测试为主,其余测试一般以功能测试为主。各个层次的测试都要事先有计划,事后有报告。软件测试分为白盒测试方法和黑盒测试方法。

在测试工作中,测试用例的设计是非常重要的,是测试执行的正确性、有效性的基础。如何有效地设计测试用例,一直是测试人员所关注的问题。设计好测试用例,也是保证测试工作的最关键的因素之一。软件测试用例设计的基本方法包括等价类方法、边界值分析法、路径覆盖方法等。

习 题

1. 软件测试的目的是什么? 举例说明关于软件测试的一些错误理解。
2. 简述软件测试的过程和每个过程的主要任务。
3. 简述集成测试的策略及其特点。
4. 基于黑盒测试方法和场景的策略设计出卷系统的测试用例。
5. 设计 POS 机系统处理销售的测试用例。
6. 编写一个"登录"功能模块,并分别根据黑盒测试和白盒测试方法给出测试用例。

第三部分
面向对象软件工程范型

本部分将介绍面向对象软件工程范型,主要内容包括面向对象分析、面向对象设计、面向对象实现和面向对象测试相关的技术与方法及案例。

本部分将回答以下问题:

- 什么是面向对象分析与设计?
- 面向对象分析模型有哪些?有什么特点?
- 面向对象设计采用哪些模型?有什么特点?
- 面向对象测试的基本步骤和技术有哪些?

第8章　面向对象分析

（1）理解模型对象分析的基本概念、模型和分析过程。

（2）理解面向对象分析的建模方法。

面向对象分析（Object-Oriented Analysis，OOA）最初是从面向对象程序设计语言发展起来的，随之逐步形成面向对象的分析和设计模型。面向对象技术自20世纪90年代提出以来得到了快速发展，并被应用于各种各样的软件开发。面向对象的思想体现在把数据和行为看成同等重要的地位，即将对象视作一个融合了数据及在其上操作的行为统一的软件组件。对象的概念符合业务或领域的客观实际，反映了实际存在的事物，也符合人们分析业务本质的习惯。

8.1　面向对象分析模型

视频讲解

面向对象技术将数据和数据上的操作封装在一起，对外封闭实现信息隐藏的目的。使用对象的用户只需要知道其暴露的方法，通过这些方法来完成各种各样的任务，完全不需要知道对象内部的细节，保证相对独立性。

和传统的结构化分析一样，面向对象分析也要建立各种各样的基于对象的模型。这些模型用于理解领域和业务问题。面向对象软件工程范型是为了解决结构化方法的不足而发展起来的。应用面向对象分析方法时，开发人员在需求阶段要建立面向对象模型，在设计阶段精化这些模型，在编码阶段依据这些模型使用面向对象编程语言构造最终的软件。

面向对象建模方法建立软件的逻辑模型、交互模型、实现模型和部署模型，分别从不同侧面描述了所要开发的软件特征。逻辑模型定义了软件要"做什么"的对象组成关系，即软件的结构。交互模型要明确规定在何种状态下，对象接受什么样的事件触发"做什么"，即软件中各个对象的行为。实现模型描述软件实现的组件构成和实现关系，即软件组件构造的依赖关系。部署模型描述复杂系统的物理组成、连接关系和部署等，即软件运行的物理节点和构建部署。逻辑模型、交互模型、实现模型和部署模型相辅相成，使得对软件需求分析和设计的描述更加直观、全面。其中，逻辑模型是最基本、最重要的模型，它为其他模型的构建奠定了基础，并与其他种模型进行集成。

8.1.1　逻辑模型

面向对象逻辑模型描述软件的逻辑构成，主要包括对象模型、类模型和包模型等。

1. 对象模型

对象模型表示静态的、结构化软件的"数据"性质。它是对模拟客观世界实体的对象,以及对象彼此间关系的映射,描述了软件的静态结构。对象模型为建立动态模型和功能模型提供了实质性的框架。对象模型把面向对象的概念与传统方法中常用的信息建模概念结合起来,从而改进和拓展了普通的信息模型,增强了模型的可理解性和表达能力。对象模型是一个类、对象、类和对象之间关系的定义集。对象模型还必须表示类/对象之间的关系。类/对象之间的关系一般可概括为关联、归纳(泛化)、组合(聚集)3种。

(1) 关联关系反映类/对象之间存在的某种联系,即与该关联连接的类的对象之间的语义连接,称为链接。通常,两类对象之间的二元关系根据参与关联的对象数目,可再细分为一对一($1:1$)、一对多($1:n$)、多对多($m:n$)3种基本类型。参与关联的对象数目称为重数(Multiplicity),可以用单个数字或数值区间表示,例如,"1""3..8""1..n"等。如果一个对象要完成自己的任务,需要另一个对象提供服务,这种对象相互依赖的关联称为依赖关系。依赖关系反映对象之间的处理依赖性。

(2) 归纳关系表示一般与特殊的关系,即一般是特殊的泛化,特殊是一般的特化,所以,归纳关系也称为泛化,或称为继承。它反映了一般类与若干增加了内涵的特殊类之间的分类关系。高层类(基类)说明一般性的属性,低层类(派生类)说明特殊属性。低层类是某个特殊的高层类,它继承了高层类中定义的属性和服务。对象模型描述了类与类之间如何通过共有属性和服务相互关联。

(3) 组合关系反映了对象的整体与部分之间的构成关系,即整体对象分成若干部分对象,或者说整体对象是由部分对象聚集起来的。所以,组合关系也称为聚集关系。

对象模型在需求分析中既可以用来表达软件的数据,也可以用来表达对数据的处理,可以看作数据流和语义数据模型的结合。此外,对象模型在证明软件实体如何分类和复用方面也非常有用。

2. 类模型

类模型是对象模型的静态表示。一个类模型可以对应许多对象模型,也就是说,类模型描述软件的逻辑组成,而对象模型是关于系统的一个功能或某一个时刻的对象关联关系,即类模型的实例。也就是说,类模型是静态的,而对象模型是类模型的动态反映。例如,在图书馆管理系统中,类模型中的"学生"类与"图书"类之间形成了"借书"的逻辑关系,"图书"类与"作者"类之间形成"编著"的逻辑关系,但在一次具体的借书关系中就是一个对象模型,即"张三"同学从图书馆借了一本由"王四"编著的"软件工程"的图书。

3. 包模型

包模型是将某些关系比较密切的类封装成一个包,包之间建立依赖关系,并组成层的概念,从而形成软件的逻辑架构。随着软件分析的不断深入,类不断地增加,快速膨胀,会导致分析人员顾此失彼,因此需要对这些类进行组织,将关系密切的类放在一起进行封装,形成一个包,并建立包之间的调用关系,从而简化问题的分析。

例如,在图书馆管理系统中,既有用户交互的界面类,如借书界面类、还书界面类、续借界面类、预约图书界面类,又有处理借书、还书、续借、预约等功能的控制类或实体类,以及保存图书信息、借还图书记录的类等。可以按照界面层、业务层和存储层来对这些类进行横向封装处理,建立界面层依赖业务层,业务层依赖存储层的调用关系。同时对于功能复杂的软件,也可以按照软件子系统进行纵向分割,从而形成各种包,如按照借书子系统、还书子系统、续借子系统、预约子系统、图书管理子系统等进行纵向分割,形成各种功能和关系的包。

8.1.2　交互模型

建立对象模型之后,需要考查对象的动态行为。交互模型表示瞬间的、行为化的软件"控制"性质,它规定了对象模型中对象的合法变化序列。所有对象都有自己的运行周期。运行周期由许多阶段组成,每个特定阶段都有适合该对象的一组运行规则,规范该对象的行为。对象运行周期中的阶段就是对象的状态,状态是对对象属性的一种抽象。当然,在定义状态时应该忽略那些不影响对象行为的属性。对象之间相互触发/作用的行为,引起了一系列的状态变化。

事件是某个特定时刻所发生的一个软件行为,它是对引起对象从一种状态转换到另一个状态的现实世界事件的抽象。所以,事件是引起对象状态转换的控制信息。事件没有持续时间,是瞬间完成的。对象对事件的响应取决于接收该触发的对象当时所处的状态,其响应包括改变自己的状态,或者是形成一个新的触发行为。

交互模型描绘了对象的状态,触发状态转换的事件,以及对象行为(对事件的响应)。也可以说,基于事件共享而互相关联的一组状态集合构成了软件的交互模型。

8.1.3　实现模型

实现模型描绘软件实现的构件组成和构件依赖关系。实现模型可以用构件模型表示,每个构件实现了软件的一个或多个功能,其依赖一组实现它的源代码文件或库函数,甚至是第三方提供的具有访问接口的组件等。

实现模型往往要考虑具体的实现环境,如通信协议和规则、软件组件物理分布、并发处理关系及要求、实现语言和外部数据库等。

8.1.4　部署模型

部署模型是对系统硬件结构的抽象描述,对系统物理节点(计算机或设备)、节点间的连接关系(网络连接类型、协议和带宽等)和构件部署在哪些节点上(代码分配与部署等)进行建模。

8.2　面向对象建模语言

视频讲解

使用面向对象软件工程范型,最大的困难莫过于定义对象的抽象类和建立系统的模型对象模型。而且由于面向对象范型各阶段之间的过渡是无缝的,对象的抽象类和模型对象模型最好使用相同的符号描述。为此,人们设计了一种统一描述面向对象模型的符号系统,即统一建模语言(Unified Modeling Language,UML)。UML 实现了不同的面向对象建模工具的统一,目前已成为国际可视化建模语言的工业标准。

20 世纪 90 年代,各种面向对象的建模方法被提出。其中,著名软件工程学家 Grady Booch、Jim Rumbaugh 和 Ivar Jacobson 分别提出了各具特色且重要的方法,并得到软件工程界广泛地关注和接受。这些方法具有很多共同点。

(1) Booch 方法包含微开发过程和宏开发过程两个过程级别。微开发过程定义了一组在宏开发过程中每一个反复应用的分析任务,因此演进途径得以维持。其过程包括标识类和对象、标识类和对象的语义及它们间的关系,以及对它们进行细化的内容等。

面向对象分析

（2）Rumbaugh 方法创建了 3 种模型,即对象模型(对象、类、层次和关系的表示)、动态模型(对象和系统行为的表示)和功能模型(高层类似的 DFD 的软件信息流的表示)。

（3）Jacobson 方法是带有 Objectory 方法的一个简化版本。该方法与其他方法的不同点是特别强调使用实例(用例)描述用户和产品或系统间交互的场景。关于用例分析方法详见 4.6 节中的介绍。

8.2.1 UML 的组成

UML 是一种基于面向对象模型的可视化建模语言。UML 用丰富的图形符号隐含表示了模型元素的语法,而用这些图形符号组成元模型表达语义、组成模型描述软件结构(静态特征)以及行为(动态特征)等。

1. UML 的模型元素

UML 定义了两类模型元素的图形表示。一类模型元素用于表示模型中的某个概念,如类、对象、用例、节点、构件、包、接口等;另一类模型元素用于表示模型元素之间相互连接的关系,主要有关联、泛化(表示一般与特殊的关系)、依赖、聚集(表示整体与部分的关系)等。图 8.1 给出了部分 UML 定义的模型元素图形表示。

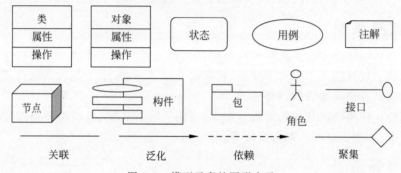

图 8.1 模型元素的图形表示

2. UML 模型结构

根据 UML 语义,UML 模型结构可分为 4 个抽象层次,即元元模型、元模型、模型和用户模型。它们的层次结构如图 8.2 所示,下一层是上一层的基础,上一层是下一层的实例。

元元模型层定义了描述元模型的语言,它是任何模型的基础。UML 元元模型定义了元类、元属性、元操作等一些概念。例如,"事物"概念可代表任何定义的东西,是一个"元类"的元元模型描述。

元模型层定义了描述模型的语言,它组成 UML 模型的基本元素,包括面向对象模型的概念,如类、属性、操作、构件等。元模型是元元模型的一个实例。例如,图 8.3 是一个元模型的示例,其中类、对象、关联等都是元元模型中事物概念的实例。

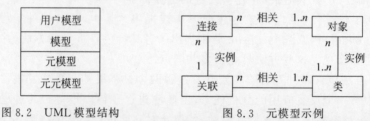

图 8.2 UML 模型结构   图 8.3 元模型示例

模型定义了描述信息领域的语言,它包括了 UML 基本模型的通用框架。用户模型是通用模型框架的实例,用于表达一个模型的特定情况或应用问题。

8.2.2　UML 的视图

UML 主要是用来描述模型的。它从不同视角进行软件建模,形成不同的视图。每个视图是软件完整描述中的一个抽象,代表该软件一个特定的方面。每个视图又由一组图构成,图包含了强调软件某一方面的信息。UML 提供了静态图和动态图两大类图。

静态图包括用例图、类图、对象图、构件图、部署图和包图。用例图用于描述软件的功能;类图用于描述软件的静态结构,即软件的基本组成结构;对象图用于描述软件某个时刻具体的静态结构,相对类图来说,它是一种随时间变化的类图;构件图用于描述实现软件的各种构成元素调用关系和编译关系;部署图用于描述系统运行环境中涉及的元素的配置及关系;包图用于描述上述各种图的组合关系,也属于静态图。

动态图包括状态图、时序图、协作图和活动图。状态图用于描述软件元素的状态变化;时序图用于按时间顺序描述软件元素之间的交互;协作图用于按时间和空间的顺序描述软件元素之间的交互和关系;活动图用于描述这些软件元素的活动及其执行顺序。

UML 提供了用例视图、逻辑视图、交互视图、实现视图和部署视图 5 种视图,用于从不同的角度描述问题。用例视图从用户角度描述软件功能需求和工作流程,其使用用例图和活动图分别来描述软件的基本功能组成和每个功能的处理过程。逻辑视图主要使用类图、对象图和包图描述软件的组成结构,即描述软件包括的类及其关系。交互视图展示软件动态行为及其并发性,用状态图、时序图、协作图、活动图描述,即描述实例化的对象为实现给定功能时的动态协作关系。实现视图展示软件实现的结构和行为特征,用构件图描述。部署视图展示软件的实现环境和构件是如何在物理结构中部署的,用部署图描述。

综上所述,UML 包含了表达面向对象建模所涉及的用例模型、类/对象模型、交互模型、实现模型和部署模型等不同软件模型的图形符号描述。它所提供的一批基本的、表示模型元素的图形符号和语义及表示方法,能简洁明确地表达面向对象建模的主要概念和建立软件模型。UML 提供了标准化定义、可视化描述、可扩展性机制等,适用于构建不同类型的软件模型,并显示了其强大的生命力。

UML 作为面向对象建模技术最重要的一种建模语言工具,特别能从不同的视角进行软件建模。所以,UML 适用于各种复杂类型的软件,乃至系统各个层次的建模,而且适用于软件开发过程的不同阶段。

8.3　面向对象分析过程

面向对象分析与设计是一个动态迭代的过程,首先通过用例模型抽取软件的功能,然后根据业务功能和领域概念得到软件所涉及的概念,进而得到类和对象,并构建对象模型和类模型,最后基于软件的行为分析类或对象的交互行为,得到类或对象的行为和事件,并构建软件的交互模型。

构建软件的这些模型并不是一蹴而就的,而是反复迭代的过程。初始阶段先构造一个初步的对象模型和类模型,再回追到用例模型分析,检查这些对象能否实现软件的功能需求。根据存在的问题或变化的需求,进一步完善对象模型,并逐步过渡到面向对象设计阶段。在设计阶段进一步精化这些类模型,根据软件的交互行为,添加对象的方法和属性,并追踪回分析阶段,检查设计问题,进一步完善设计。

面向对象分析阶段的主要任务是获取用户的需求,并构建软件初步的逻辑模型。逻辑模型构建首先从领域分析开始。

1. 领域建模

领域分析的目的是建立软件的概念模型。根据用例模型的场景分析和领域概念,分析工程师抽取出一些可以作为软件建模的对象,分析它们的关系,建立领域对象模型和类模型。领域模型是对领域内的概念类或现实世界中对象的可视化表示。领域模型也称为概念模型、领域对象模型和分析对象模型,它阐述了领域中的重要概念。领域模型可以作为设计某些软件对象的灵感来源。为了进行领域分析,需要阅读规格说明和用例,了解软件要处理的概念,或者组织用户和领域专家进行讨论,确定所有必须处理的概念及概念之间的关系。通过应用领域商用模型分析,给出领域类的基本关系和类中的部分方法和数据。

领域类描述只是一个"草图"状态,定义的属性和操作不是最后的版本,只是在"当前"看来这些属性和操作是比较合适的。某些领域类的状态还需要用状态图进一步分析。

在 UML 中,包模型是一个封装结构,它不直接反映软件中的实体,而是某一指定功能域或技术域的处理。由于包模型能清晰地说明设计是如何由一组逻辑上相关联的对象构成的,所以它是一种最有效的静态模型。

包模型的描述工具是包图。包图由包和包间的联系组成。一般地,简单描述包可直接在大矩形中给出包的名称。如果包中还包含了其他子包,则在小矩形中给出包的名称,而大矩形中给出所包含的子包。包间的关系可以用直线,或者带箭头的直线表示。

定义用户交互的"外观和感觉"这一项特殊活动是在分析阶段开始的,是与其他活动分开而同步进行的。到了设计阶段,对不同组件之间的接口描述是设计过程的一个重要部分。设计者需要详细给出接口描述,以便该组件和其他组件对象并行设计。接口设计中应该避免涉及接口的具体表示。正确的方式是将具体的接口实现方法隐藏起来,只提供对象操作来访问对象和修改数据,这样设计将具有非常好的可维护性。

2. 面向对象分析过程

面向对象分析过程主要包括如下步骤。

(1) 抽取领域对象。根据所面对的业务和行业,以及场景描述,分析工程师可以抽取软件所涉及的概念、名词或事物等,这些都可以作为候选的对象或类。然后,对这些对象或类进一步分析,确定软件需要的最终类或对象。

(2) 构建领域模型。当获得了软件的对象或类以后,分析工程师进一步根据软件的交互行为分析这些对象或类之间的关系,进而构建领域模型。

(3) 构建初步的交互模型。一旦建立了领域模型,那么这些对象的交互能够完成软件的业务功能。根据软件的交互行为,分析工程师使用这些对象建立软件的交互行为模型,并检验是否能够完成软件的功能。

8.4 业务建模

业务分析是抽取一个行业或业务的基本概念或术语,用于理解行业或业务的知识和行为。业务建模能捕获语境中最重要的对象,业务对象代表软件工作的环境中存在的事情或发生的事件。业务建模有 3 种典型的业务模型所涉及的术语。

(1)业务对象,表示业务中可操作的东西,如订单、账户和合同等。

(2)软件需要处理的现实世界中的对象和概念,如导弹、轮船等。

(3)将要发生或已经发生的事件,如飞机起飞或午餐休息等。

UML 类图描述了业务模型。业务模型通常是在讨论会上由业务分析人员完成的,并用 UML 把结果文档化。业务建模的目的是理解和描述在业务中最重要的类,由分析人员为该业务选取候选类作为术语表保存起来,便于用户和开发人员使用统一词汇和理解问题。

8.4.1 识别业务类和领域类

业务模型实际上是更为完整的领域模型的一个特例,因此,建立业务模型是建立领域模型的更为有效的替代方法。业务模型是理解一个软件中业务过程的技术。有两种类型的 UML 模型支持业务建模:用例模型和对象模型。用例模型是分别从与业务过程和客户对应的业务用例和业务参与者的角度来描述公司的业务过程,并用 UML 用例图、活动图和泳道图,以及文本描述完成。

通过对软件开发的用例或处理叙述进行"语法分析",可以开始类的识别,带有下画线的每个名词或名称词组可以确定为类,并将这些名词输入一个简单的表中,同义词应被标识出。分析类以如下方式之一表达。

(1)外部实体:使用基于计算机软件的信息。

(2)事物:问题信息域的一部分。

(3)发生或事件:在软件操作环境内发生。

(4)角色:由和软件交互的人员扮演。

(5)组织单元:和某个应用相关。

(6)场地:建立问题的环境和软件的整体功能。

(7)结构:定义了对象的类或与对象相关的类。

根据问题描述和用例描述得到潜在的分析类。分析类侧重于处理功能性需求,很少根据操作及其特征标记来定义或提供接口,而是通过较高的、非形式化层次的职责类定义某行为。分析类一般分为边界类、控制类和实体类 3 种类型。

1. 边界类

边界类用于建立软件与其参与者之间交互的模型,经常代表对窗口、窗体、窗幕、通信接口、打印机接口、传感器、终端以及 API 等对象的抽象。每个边界类至少应该与一个参与者有关,反之亦然。例如,收银员与"处理销售用户界面"的边界类交互以支持输入商品和处理支付等交互,如图 8.4 所示,收银员通过处理销售用户界面类交互输入商品,产生一个销售类。

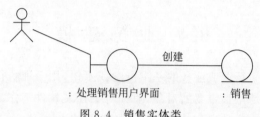

图 8.4　销售实体类

2. 实体类

实体类用于对长效持久的信息建模。大多数情况下,实体类是直接从业务对象模型中相应的业务实体类得到的。实体对象不一定是被动的,有时可能具有与它所表示的信息有关的复杂行为,能够将变化与它们所表示的信息隔开。实体类经常表示为一种逻辑数据结构,有助于理解系统所依赖的信息。例如,销售实体类就是保存完成的一次销售,如图 8.4所示。

3. 控制类

控制类代表协调、排序、事务处理以及其他对象的控制,经常用于封装与某个具体用例有关的控制。控制类还可以用来表示复杂的派生与演算,如业务逻辑。系统的动态特性由控制类来建模,因为控制类处理和协调主要的动作和控制流,并将任务委派给其他对象。

控制类如同设计模型中的控制器类,其是 UI 层之上的第一个对象,主要负责接收和处理系统操作消息。通常,对于同一用例场景的所有系统事件可使用同一个控制器类。

把职务分配给能代表以下选择之一的类。

(1) 代表整个"系统""根对象"、运行软件的设备或主要子系统,这些是外观控制器的所有变体。

(2) 代表用例场景,在该场景中发生的系统事件,通常命名为 UsecaseName＋Handler、UsecaseName＋Coordinator 或 UsecaseName＋Session。

对于同一用例场景的所有系统事件使用相同的控制器类。

例如,POS 机系统中用若干操作,首先经过控制类将系统请求和输入信息转发给其关联的实体类进行处理。在 POS 领域内,ProcessSaleHandler 是运行软件的特定装置,如图 8.5 所示。

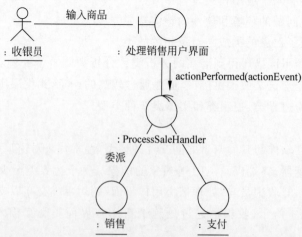

图 8.5　POS 机中的控制类

8.4.2 构建业务类图

类图用于描述软件的逻辑组成。一个系统逻辑上由一组类组成,这些类在系统运行时实例化成对象,这些对象通过协作完成系统的功能。类图由类、关联关系和重数组成。图 8.6 是一个与处理销售相关的类的类图。

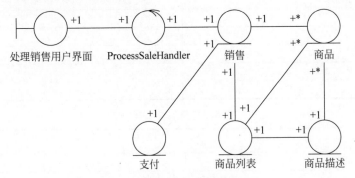

图 8.6 POS 机处理销售的类图

两个分析类以某种方式相互联系,这些联系被称为关联。例如,销售类要完成一次销售,必须与商品类、商品列表类、支付类等类相关联。关联可进一步指出多样性,也称为重数。例如,一个销售类与一个商品列表关联,而商品列表类与一组商品类关联。

8.4.3 识别属性和操作

在分析阶段,属性的识别比较不易。属性描述类的性质可以通过分析该类存在的一些信息类构建。例如,一个销售类一般会有销售的时间、编号、会员号、商品清单、总价等属性。操作定义了某个对象的行为,可以分为以下 4 种类型。

(1) 以某种方式操纵数据,如添加、删除、选择、更新等。

(2) 执行计算的操纵,如销售中的计算总价。

(3) 请求某个对象状态的操作。

(4) 监视某个对象发生某个控制事件的操作。

操作的构造需要使用交互图和场景描述等手段多次反复分析才能获取。使用语法分析方法从场景描述中分离出动词可作为候选的操作名称。推荐的一个方法是使用 CRC (Class-Responsibility-Collaborator,类—职责—协作者)建模技术。

CRC 建模提供识别和组织与软件相关的类。一旦软件的基本使用场景(用例)确定后,则要标识候选类,指明它们的职责和协作,即类-职责-协作者建模。职责是与类相关的属性和操作,即职责是类知道要做的事情。协作者是为某类提供完成职责所需的信息的类,即协作类。通常,协作类蕴含着对信息的请求,或对某种动作的请求。CRC 建模方法提供了一种简单标识和组织与系统或软件需求相关的类的手段。CRC 模型是一组表示类标准的索引卡。

CRC 卡是软件开发中的一个非常有用的技术。CRC 卡的内容分成三个部分:类的名字、类的职责、协作类。创建 CRC 卡,首先标识出类和它们的职责,然后分析其协作类。一个有用的实现技术就是角色扮演技术,即从一个使用实例中取一个典型的脚本,分析类的对象如何交互完成任务,解析出该类的职责和协作类。如果发现有一些任务不属于哪个类负

面向对象分析

责,这意味着设计是有缺陷的,这就需要创建一个新类,改变存在类和新类的职责和协作类。POS 机系统中一些用 CRC 卡表示的例子,如表 8.1～表 8.4 所示。

表 8.1 销售类 CRC 卡

Class：销售类	
说明：完成一次销售	
职责	**协作类**
创建商品	商品类
计算总价	商品列表类
创建支付	支付类
计算找零	无

表 8.2 商品类 CRC 卡

Class：商品类	
说明：所购买的商品	
职责	**协作者**
实例化	无

表 8.3 商品列表 CRC 卡

Class：商品类表类	
说明：存放所购商品项	
职责：	**协作者：**
计算小计	商品描述类
添加商品	商品类
删除商品	商品类

表 8.4 商品描述类 CRC 卡

Class：商品描述类	
说明：描述商品信息	
职责：	**协作者：**
获取描述	无
获取价格	无

8.4.4 构建协作图

用例实现分析是分析模型内部的一种协作,主要描述了如何根据分析类及其交互的分析对象来实现和执行一个具体的用例。用例实现包括事件流的文本描述、反映参与者用例实现的分析的类图以及按照分析对象的交互作用描述特定流实现或用例脚本的交互图。交互图包括顺序图和协作图。顺序图侧重于描述消息序列的时序关系,而协作图侧重于描述消息的组成关系。

用例实现侧重于功能性需求。当参与者向软件发送某种形式的消息而激活用例时,开始执行该用例中的动作序列。边界类对象将接收来自参与者的消息。然后边界对象向其他对象发送一个消息,并使有关对象与之交互从而实现该用例。在分析阶段,通常使用协作图类描述用例的实现。因为分析员主要关注的是确定需求和对象的职责,而不是确定详细的时序关系。

　　协作图又称为通信图,是以图方式描述对象交互,其中对象可以置于图中任何位置。在使用协作图时,通过在对象之间建立连接并在其上附加信息来表明对象间的交互,消息名称反映了在与被引用对象交互时引用对象的意图。不同的对象有不同的生命周期,例如一个边界对象无须专用于一个用例实现,一个实体对象通常并不专用于一个用例实现,控制对象通常对与具体用例有关的控制进行封装。除协作图之外,需要补充一些解释性的文本对协作图进行描述,称为事件-分析流。

　　图 8.7 所示为 POS 机"处理销售"功能的协作图。处理销售协作流的事件-分析流和描述如下:收银员通过处理销售商品界面发起一次销售,控制类创建一个销售类,收银员逐个输入商品,销售类创建商品,并放入销售列表中。控制类要求计算商品总价,收银员请求顾客付款,控制类委派销售类创建一个支付。

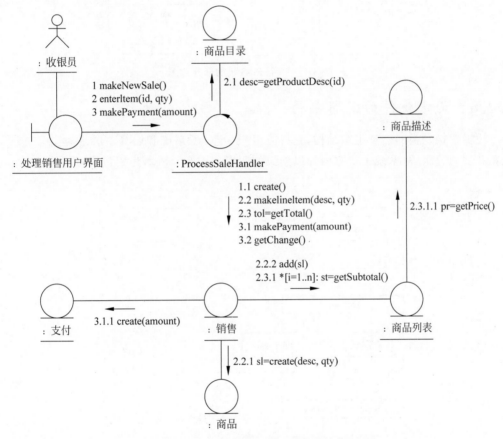

图 8.7　POS 机"处理销售"功能的协作图

8.4.5　构建包图

　　在分析阶段,包图由分析包组成。分析包描述了一种可以对分析模型的制品进行组织的方式,它可以包括分析类、用例实现及其他分析。分析包应有强内聚性与低耦合性,可以表示对分析内容的分割。对于大型软件系统,将软件分解成分析包便于具有不同领域知识的开发人员并行开发。分析包基于功能性需求与问题领域来创建,并能被具有该领域知识

面向对象分析

的人所理解。分析包可能成为设计模型中的子系统,或者子系统中的分布。分析包可以用包图表示。包图是基本静态图的组合,属于静态图。

包图通常用于描述软件的逻辑架构——层、子系统、包等。层可以建模为包,例如,UI层可以建模为名为 UI 层的包。包图分层组织元素的方式,也可以嵌套。包是比 Java 包或 .Net 命名空间更为通用的概念,可以表示更为广泛的事物。包用一大一小两个矩形组合而成。如果内部显示了其成员,则包名称标在上面的小矩形内,否则,可以标在包内。包代表命名空间,假如 Date 定义在两个包中,可以用全限定的名称来区分它们。如 Java::Util::Date 表示 Java 的包嵌套名为 Util 的包,后者包含 Date 类。图 8.8 所示为一个 POS 机的部分包图。

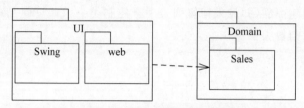

图 8.8　一个 POS 机的部分包图

8.4.6　构建软件的逻辑架构

逻辑架构是类的宏观组织结构,它将类组织为包、子系统和层等。层是对类、包或子系统粗粒度的分组,对系统主要方面加以内聚的职责。图 8.9 所示为用包图表示的层。

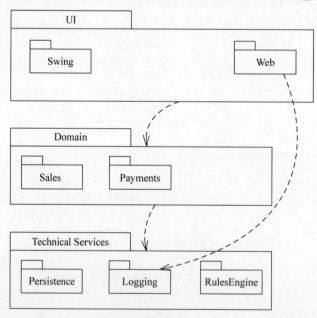

图 8.9　用包图表示的层

图 8.9 中有 UI 层、Domain 层和 Technical Services 层 3 层。UI 层主要处理与用户交互的类。Domain 层包含了处理业务的主要类和包。Technical Service 层主要处理一些低层的服务,如持久性服务、定价规则和日志服务等。

MVC模式常用于人机交互软件的开发,其优点就是用户界面易于改变。MVC模式采用将模型(Model)、视图(View)和控制器(Controller)相分离的思想。模型是软件的业务处理逻辑和核心数据,关注系统内部业务处理,独立于特定的输出标识和输入行为。视图用来向用户显示信息,它获得模型的数据或结构,决定模型以什么样的方式显示给用户。同一个模型可以对应于多个视图,这样对于视图而言,模型就是可复用的代码。当模型的状态发生改变时可以通知对应的视图进行更新。控制器起到模型与视图的连接作用,其将视图的请求或数据传送给模型进行处理,并接收模型的状态改变,引发视图进行更新。由于控制器的存在,使得视图和模型不需要直接进行交互,减少它们之间的耦合,便于软件的设计与开发。同时,模型和视图的分离,允许视图可以任意改变,以适应不同的运行环境。图8.10所示为MVC模式的组成结构和应用方式。

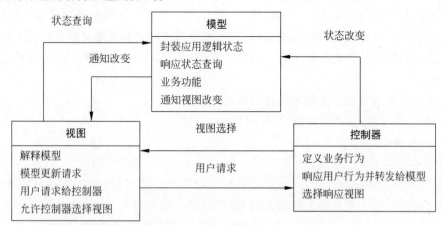

图 8.10　MVC 模式的组成结构与应用方式

例如,Struct 就是基于 MVC 模式的 Web 应用框架,它可以使人们不必从头开始开发全部组件,对于大项目更是有利。Struct 是 Apache Software Foundation(Apache 软件基金会,ASF)支持 Jakarta 项目的一部分。Struct 基于标准的 Java Bean、Servlets 和 JSP 技术,在开发过程中可使用这些标准组件,提高程序开发的方便性和易维护性。由于 Struct 解决了 Web 应用程序框架问题,程序员可以关注那些和应用特定功能相关的方面。Struct 控制层是一个可编程的组件,程序员可以通过它们来定义自己的应用程序如何与用户打交道,这些组件可以通过逻辑名字隐藏细节,使用配置文件 struct-config. xml 可以灵活地组装这些组件,简化开发工作。

8.5　软件的交互行为分析

视频讲解

行为模型显示了软件如何对外部事件或激励做出响应。要生成行为模型,分析师必须按如下步骤进行。

(1) 评估所有的用例,以使得完成理解软件内的交互序列。

(2) 识别驱动交互序列的事件,并理解这些事件如何和具体的类相互关联。

(3) 为每个用例生产序列。

(4) 创建软件的状态图。

面向对象分析

（5）评估行为模型以验证准确性和一致性。

8.5.1 建立软件顺序图

软件顺序图（Software Sequence Diagram，SSD）是为了阐述与讨论软件相关的输入和输出事件而快速、简单创建的制品。它们是操作契约和重要对象设计的输入。用例文本及其所示软件的系统事件是创建 SSD 的输入。SSD 也是一种顺序图，其侧重于将软件看作整体来刻画软件的输入和输出。SSD 展示了直接与软件交互的外部参与者、软件以及由参与者发起软件的系统事件。SSD 可以用顺序图的形式表示，用以阐述外部参与者到软件的系统事件。

软件的系统事件就是将软件视为黑盒，参与者为完成功能而向软件发出的事件。在用例交互中，参与者对软件发起软件系统事件，通常需要某些认可操作对这些事件加以处理。例如，当收银员输入商品 ID 时，收银员请求 POS 机系统记录对该商品的销售，即 enterItem 事件，该事件引发了软件之上的操作。用例文本暗示了 enterItem 事件，而 SSD 将其变得具体和明确。

基本上，软件要对以下 3 种事件进行响应。

（1）来自参与者（人或计算机）的外部事件。

（2）时间事件。

（3）错误或异常（通常源于外部）。

在对软件进行详细设计之前，最好将其行为作为"黑盒"来调查和定义。软件行为描述的是软件做什么，而无须解释如何做。例如，处理销售用例场景，其中给出了收银员发出的 makeNewSale、enterItem、makePayment 系统事件。这些事件是通过阅读用例文本而总结出来的。图 8.11 所示为处理销售用例场景的软件的系统事件。

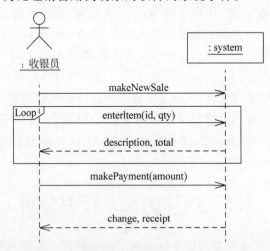

图 8.11　处理销售用例场景的软件的系统事件

SSD 是从处理销售用例文本描述中产生的。图 8.11 中，makeNewSale 为创建一次新销售的操作，enterItem(id，quantity)为输入商品的操作，makePayment 为支付的操作。虚线为返回结果，如每次输入商品都返回商品描述和总价，最后要返回找零和打印票据。

SSD 是用例模型的一部分,将场景隐含的交互可视化。大部分 SSD 在细化阶段创造有利于识别系统事件的细节和编写系统操作契约。

8.5.2 建立操作契约

操作契约用于详细和精确描述领域模型中的对象的变化,并作为软件的系统操作的结果。操作契约的主要输入是 SSD 中确定软件的系统操作、领域模型和领域专家的见解。

操作契约包括操作、交叉引用、前置条件和后置条件 4 部分。操作是指软件操作的名称和参数。交叉引用是指会发生此操作的用例。前置条件是指执行操作之前对系统领域模型对象状态的假设。后置条件是指完成操作后,领域模型对象的状态。后置条件描述了领域模型内对象状态的变化。领域模型状态变化包括创建用例、形成或消除关联以及改变属性。后置条件不关注操作过程中执行的活动,而是关注领域模型对象的执行结果。后置条件分为以下 3 种模型。

(1) 创建或删除实例。

(2) 属性值的变化。

(3) 形成或消除关联。

操作契约是需求分析的重要工具,能够详细描述软件的系统操作的需求变化,而无须描述这些操作是如何完成的。

【例 8.1】 POS 机系统中"处理销售"用例的系统操作。

(1) makeNewSale()操作。

操作名称:makeNewSale()。

交叉引用:处理销售。

前置条件:无。

后置条件:创建了 Sale 的实例 S(创建实例);S 被关联到 ProcessSaleHandler(形成关联);S 的属性被初始化(修改属性)。

(2) enterItem()操作。

操作名称:enterItem(id,quantity)。

交叉引用:处理销售用例。

前置条件:正在进行的销售。

后置条件:创建了 SaleLineItem 的实例(创建关联);SaleLineItem 与当前 Sale 关联(形成关联);SaleLineItem. quantity 赋值为 quantity(修改属性);基于 id 匹配,将 SaleLineItem 关联到 ProductDescription(形成关联)。

(3) makePayment()操作。

操作名称:makePayment (amount)。

交叉引用:处理销售。

前置条件:正在进行的销售。

后置条件:创建了 Payment 的实例 p(创建实例);p. amountTendered 被赋值为 amount(修改属性);p. 被关联到当前的 Sale(形成关联);当前的 Sale 被关联到 Store(形成关联)。

8.5.3 建立顺序图

顺序图可以描述事件引发从一个对象到另一个对象的转移过程。一旦通过用例确认的事件,就可以建立顺序图。事实上,顺序图展示了导致行为从一个类流动到另一个类的关键类和事件。顺序图和协作图的作用相同,都属于交互图,但顺序图强调事件的时间关系。顺序图以一种栅栏的形式描述对象之间的交互。顺序图的主要元素如下。

(1) 对象:参与交互的类的实例,对象之间可以发送事件和接收事件。在分析模型中可以用类的类型表示。

(2) 参与者:描述本次交互的发起者,即用例的驱动者。用小人形状表示。

(3) 生命线:表示一个类的实例,用虚线表示。

(4) 消息:表示对象间的每个事件,用带箭头的实线表示。生命线自上向下表示时间顺序。

(5) 执行规格条:表示控制焦点的控制期,也称为激活条。

(6) 消息标签:指明消息的名称。消息可以有两种返回结果的方式:一种使用消息语法 return var=message(parameter);另一种在执行规格条末端使用应答消息线(带箭头虚线),常用于表示构造函数消息和析构函数消息。

图 8.12 所示为 POS 机系统中处理支付用例的顺序图。

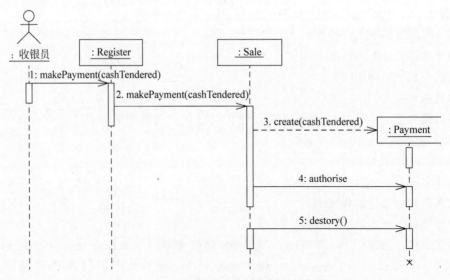

图 8.12　POS 机处理支付用例的顺序图

图 8.12 中,创建实例 create 的消息可以用虚线表示,且与实例对象相连,表示 Payment 由 Sale 实时创建,而不是一开始就创建。当然,当 Payment 对象完成支付后不再需要并要及时销毁,以释放内存。

由于 Java 提供垃圾自动回收机制,可以不用这些消息,但 C++等没有垃圾自动回收机制,就要显式地表示对象的销毁。对象销毁可用消息箭头的末端画一个"X"来表示。

对于顺序图中有条件和循环的构造,UML 使用图框来描述区域或线段,并在图框中添加操作符或标签和条件子句。图 8.13 所示为 POS 机系统中处理销售中的顺序图。

图 8.13 中,矩形框就代表图框。图框操作符包括以下几种。

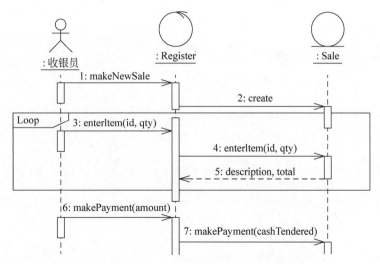

图 8.13　POS 机处理销售中的顺序图

（1）alt：选择性片断。

（2）loop：条件为真的循环片段。

（3）opt：可选片段。

（4）par：并行执行片段。

（5）region：只能执行一个线段的临界片段。

8.5.4　建立系统状态图

在行为建模的场合下，必须考虑两种不同的状态描述。

（1）系统执行其功能时每个类的状态。

（2）系统执行其功能时从外部观察到的系统状态。

类状态有被动和主动两种特征，被动状态较简单，是某个对象所有属性的当前状态；主动状态表示的是对象进行持续变换和处理时的当前状态。

状态图描述系统的动态行为。状态图描述了某个对象的状态和感兴趣的事件以及对象响应该事件的行为。状态图的元素有以下几个。

（1）状态：指对象在事件发生之间某时刻所处的情形，用圆角矩形表示。

（2）转移：指两个状态之间的关系，它表明当某事件发生时，对象从先前状态转换到后来的状态，用带有标记事件的箭头表示。

（3）事件：某个事情的发生。

（4）初始状态：当实例创建时，对象所处的状态。

图 8.14 给出了 POS 机的一个简单的状态图。

【例 8.2】　POS 机系统的面向对象分析。

POS 机系统的主要业务功能是完成销售功能和支付功能，同时也能够处理退货。POS机的使用者主要有收银员和经理。收银员使用 POS 机完成销售功能和支付功能，而经理则可以处理退货和一些超控操作，如改动价格、重启恢复销售等。

1. 构建用例图

根据问题描述，这里给出了 POS 机系统的基本用例图，如图 8.15 所示。用例描述请读

面向对象分析

者给出。

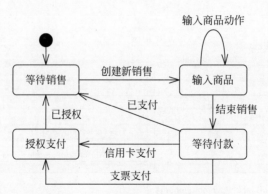

图 8.14　POS 机的一个简单的状态图

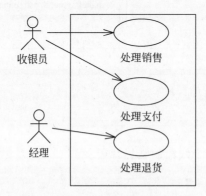

图 8.15　POS 机系统的基本用例图

2. 类图

POS 机系统的初始类图如图 8.16 所示。

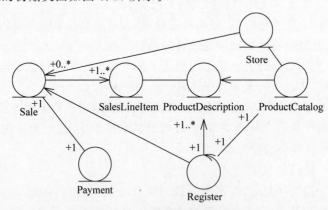

图 8.16　POS 机系统的初始类图

　　由于 POS 机系统的功能较少，所以只需要一个 Register 控制类。图 8.16 中的核心类有 Sale 类、Payment 类和 SalesLineItem 类。Sale 类记录一次销售信息，Payment 类记录本次销售的付款信息，SalesLineItem 类是本次销售所包含的商品。

3. 构建顺序图

（1）创建一次新的销售。创建一次新的销售的顺序图如图 8.17 所示。

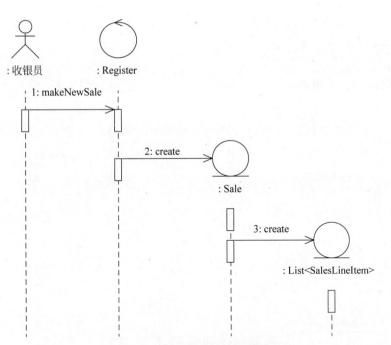

图 8.17　创建一次新的销售的顺序图

图 8.17 中，Register 是一个控制对象，负责创建 Sale 对象，并与之关联。Sale 对象主要创建一个空集合（如 list 表）来记录所有将要添加的 SalesLineItem 实例。

（2）添加商品项。添加商品项的顺序图如图 8.18 所示。

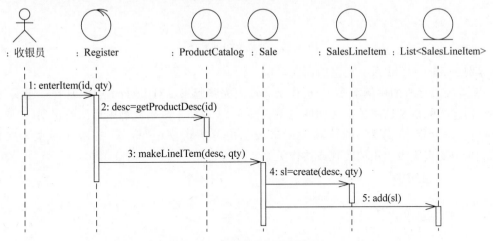

图 8.18　添加商品项的顺序图

图 8.18 中，收银员输入或扫描商品及其数量，Register 对象获取商品描述，并请求 Sale 对象创建该商品实例，并放入本次销售记录中。

（3）计算总价。计算总价的顺序图如图 8.19 所示，Register 对象请求 Sale 对象计算当前所购商品的总价。Sale 对象向本次销售中包含的每个商品发出请求计算小计，并累加计算。Register 对象将总价显示给收银员。

（4）处理支付。处理支付的顺序图如图 8.20 所示，收银员输入付款额，请求系统处理

面向对象分析

支付。Register 对象请求 Sale 对象创建支付实例。

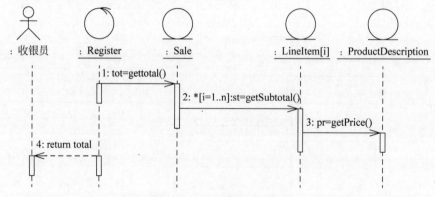

图 8.19　计算总价的顺序图

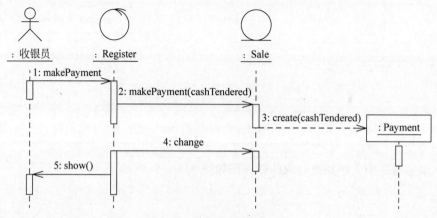

图 8.20　处理支付的顺序图

【例 8.3】　ATM 系统完整的面向对象分析。

随着经过分析的用例增多,分析模型会逐渐完善起来。对于每次迭代,选择一组实现的用例,构造类元以及这些类元之间的关系。图 8.21 说明了分析模型中用例的实现。"取款"用例通过一个带有《跟踪》的依赖关系来表示由分析模型中"取款"的协作模型来实现。图 8.21 中的虚线表示用例实现或协作关系。

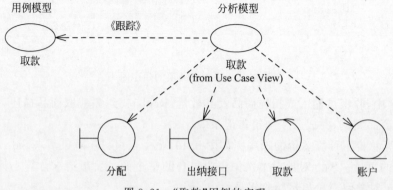

图 8.21　"取款"用例的实现

在分析模型中试使用了有类的三种不同构造型:《边界类》、《控制类》和《实体类》。"分配"和"出纳接口"是边界类,一般用于建立系统与其参与者交互的模型。"取款"是控制类,一般用于建立协调、排序、事务以及其他对象的控制,或者与特定用例的控制。"账户"是实体类,一般用于建立持久的信息模型。图 8.22 给出了在分析模型中参与多个用例实现的类。

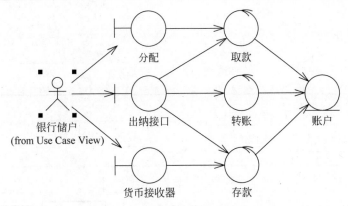

图 8.22　ATM 中多个用例实现的类

每个用例均对应于一个用例实现,每个用例实现都包含一个充当不同角度的类元集合。理解交互模型意味着要说明如何执行或运行一个用例实现。在分析中,可以使用协作图来建立对象间的交互模型。图 8.23 给出了"取款"用例实现的协作图。

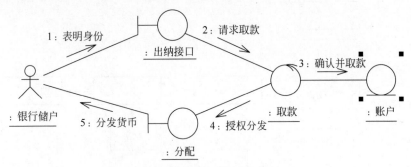

图 8.23　"取款"用例实现的协作图

作为对协作图的补充,开发人员可以用文本来解释对象是如何执行用例的事件流的。下面给出"取款"用例的实现的事件流描述。

(1) 银行储户选择取款并激活"出纳接口"对象。银行储户表明自己的身份并确认从哪个账户取多少现金。"出纳接口"验证银行储户的身份并请求"取款"对象指向事务。

(2) 如果银行储户的身份合法,便请求"取款"对象确认该银行储户有权从指定账户中取出确定数量的货币。"取款"对象通过"账户"对象验证该请求来予以确认,如果该请求合法便取出相应数量的货币。

(3) "取款"对象授权"分配"去分发银行储户所请求数额的货币。然后银行储户接受其所请求的货币。

分析模型也要定义类元、类元之间的关系以及实现这些用例的动作。设计模型相对于分析模型更加注重实际。分析模型中的用例实现可跟踪到后续设计模型中的用例实现。图 8.24 给出了分析类的进一步细分。

143

第 8 章

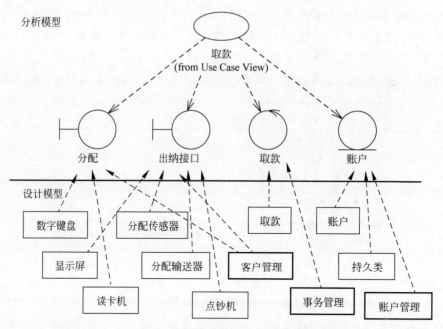

图 8.24　分析类的进一步细分

图 8.25 给出了 ATM 基本的分析类图,进一步展现了更多的细节。

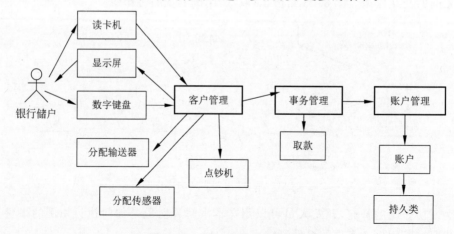

图 8.25　ATM 基本的分析类图

图 8.26 给出了"取款"用例的顺序图。

随着设计的不断进行,软件会出现很多类。为了使问题便于理解,可以将这些类按照子系统分解,组织成不同的包。图 8.27 给出了 ATM 的子系统结构。

进一步开发出能够执行软件的制品:可执行的构件、文件构件、表构件等。图 8.28 为实现类的构件。

构件设定了一个由其接口定义的构架语境。它也是可替换的,表明开发人员可以将一个构件用另一个更好的构件替代,只要新构件具有相同的接口。此外,构件可以被分配到不同的节点上,作为服务子系统来实现。

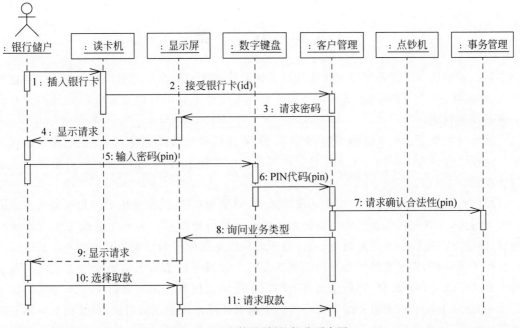

图 8.26 "取款"用例的部分顺序图

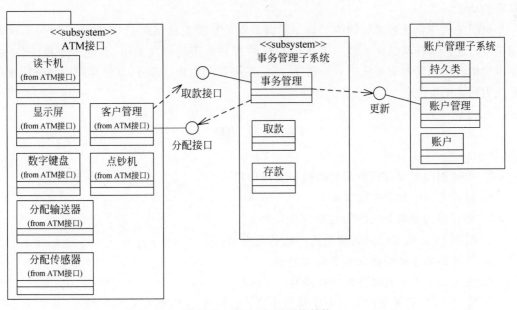

图 8.27 ATM 的子系统结构

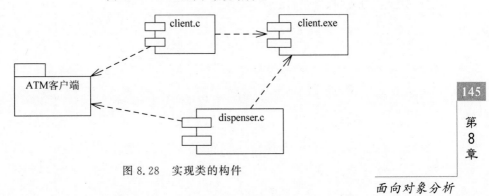

图 8.28 实现类的构件

第8章

面向对象分析

8.6 小　　结

面向对象软件工程范型以对象为基础构建系统类模型和交互模型。对象封装了数据和行为，暴露出的行为供其他对象调用。系统的交互实质上是由一组对象实例的动态交互而完成系统的功能。

面向对象模型提供了逻辑模型、交互模型、实现模型和部署模型。这些模型都可以通过统一建模语言(UML)表示。UML 是一种可视化的建模语言，已经成为面向对象模型表示的标准。

面向对象分析是一种半形式化建模技术，以对象为基础，站在使用者的角度分析系统的功能与行为，并以此建立系统的逻辑模型。面向对象分析建模的另一个建模方法就是领域分析，即建立系统初步的逻辑模型，用以分析与检验系统的行为与业务要求的差距。逻辑建模包括领域分析、构建类模型和协作模型 3 部分。领域分析依据用例场景描述识别出系统的主要的概念类和领域类，并根据这些类构建系统的类模型。领域分析主要采用名词标识技术和 CRC 卡技术识别出系统有哪些类。类模型描述系统的逻辑组成，涉及类的名称和类之间的关系，以及重数。协作模型主要描述类的实例对象之间的交互行为，通过交互来完成系统的功能。

包图是构建系统逻辑架构的工具。逻辑架构是系统逻辑层次划分、建立系统的层次调用模型。逻辑架构从总体上建立系统的组成结构和调用的层次关系，是逻辑建模的核心。逻辑架构和包图能够对系统进一步精化，分析系统存在的共同部分，并将共同的部分抽取出来成为独立的类或包，实现系统的分解。

习　　题

1. 阐述面向对象分析所需要的模型及其作用。
2. 阐述 UML 提供的基本视图。
3. 阐述面向对象分析模型的符号及其含义。
4. 给出 POS 机系统的处理退货功能的类模型。
5. 阐述逻辑架构的概念及其表示方法。
6. 完成 ATM 的面向对象分析模型。
7. 完善 POS 机系统的面向对象分析模型。分析考虑 POS 中会员的情况，如会员会有积分，甚至积分支付、会员打折等。

第 9 章   面向对象设计

【学习重点】
（1）理解面向对象设计的基本概念、模型和分析过程。
（2）理解面向对象设计的原则。
（3）理解面向对象设计的建模方法。

面向对象设计（Object-Oriented Design，OOD）是根据面向对象分析（OOA）中确定的类和对象，从实现的角度进行软件设计，包括设计对象类和设计这些对象类之间的关系。因此，也可以说从 OOA 到 OOD 是一个逐步精化和扩充对象模型的过程。面向对象分析处理是以问题为中心的，可以不考虑任何与特定计算机实现有关的问题，而面向对象设计则把我们带进了面向计算机的"实地"开发活动中。但是，在实际的面向对象开发过程中，面向对象分析和面向对象设计二者的界限比较模糊。从面向对象分析到面向对象设计实际是一个多次反复、逐步迭代模型的过程。

9.1   面向对象设计概述

9.1.1   面向对象设计过程

面向对象设计过程主要是对分析阶段建立的对象模型或类模型和交互模型进行精化的过程。如果说面向对象分析是针对用户和业务过程建立站在用户角度的各种模型，那么面向对象设计就是针对软件实现进一步完善与精化各种模型。

1. 精化类模型和对象模型

面向对象设计站在软件实现的角度深入分析在面向分析阶段建立的类模型和对象模型是否能够实现软件要求的行为或功能。如果不能，软件还要哪些改进，需要哪些设计类，哪些类需要进一步分解，并分析每个类具备的行为或方法。

2. 交互行为建模

交互行为建模分析软件的交互行为，构建以设计类为基础的软件交互模型。依据软件的交互模型，确定类应该具备的方法及其实现。

3. 设计类的精化

设计类的精化进一步细化这些设计类，完善每个设计类的属性和方法，描述每个类的详细实现。

4. 构建逻辑架构

逻辑架构是以包为基础的软件类的层次化组织，底层的包为上层的包提供服务。软件的逻辑架构一般分为界面层、业务层、技术层和基础服务层等。界面层负责处理用户的交互和信息显示；业务层专注于软件的业务功能；技术层为完成业务服务提供的一些公共的服务；基础服务层包括一些底层的接口和中间件。

设计模型是软件需求和实现之间的桥梁，是设计构造本身的一个重要部分。而面向对象设计模型是对软件中包含的对象或对象类，以及它们之间的不同类型关系的描述。

为了避免模型之间可能包含相互冲突的需求，通常可以在不同层次使用不同的模型。因此，设计过程中的一个重要步骤，就是确定需要什么样的设计模型和设计模型的细节层次。这种选择取决于所开发的软件类型，而且尽量减少对模型使用的数量，这将降低设计的成本和完成设计过程所需要的时间。

一般地，面向对象设计进一步精化面向对象分析阶段构建的模型。

视频讲解

9.1.2 面向对象设计原则

当选择了面向对象软件工程方法之后，构件设计主要关注分析类的细化和基础类的定义和精化。这些类的属性、操作和接口的详细描述是开始构建活动之前所需的设计细节。

有6种适用于构件设计的基本设计原则，这些原则在使用面向对象软件工程方法时被广泛采用。使用这些原则的目的是使得产生的设计在发生变更时能够适应变更并且减少副作用的传播。设计工程师以这些原则为指导进行软件构件的开发。

1. 单一职责原则

单一职责原则(Single Responsibility Principle，SRP)定义为应该有且仅有一个原因引起类的变更。单一职责原则意味着一个类只负责一个功能领域中的相应职责，或者就一个类而言，应该只有一个引起它变化的原因。

单一职责原则告诉我们，类的职责要简单且功能单一。一个类(模块或方法)承担的职责越多，它被复用的可能性就越小。一个类承担的职责过多，就相当于将这些职责耦合在一起，当其中一个职责变化时，可能会影响其他职责的运作。如果将这些职责进行分离，将不同的职责封装在不同的类中，即将不同的变化原因封装在不同的类中。如果多个职责总是同时发生改变，则可将它们封装在同一个类中。例如，图9.1所示的设计类图中，UserInfo类和接口就是一个类职责太多的例子。

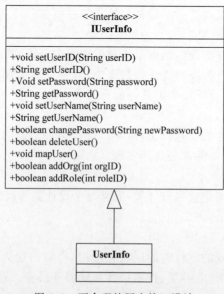

图9.1 不合理的用户接口设计

单一职责原则是实现高内聚、低耦合的指导方针,它是最简单但又最难运用的原则,需要设计人员发现类的不同职责并将其分离,而发现类的多重职责需要设计人员具有较强的分析设计能力和相关实践经验。由于 UserInfo 类承担了维护自身信息和操作行为的职责,因此导致类设计复杂,缺乏扩展性。依据单一职责原则,我们可以将其拆分为 UserBo 和 UserBiz 两个类,分别负责自身信息维护和操作行为,提高类的内聚性,如图 9.2 所示。

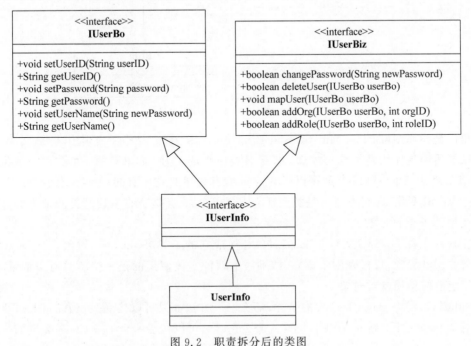

图 9.2　职责拆分后的类图

【例 9.1】　绘制统计客户图表的程序的设计。

图 9.3 所示是一个实现客户数据获取并进行图表绘制的类。

显然,CustomerDataChart 类承担了太多的职责,既包含与数据库相关的方法,又包含与图表生成和显示相关的方法。如果在其他类中也需要连接数据库或者使用 findCustomers()方法查询客户信息,则难以实现代码的重用。图 9.4 是对上述设计进行改进的设计类图,从 CustomerDataChart 类中分离出 CustomerDAO 类和 DBUtil 类,分别实现数据查准和数据链接功能。

CustomerDataChart

+Connection getConnection()
+List findCustomers()
+void createChart()
+void displayChart()

图 9.3　从数据库获取数据的类图

DBUtil 负责连接数据库,包含数据库连接方法 getConnection()。CustomerDAO 负责操作数据库中的 Customer 表,包含对 Customer 表的增、删、改、查等方法,如 findCustome()。CustomerDataChart 负责图表的生成和显示,包含方法 createChart()和 displayChart()。

2. 里氏替换原则

面向对象方法提供继承机制来实现子类继承父类的特性与行为,从而提高了编码的效率。继承机制的优点是代码共享、代码重用,并提高了代码的可扩展性和产品或项目的开放性;缺点是继承是强制性的,降低了代码的灵活性和增强了耦合性。Java 使用 extends 关键字实现单一继承,C++采用多重继承。

面向对象设计

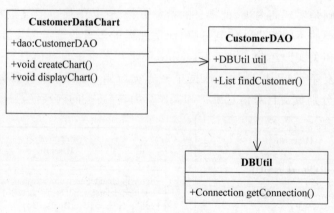

图 9.4 类分解

里氏替换原则(Liskov Substitution Principle,LSP)概念是指所有引用基类(父类)的地方必须能透明地使用其子类的对象。里氏替换原则定义为:如果对每一个类型为 S 的对象 o1 都有类型为 T 的对象 o2,使得以 T 定义的所有程序 P 在所有的对象 o1 代换 o2 时,程序 P 的行为没有变化,那么类型 S 是类型 T 的子类型。或者是所有引用基类的地方必须能透明地使用其子类的对象。

在软件中将一个基类(BaseClass)对象替换成它的子类(SubClass)对象,程序将不会产生任何错误和异常,反过来则不成立,如果一个软件实体使用的是一个子类对象的话,那么它不一定能够使用基类对象。

SubClass 类是 BaseClass 类的子类,那么一个方法如果可以接受一个 BaseClass 类型的基类对象 base 的话,如 method1(base),那么它必然可以接受一个 BaseClass 类型的子类对象 sub,则 method1(sub)能够正常运行。反过来的代换不成立,如一个方法 method2 接受 BaseClass 类型的子类对象 sub 为参数 method2(sub),那么一般而言不可以有 method2(base),除非是重载方法。

LSP 原则要求源自基类的任何子类必须遵守基类与使用该基类的构件之间的隐含约定。在这里,"约定"既是前置条件(构件使用基类前必须为真),又是后置条件(构件使用基类后必须为真)。当设计工程师创建了导出子类,则这些子类必须遵守前置条件和后置条件。

【例 9.2】 士兵选择使用不同枪支程序的设计。

视频讲解

本例中,士兵可以根据不同的需要选择使用的不同类型的枪支。图 9.5 给出了该程序的设计类图,Soldier 类与 AbstractGun 父类关联,而不是具体的对象,提高了设计的扩展性。

上述的例子采用继承机制,说明子类必须完全实现父类的方法,在类中调用其他类时务必要使用父类或接口。但是,子类却不能舍弃父类中不需要的行为,如图 9.6 中所示的玩具枪 ToyGun 类。

由于玩具枪 ToyGun 类不具备射击功能,就不能杀敌。解决方法之一是在 Soldier 类中增加 instanceof 的实例判断,如果是 ToyGun 就不能杀敌人。缺点是要经常修改判断代码,不利于扩展。图 9.7 是一种改进的设计,ToyGun 脱离继承,建立一个独立类,且与 AbstractGun 建立委托关系。

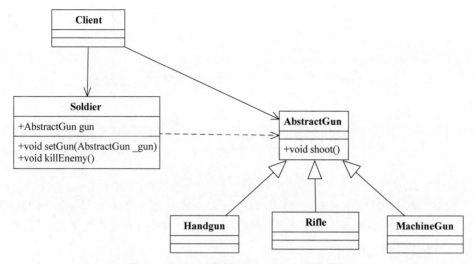

图 9.5　Soldier 类与 AbstractGun 父类关联

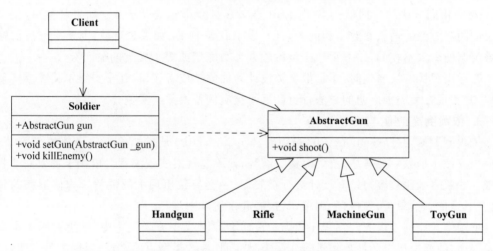

图 9.6　玩具枪 ToyGun 类的继承问题

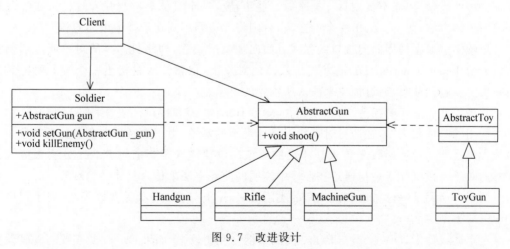

图 9.7　改进设计

　　里氏替换原则是允许子类有自己的特性。例如，图 9.8 中对 Rifle 类仅扩展实现了狙击枪 AUG 类，而狙击枪则特定于狙击手 Snipper 使用，因为其有望远镜放大瞄准功能。

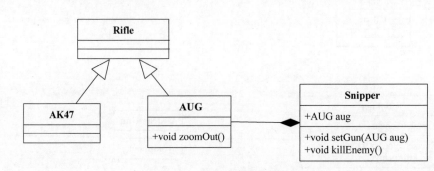

图 9.8　扩展设计特点的类

覆盖或实现父类的方法时输入参数可以被放大。基于契约的设计(Design by Contract)，即制定了前置条件和后置条件。要求子类中方法的前置条件必须与超类中被复写的方法的前置条件相同或者更宽松。

覆写或实现父类的方法时输出结果可以被缩小。父类的一个方法的返回值是一个类型 T，子类的相同方法的返回值为 S，则 LSP 要求 S 必须小于或等于 T。如果是覆写，父类和子类的同名方法的输入参数是相同的，且 S 小于或等于 T；如果是重载，则要求方法的输入参数类型或个数不相同，LSP 要求子类的输入参数宽于或等于父类的输入参数。

在运用里氏替换原则时，尽量把父类设计为抽象类或者接口，让子类继承父类或实现父接口，并实现在父类中声明的方法，运行时，子类实例替换父类实例。

3. 依赖倒置原则

依赖倒置原则(Dependency Inversion Principle，DIP)是指抽象不应该依赖于细节，细节应当依赖于抽象。换言之，要针对接口编程，而不是针对实现编程。依赖于抽象而非具体实现。抽象可以比较容易地对设计进行扩展，又不会导致出现大的混乱。构件依赖的具体构件(不是依赖抽象类，如接口)越多，其扩展起来就越困难。

依赖倒置原则要求我们在程序代码中传递参数时或在关联关系中，尽量引用层次高的抽象层类，即使用接口和抽象类进行变量类型声明、参数类型声明、方法返回类型声明，以及数据类型的转换等，而不要用具体类来做这些事情。一个具体类应当只实现接口或抽象类中声明过的方法，而不要给出多余的方法，否则将无法调用到在子类中增加的新方法。

依赖倒置原则提倡面向接口编程或者面向抽象层编程，即将具体类的对象通过依赖注入(Dependency Injection，DI)的方式注入其他对象中，依赖注入是指当一个对象要与其他对象发生依赖关系时，通过抽象来注入所依赖的对象。

常用的注入方式有构造注入、设值注入(Setter 注入)和接口注入 3 种。这些方法在定义时使用的是抽象类型，在运行时再传入具体类型的对象，由子类对象来覆盖父类对象。构造注入是指通过构造函数来传入具体类的对象。设值注入是指通过 Setter 方法来传入具体类的对象。接口注入是指通过在接口中声明的业务方法来传入具体类的对象。

图 9.9 所示是一位司机驾驶汽车的类图，Driver 类与 Benze 类是关联关系，表示司机驾驶 Benze 类型的汽车。

在上述设计中，Driver 类与 Benze 类关系耦合性比较强，如果 Driver 类需要驾驶其他类型的汽车，需要重新设计与编程，缺乏灵活性。图 9.10 所示是对上述设计的改进，采用抽象编程思想，通过接口依赖降低了 Driver 类与 Benze 类的耦合性，提高了设计的灵活性，满足了依赖倒置原则。

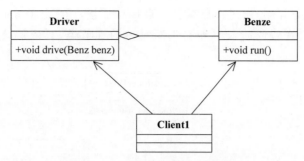

图 9.9　一位司机驾驶汽车的类图

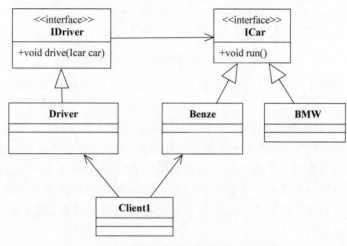

图 9.10　改进后的司机驾驶汽车的类图

改进的设计允许司机在不同的场景驾驶不同类型的汽车。通过抽象编程,在定义 drive( )
方法参数的时候赋予了 ICar 接口类型,而实际执行时是具体实例化对象的类型。两个类之
间的依赖通过接口或抽象类来制定,然后就可以独立开发了。

【**例 9.3**】　通过外部文件构造用户对象程序的设计。

如图 9.11 所示是一幅能够实现通过外部文件提供的数据来构造用户对象的设计类图。
CustomerDAO 类的构建可以通过 TXTDataConvertor 和 ExcelDataConvertor 文件转换器
来获取外部数据进行,且具体是哪种类型的文件,需要在高层实现中指定,设计缺乏灵活性。

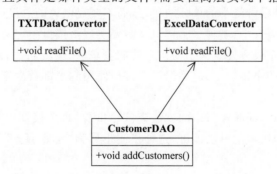

图 9.11　通过外部文件构造 CustomerDAO 的类图

面向对象设计

抽象是对实现的约束,对依赖者而言,也是一种契约。由于事先不能确定具体的文件类型,可以依据依赖倒置原则,通过抽象编程实现接口依赖,用 DataConvertor 接口统一具体的转换器类的抽象,在编码阶段不需要更新具体的细节类,只依赖接口即可,如图 9.12 所示。

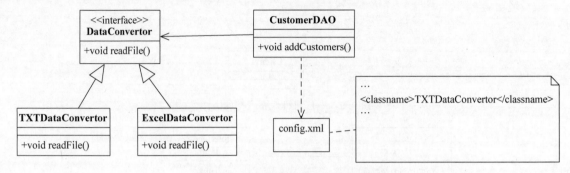

图 9.12 采用抽象编程优化后的类图

依赖倒置原则的实践指导我们要采用接口,尽量不要使用覆写基类的方法。

4. 接口隔离原则

接口隔离原则(Interface Segregation Principle, ISP)是指使用多个专门的接口,而不使用单一的总接口,客户端不应该依赖那些它不需要的接口。多个专用接口比一个通用接口要好。多个客户构件使用一个服务器类提供的操作的实例有很多。ISP 建议设计者应该为每一个主要的客户类型都设计一个特定的接口。只有那些与特定客户类型相关的操作,才应该出现在该客户的接口说明中。如果多个客户要求相同的操作,则这些操作应该在每一个特定的接口中都加以说明。

接口隔离原则要求接口细化。当一个接口太大时,需要将它分隔成一些更细小的接口,使用该接口的客户端仅需知道与之相关的方法。接口隔离原则要求建立单一接口,即最小接口。常见的接口类型有如下几种。

(1) 实例接口(Object Interface):指一个类型所具有的方法特征的集合,仅仅是一种逻辑上的抽象。可以把接口理解成角色,一个接口只能代表一个角色,每个角色都有它特定的一个接口,此时,这个原则可以叫作"角色隔离原则"。

(2) 类接口(Class Interface):指某种语言具体的"接口"定义,有严格的定义和结构,如 Java 语言中的 interface。接口仅仅提供客户端需要的行为,客户端不需要的行为则隐藏起来,应当为客户端提供尽可能小的单独的接口,而不要提供大的总接口。

在面向对象编程语言中,实现一个接口就需要实现该接口中定义的所有方法,因此大的总接口使用起来不一定很方便。为了使接口的职责单一,需要将大接口中的方法根据其职责不同分别放在不同的小接口中,以确保每个接口使用起来都较为方便,并都承担某一单一角色。

接口应该尽量细化,同时接口中的方法应该尽量少,每个接口中只包含一个客户端(如子模块或业务逻辑类)所需的方法即可,这种机制也称为"定制服务",即为不同的客户端提供宽窄不同的接口。

【例 9.4】 星探寻找演员程序的设计。

假设一个星探寻找演员程序的要点是星探对演员的评价准则,如演员的体型、外貌和气质等。接口隔离原则要求我们采用面向抽象层编程,核心是定义合适的接口。图 9.13 中定义了 3 种评价方法的接口 IPettyGirl,并与星探接口 AbstractorSearcher 关联,满足接口隔离原则。

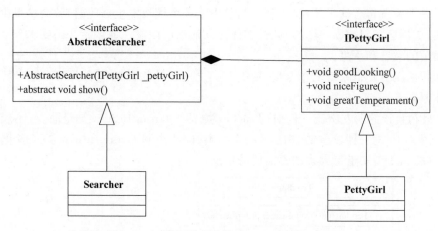

图 9.13　3 种评价方法的 IPettyGirl 接口定义

显然 IPettyGirl 接口的定义存在不足,主要是审美观点不一样。星探 Searcher 类通过 show()方法观察演员的表现来进行评价。因为演员的评价标准既可以是体型和外貌,也可以是气质。图 9.14 是一种变化的设计,将 IPettyGirl 接口拆分为 IGoodBodyGirl 接口和 IGreatTemperamentGirl 接口,使得评价准则可以灵活选择。

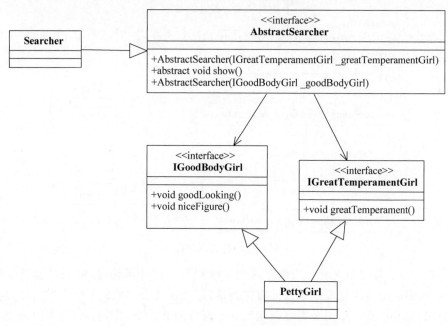

图 9.14　变化的设计

改进的方法是拆分接口,对象分别继承不同的接口。接口设计规范要求接口要尽量小、接口要高内聚和定制服务。当然,接口设计是有限度的,接口隔离原则的最佳实践是一个接口只服务于一个子模块或业务逻辑、接口中的公有方法紧凑和修改被污染了的接口。

面向对象设计

5. 迪米特法则

迪米特法则(Law of Demeter,LoD),也称为最少知识原则(Least Knowledge Principle, LKP),是指一个软件实体应当尽可能少地与其他实体发生相互作用。

如果一个系统符合迪米特法则,那么当其中某一个模块发生修改时,就会尽量少地影响其他模块,扩展会相对容易,这是对软件实体之间通信的限制。迪米特法则要求限制软件实体之间通信的宽度和深度。

迪米特法则可降低系统的耦合度,使类与类之间保持松散的耦合关系。迪米特法则有以下具体原则。

(1)只和直接的朋友交流。例如,Teacher 类只与 GroupLeader 类是朋友,不应该知道 Girl 类。图 9.15 是一种较差的设计,Teacher 类、Girl 类和 GroupLeader 类三者耦合性太强,导致 Teacher 类知道了太多的不需要的信息。

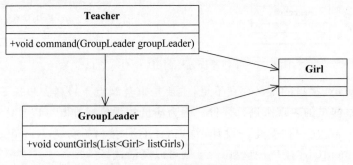

图 9.15　一种较差的设计

把 Teacher 类中的 List<Girl>的初始化移到场景类中,同时在 GroupLeader 中增加了对 Girl 的注入,如图 9.16 所示。

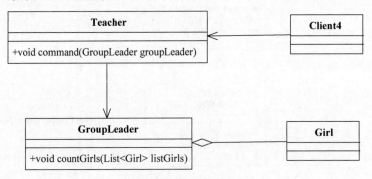

图 9.16　一种合理的设计

(2)朋友间也是有距离的。迪米特法则要求我们在设计系统时,应该尽量减少对象之间的交互,如果两个对象之间不必彼此直接通信,那么这两个对象就不应当发生任何直接的相互作用,如果其中的一个对象需要调用另一个对象的某一个方法的话,可以通过第三者转发这个调用。简言之,就是通过引入一个合理的第三者来降低现有对象之间的耦合度。

(3)自己的就是自己的。如果一个方法放在本类中,既不增加类间的关系,也不会对本类产生负面影响,那就放置在本类中。

(4)慎用序列化(Serializable)。使用远程方法调用(Remote Method Invocation,RMI)

传递对象时，一般要实现 Serializable 接口进行对象序列化，否则出现 NotSerializableException 异常。

【例 9.5】 软件安装程序的设计。

图 9.17 所示是一个安装向导程序的设计类图，InstallWizard 类与 Wizard 类太过亲密，导致 InstallWizard 直接调用 Wizard 类中的方法。

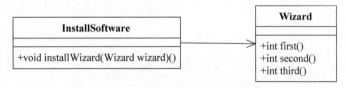

图 9.17 安装向导程序的设计类图

将 Wizard 类中 3 个执行步骤的访问权限设为私有的，增加 installWizard()方法负责执行安装过程，如图 9.18 所示，可以有效降低它们之间的耦合关系，提高程序的扩展性。

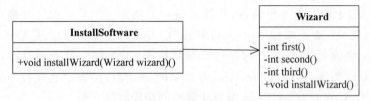

图 9.18 改进后的类图

在类的划分上，应当尽量创建松耦合的类，类之间的耦合度越低，就越有利于复用。即使一个处在松耦合中的类被修改，也不会对关联的类造成太大波及。在类的结构设计上，每一个类都应当尽量降低其成员变量和成员函数的访问权限，如 private、pachage-private、protected 等。

在类的设计上，一个类型应当设计成不变类，如 final 类型，在对其他类的引用上，一个对象对其他对象的引用应当降到最低。

迪米特法则的思想是类间解耦，弱耦合，提高类的复用率。当然，过渡要求会导致存在大量的中转或跳转类，导致系统的复杂性提高。

6. 开闭原则

开闭原则(Open-Closed Principle，OCP)，定义为一个软件模块应当对扩展开放，对修改关闭，即软件模块应尽量在不修改原有代码的情况下进行扩展。软件模块应该对外延具有开放性，对修改具有封闭性。简单地说，设计工程师应该采用一种无须对构件自身内部(代码或者内部逻辑)做修改就可以进行扩展的方式来说明构件。为了达到这个目的，设计工程师在那些可能需要扩展的功能与设计类之间分离出一个缓冲区。

视频讲解

在开闭原则的定义中，软件实体可以指一个软件模块、一个由多个类组成的局部结构、一个独立的抽象和类、一个方法等。在软件设计时尽量适应变化，以提高项目的稳定性和灵活性。开闭原则告诉我们应尽量通过扩展软件实体的行为来实现变化。

【例 9.6】 书店售书程序的设计。

图 9.19 所示是一个书店销售图书的设计类图，IBook 接口提供了获取图书名称、作者和价格的方法，NovelBook 是继承了 IBook 接口的子类。BookStore 是高层类，实现图书

第9章

面向对象设计

销售。

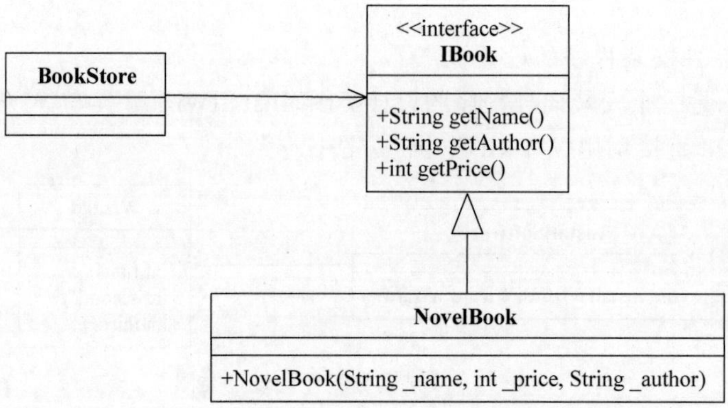

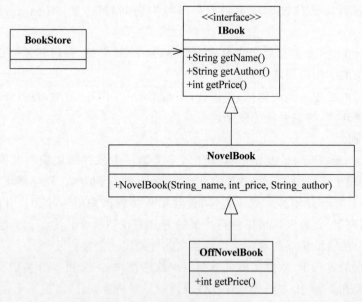

图 9.19　书店销售图书的设计类图

　　显然,上述的设计不能很好地解决需求变化问题。假如需求发生如下变化,图书价格折扣规定为,40 元以上的图书 9 折销售,其他图书 8 折销售。如果采用修改接口的策略实现上述需求,则要在 Ibook 上增加一个 getOffPrice()方法处理打折,后果是要修改 NovelBook 类和 BookStore 中的 main 方法。这样就要改动接口,不能兼容早期的设计,显然不可取。另一种方法是修改实现类,修改 NovelBook 类中的 getPrice()方法实现打折处理。但这样的设计也存在不足,修改 NovelBook 类意味着要改动原来的代码。

　　一个可行的方法是扩展子类实现变化,即增加一个子类,覆写 getPrice()方法,如图 9.20 所示。这样的设计不需改变原来的代码,只需扩展一个新类实现折扣处理,能够满足扩展性要求。

图 9.20　扩展子类实现变化

　　如果需要修改系统的行为,无须对抽象层进行任何改动,只需要增加新的具体类来实现新的业务功能即可,实现在不修改已有代码的基础上扩展系统的功能,达到开闭原则的要求。

开闭原则可以适应不同的变化类型,如逻辑变化,只变化一个逻辑,不涉及其他模块;子模块变化,扩展子类完成变化,仅修改高层模块;可见视图变化的扩展等。开闭原则有利于测试独立性、提高复用性、提高可维护性和满足面向对象的开发要求。

进一步,假设书店增加了计算机类图书的销售,则只需从 IBook 接口继承一个 ComputerBook 类即可,如图 9.21 所示。

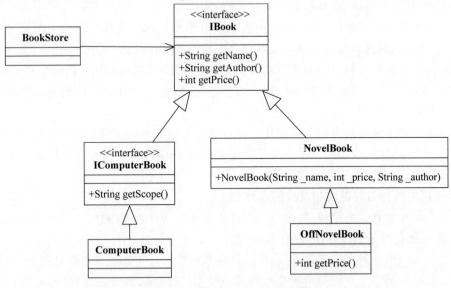

图 9.21　增加 ComputerBook 类

这样的设计使得 Ibook 接口对扩展的 ComputerBook 产生了约束力。如果设计采用的是实现类,而不是接口,那么 BookStore 中的私有变量 bookList 需要修改,导致扩展变差。如果在 Ibook 上增加 getScope()方法会导致原有的 NovelBook 类改动。

总之,开闭原则是面向对象的可复用设计的第一块基石,它是最重要的面向对象设计原则。单一职责原则是最简单的面向对象设计原则,它用于控制类的粒度大小。里氏替换原则是实现开闭原则的重要方式之一。依赖倒置原则就是面向对象设计的主要实现机制之一。在大多数情况下,开闭原则、里氏替换原则和依赖倒置原则会同时出现,开闭原则是目标,里氏替换原则是基础,依赖倒置原则是手段,它们相辅相成,相互补充,目标一致,只是分析问题时所站角度不同而已。

9.2　构件设计

一套完整的软件构件是在体系结构设计过程中定义的。但是没有在接近代码的抽象级上表示内部数据结构和每个构件的处理细节。构件设计定义了数据结构、算法、接口特征和分配给每个软件构件的通信机制。

数据、体系结构和接口的设计表示构成了构件级设计的基础。每个构件的类定义或者处理叙述都转换为一种详细设计,该设计采用图形或基于文本的形式来详细说明内部的数据结构、局部接口细节和处理逻辑。构件设计可以采用 UML 图和一些辅助方法来描述,并通过一系列结构化程序设计工具进行设计。

构件是计算机软件中的一个模块化的构造块。在 OMG UML 规范中将构件定义为"系统中某一定型化的、可配置的和可替换的部件,该部件封装具体实现并以接口的形式供外部访问"。

构件存在于软件体系结构之中,因而构件在完成所建系统的需求和目标中起到了重要的作用。由于构件驻留于软件体系结构的内部,它们必须与其他的构件和存在于软件边界以外的实体(如其他系统、设备和人员)进行通信和合作。

在面向对象软件工程环境中,构件包括一个协作类集合。构件中的每一个类都被详细阐述,包括所有的属性和与其实现相关的操作。作为细节设计的一部分,所有与其他设计类相互通信协作的接口(消息)必须予以定义。为了完成这些,设计师从分析模型开始,详细描述分析类(对于构件而言该类与问题域相关)和基础类(对于构件而言该类为问题域提供了支持性服务)。

构件设计的本质是对类的逐步细化。设计者必须将分析模型和架构模型中的信息转换为一种设计表示,这种表示提供了用来指导构建(编码和测试)活动的充分信息。当应用到面向对象的软件时,构件设计步骤如下。

1. 标识出所有与问题域相对应的设计类

使用分析模型和架构模型,每个分析类和体系结构构件都要细化。

2. 确定所有与基础设施相对应的设计类

在分析模型中并没有描述这些类,并且在体系结构设计中也经常忽略这些类,但是此时必须对它们进行描述。这种类型的类和构件包括 GUI 构件、操作系统构件、对象和数据管理构件等。

3. 细化所有不能作为复用构件的设计类

详细描述实现类需要的所有接口、属性和操作。在实现这个任务时,必须考虑采用设计试探法(如构件的内聚和耦合)。

(1) 在类或构件的协作时说明消息的细节。分析模型中用协作图来显示分析类之间的相互协作。在构件级设计过程中,某些情况下通过对系统中对象间传递消息的结构进行说明,来表现协作细节是必要的。尽管这是一个可选的设计活动,但是其可以作为接口规格说明的前提,这些接口显示了系统中构件通信或协作的方式。

(2) 为每一个构件确定适当的接口。在构件级设计中,一个 UML 接口是"一组外部可见的操作。接口不包括内部结构,没有属性,没有关联……"。更确切地讲,接口是某个抽象类的等价物,该抽象类提供了设计类之间的可控连接。实际上,为设计类定义的操作可以归结为一个或者更多的抽象类。抽象类内的每个操作(接口)应该是内聚的,也即它应该展示那些关注于一个有限功能或者子功能的处理。

(3) 细化属性并且定义相应的数据类型和数据结构。一般地,描述属性的数据类型和数据结构都需要在实现时所采用的程序设计语言中进行定义。UML 采用下面的语法来定义属性的数据类型:name:type-expression=initial-value{property string}。其中,name 是属性名,type-expression 是数据类型;initial-value 是创建对象时属性的值;property string 用于定义属性的特征或特性。

(4) 详细描述每个操作中的处理流。这需要由程序设计语言的伪代码或者 UML 活动图来完成。每个软件构件都需要应用逐步求精概念通过大量的迭代进行细化。

第一轮迭代中,将每个操作定义为设计类的一部分。在任何情况下,操作应该采用确保高内聚的方式来刻画,也就是说,一个操作应该完成单一的目标功能或者子功能。接下来的一轮迭代,只是完成对操作名的详细扩展。

4. 说明持久性数据源(数据库和文件)并确定管理数据源所需要的类

数据库和文件通常都凌驾于单独的构件设计描述之上。在多数情况下,这些持久数据存储起初都被指定为体系结构设计的一部分,然而,随着设计细化过程的不断深入,提供关于这些持久数据源的结构和组织等额外细节常常是有用的。

5. 开发并且细化类或构件的行为表示

状态图被用作分析模型的一部分,以表示系统的外部可观察的行为和更多的分析类个体的局部行为。在构件级设计过程中,对设计类的行为进行建模是必要的。

对象的动态行为受到外部事件和对象当前状态的影响。为了理解对象的动态行为,设计者必须检查设计类生命周期中所有相关的用例,这些用例提供的信息可以帮助设计者描绘影响对象的事件,以及随着时间流逝和事件的发生对象所处的状态。

6. 细化部署图以提供额外的实现细节

部署图用作体系结构设计的一部分,并且部署图采用描述符形式来表示。在这种表示形式中,主要是系统功能(如子系统)都表示在容纳这些功能的计算环境中。

在构件设计过程中,部署图应该被细化以表示主要构件包的位置。然而,构件一般在构件图中不被单独表示,目的在于避免图的复杂性。某些情况下,部署图在这时被细化成实例形式。这意味着指定的硬件和要使用的操作系统环境应加以说明,而构件包在这个环境中的位置等也需要指出。

7. 考虑每一个构件设计表示,并且时刻考虑其他选择

软件设计是一个迭代的过程。创建的第一个构件模型总没有迭代 N 次之后得到的模型那么全面、一致或精确。在进行设计工作时,重构是十分必要的。

9.3 确定并发性

软件设计的一个重要目标就是识别必须是并发获得的那些对象和具有互斥获得的对象。可以将具有互斥获得的对象叠加在单线程控制或任务中。

状态模型可以帮助设计工程师识别并发性。如果两个对象在不交互的情况下,在同一时刻可以接受事件,它们就是内在并发的。如果事件不同步,设计就不能将这两个对象叠加在单线程控制中。独立子系统一般都存在并发对象,它们可以分配给不同的硬件单元,而没有任何通信成本。

硬件中断、操作系统和任务分派机制的目标是在单处理器中模仿逻辑并发性。对于物理上并发的输入,可以采用独立的传感器来处理。但如果在响应上没有定时约束的话,多任务操作系统就可以处理这种计算。

例如,ATM 系统要求,在中心系统失效的情况下,每台机器都要继续自行运行(交易受到限制),那么只能在每台 ATM 中包含一块带有完整控制程序的 CPU 单元。

尽管所有的对象在概念上都是并发的,但实际上软件里面的许多对象还是相互独立的。通过检查单个对象的状态图以及它们之间的事件交换,设计工程师常常能够把许多对象放

面向对象设计

在单线程控制中。控制线程是通过一组状态图的一条路径,其中每次只有一个对象是激活的。线程会在状态图中存在,一直到对象给另一个对象发送事件,并等待另一个事件。线程将事件递交给接收者,直到最后将控制权返还给原始对象。如果对象发送事件后继续执行,线程将要分裂。在每一个线程控制中,每次只有一个对象是激活的。我们可以将控制线程实现为任务。

在 ATM 系统中,当银行校验账户或处理银行交易时,ATM 就会闲置。如果中心计算机直接控制 ATM,那么设计工程师可以把 ATM 对象与银行交易对象合并成单项任务。

一般情况下,设计工程师需要将每一个并发子系统分配给一个硬件单元,可以是通用处理器或者是特定的部件。分配子系统的工作包括估算硬件资源需求、选择子系统的硬件或软件实现、给处理器分配任务和确定物理的连通性。

设计工程师首先要确定系统每秒的交易量与每一次交易所需的时间的乘积,来求出稳态负载,进而估算所需的 CPU 处理能力。通常,需要通过试验来检验估算的准确性。由于负载存在随机性和同步突发活动,因此还需要考虑放大这个估算值。

例如,ATM 本身比较简单,处理的活动基本都是用户界面和一些本地处理,因此单CPU 就已经足够。对于中心计算机,由于要接受多台 ATM 的请求,并将请求分配给相应的银行计算机,因此需要多个 CPU 来解决瓶颈问题。银行计算机执行数据处理操作,并包含相对简单的数据库应用,可根据所需的吞吐率和可靠性来选择单处理器数据库版本和多处理器数据库版本。

对于硬件和软件的选择,设计工程师必须确定要用硬件和软件分别实现哪些子系统,用硬件实现子系统主要考虑成本和性能两个方面。软件设计的大多数困难来自于要满足外部施加的软硬件约束。设计工程师必须考虑兼容性、灵活性、成本和性能问题,例如,ATM 应用没有迫切的性能需求,通用的计算机就可以满足。

软件设计必须将不同软件子系统的任务分配给处理器。给处理器分配任务要考虑特定动作、通信限制和计算限制等。例如,ATM 系统没有任何通信和计算限制的问题。ATM用户发起的通信流量和计算量相对而言比较小,但存在特定动作处理要求。如果 ATM 必须要有自主性,当通信网络出现故障时还可以运行,那么它就必须要有自己的 CPU 和程序设计。

在确定了物理部件的种类和相对数量之后,设计工程师必须确定物理部件之间的配置和连接形式,包括连接拓扑、重复部件和通信。例如,进程间的通信调用连接的单个操作系统内部的任务,这种调用要比同一个程序中的子程序慢得多,当时间要求比较严格时是不实用的。简单的做法是合并任务,运用子程序来建立连接。例如,ATM 系统中,多个 ATM客户机连接到中心计算机,然后路由到相应的银行计算机。拓扑结构是星形的,中心计算机来仲裁通信。

9.4　面向对象详细设计

面向对象详细设计的目的就是不断精化设计类。在确定了每个类的职责以后,需要进一步确定类的协作关系和类职责的实现。

9.4.1 模型精化

领域模型虽是面向对象分析中最重要的经典的模型。但是，由于用统一软件开发过程进行面向对象设计中迭代的思想是必不可少的，因此领域模型的精化对类图和交互图的精化起到至关重要的作用，也是设计一个良好系统的关键。

在面向对象设计中主要使用泛化、特化、关联类、时间间隔、组合和包等概念精化领域模型。其中，泛化和特化是领域模型中支持简练表达的基本概念。概念类的层次结构经常成为激发软件类层次结构设计的灵感源泉，软件类层次结构设计利用继承机制减少了代码的重复。关联类捕获关联关系自身的信息。时间间隔反映了某些业务对象仅在有限的一段时间内有效。使用包可以将大的领域模型组织成较小的单元。

1. 泛化与特化

泛化是在多个概念中识别共性和定义超类（普遍概念）与子类（具体概念）关系的活动。此活动对概念类进行层次分类。例如在 POS 机系统中 CashPayment、CreditPayment 和 ChequePayment 这些概念很相似，这时就可以将它们组织成泛化-特化层次结构。如图 9.22 所示，其中超类 Payment 表示更为普遍的概念，子类表示更为具体的概念。

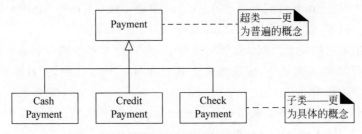

图 9.22　泛化-特化层次关系

在领域中识别父类和子类是一个有价值的活动，这样可以使我们对概念有更概括、精练和抽象的描述。它可以精简表示、改善理解、减少重复信息。

2. 定义超类和子类

超类的定义较子类的定义更为概括或包含范围更广。例如，在 POS 机系统中，考虑超类 Payment 和它的子类。Payment 表示发生购买行为时金额从一方到另一方的转移，所有的支付都转移了一定数量的金额。因此在超类 Payment 中拥有 amount:Money 这个属性。

当创建一个类层次结构后，有关超类的陈述都适用于子类。例如，所有的 Payment 都有 amount 属性，并且都与某个 Sale 类具有关联。

（1）概念子类的定义。将概念类划分为子类的动机有：子类有额外的有意义的属性和关联；子类概念的操作、处理、反应或使用的方式不同于其超类或其他子类；子类概念表示了一个活动体，其行为与超类或者其他子类不同。

（2）概念超类的定义。泛化和定义概念超类的动机有：概念子类表示的是相似概念的不同变体；子类满足 100% 准则（即概念超类的定义必须 100% 适用于子类，子类必须 100% 与超类一致）；所有子类都具有相同的属性和关联，可以将其解析出来并在超类中表达和关联。

通过以上原则对 POS 机系统的 Payment 类进行划分的结果如图 9.23 所示。

面向对象设计

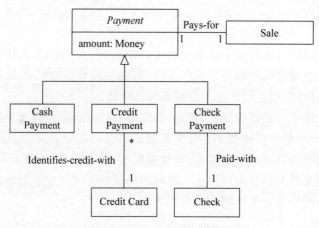

图 9.23 Payment 类层次划分

3. 关联类

在 POS 机系统中,授权服务给每个商店分配一个商业 ID,商店发送授权服务的支付授权请求需要商业 ID 标识商店,商店对于每个服务有不同的商业 ID。然而,商业 ID 这个属性放在哪个类中呢? Store 可能有多个 merchantID 值,所以将 merchantID 作为 Store 的属性是不正确的。同理,放入 Authorization Service 中也不正确。

这样就产生了这样一个原则:在领域模型中,如果类 A 可能同时有多个相同的属性 B,则不要将属性 B 置于 A 类之中,应该将属性 B 放在另一个类 C 中,并且将其与类 A 关联。这样就得出一个关联类 C。

上述问题中,可以用一个关联类 ServiceContract 来拥有属性 merchantID,如图 9.24 所示。Store 类和 AuthorizationService 类都与 ServiceContract 相关联,这就表示 ServiceContract 类依赖于两者之间的关系。可以将 merchantID 看作与 Store 类和 AuthorizationService 类之间的关联所相关的属性。

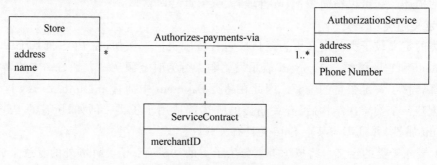

图 9.24 关联类

关联类的增加具有如下原则:①某个属性与关联相关;②关联类的实例具有依赖于关联的生命期;③两个概念之间有多对多关联,并且存在与关联自身相关的信息。

4. 聚合和组合关系

聚合是 UML 中的一种模糊关联,其不明确地暗示了整体和部分的关系。组合也称组成聚合,是一种强的整体-部分聚合关系,并且在某些模型中具有效用。组合关系意味着,某一时刻,部分的一个实例只属于一个整体实例;部分必须总是属于整体;整体要负责创建和删除部分,可以自己创建和删除部分也可以和其他对象协作来创建和删除部分;若整体被销毁,则其部分必须要销毁。

组合关系的识别准则是:部分的生命期在整体的生命期之内,部分的创建和删除依赖于整体;在物理或者逻辑组装上,有明确的整体-部分关系;整体的某些属性会传递给部分;对整体的操作可能传递给部分。

识别和显示组合关系并不是非常重要的,但具有以下好处:有利于澄清部分对整体的依赖的领域约束;有助于识别创建者;对整体的复制、拷贝这些操作经常会传递给部分。

在 POS 机系统中,SalesLineItem 可以被视为 Sale 的组成部分。同样 ProductCatalog 是 ProductDescription 的一个组成,如图 9.25 所示。

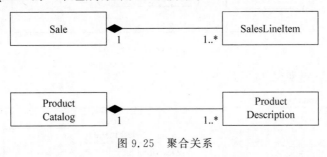

图 9.25　聚合关系

5. 时间间隔

例如,POS 机系统在初始设计时,SalesLineItem 与 ProductDescription 关联,记录了销售项的价格。在精化过程中,需要关注与信息、合同等相关的时间间隔问题。如果 SalesLineItem 从 ProductDescription 取得当前价格,当价格改变时,以前的销售将指向新的价格,这很显然是不正确的。需要区别销售发生时的历史价格和当前价格。

基于信息需求,可以采用两种方法解决此问题:①可以在 ProductDescription 中保存当前价格,仅将销售发生时的价格写入 SalesLineItem;②将一组 ProductPrice 与 ProductDescription 关联,每个 ProductPrice 关联适用的时间间隔。这样就可以记录所有的历史价格和未来计划的价格,如图 9.26 所示。

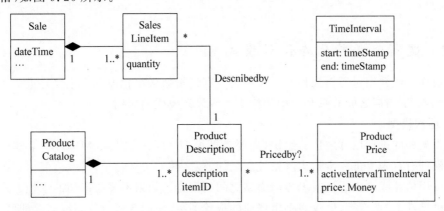

图 9.26　时间间隔和产品价格

6. 组织模型

模型可以很容易地发展到足够大,这时理想的做法是把它分解成与概念相关的包。将模型划分成包结构时,将满足下述条件的元素放在一起:同一个主题领域、概念或目标密切

面向对象设计

第9章

相关的元素；在同一个类层次结构中的关系；参与同一个用况的元素；有很强关联性的元素。例如，在 POS 机系统模型中，包的结构如图 9.27 所示。

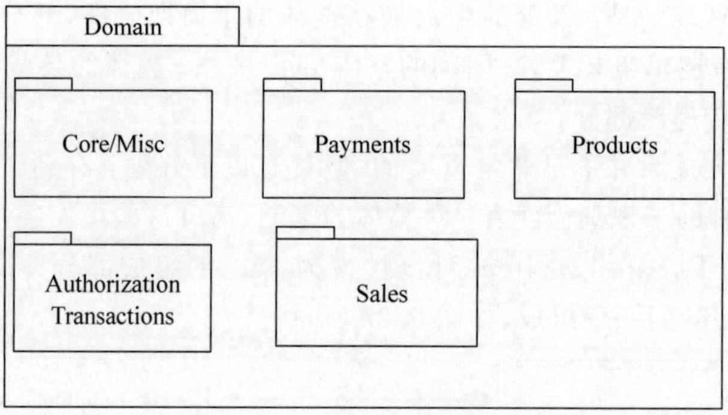

图 9.27　POS 机模型包结构

其中，Products 包如图 9.28 所示。

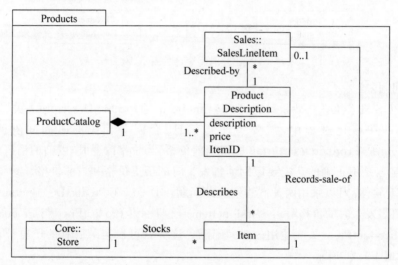

图 9.28　Products 包

9.4.2　逻辑架构精化与设计模式

在前面已经介绍过逻辑架构和层次模型。在逻辑架构精化设计中主要是进一步细化各层内部元素、层与层之间关系和分层架构中一些设计模式的应用。

1. 层次模型

逻辑架构的设计以分层形式组织，主要遵循模型-视图-控制器(MVC)框架模型。在精化逻辑模型时首先要进一步指出各系统层之间、包之间的关系。

可以用依赖线来表达包或者包内类型之间的耦合。如果不关心确切的依赖方式，例如，属性的可见性、子类型等，仅仅想突出普通的依赖关系，使用普通的依赖线连接即可。

依赖线可以由一个包发出，例如在 POS 机系统中从 Sale 包指向 POSRuleEngine 类，从 Domain 包指向 Log4J 包，如图 9.29 所示。UI 层接收用户的输入和操作请求，并将请求发送给控制器。控制器根据不同的请求去调用相应的 Domain 层的领域类进行业务处理。控制器类隔离了 UI 层直接访问 Domain 层的类,减少了耦合性。此外,UI 层可以采用不同的语言和工具进行设计,而不用关心 Domain 层的具体内容,使得设计变得非常灵活。

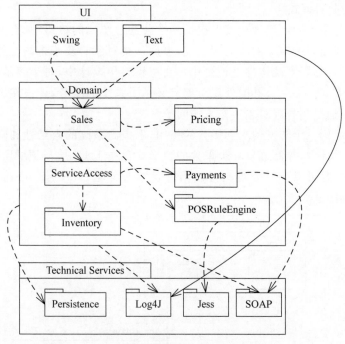

图 9.29　逻辑架构中包的耦合

　　根据设计的需要,可以将一些通用和基础性服务的类放在 Technical Services 层,便于业务类的调用和管理。从设计的观点,这种设计提高了可复用性。同时,领域设计人员不用关心具体的技术实现细节,如数据访问、数据存取、网络访问等。

2. 架构设计与模式

　　架构的层次模型用来指导软件层次设计,同时,诸如外观、控制器和观察者这样的微观架构则用来设计层和包之间的连接。

　　1) 简单包和子系统

　　某些包和层不仅是概念上的一组对象,事实上它们是具有行为和接口的子系统,如图 9.30 所示。Pricing 包不是一个子系统,它仅仅是把定价时用到的工厂和策略组织在一

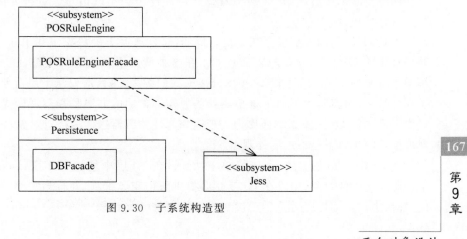

图 9.30　子系统构造型

面向对象设计

起。然而,Persistence 包、POSRuleEngineFacade 包和 Jess 包是子系统,它们具有内聚职责的独立引擎。子系统可以用构造型《subsystem》来标识。

2)外观和控制器模式

如果对一组完全不同的实现或接口提供一个公共且统一的接口,则需要封装成子系统提供服务。这是对子系统定义的唯一接触点,可用外观对象封装子系统。外观对象提供了统一的接口,并负责与子系统构件进行协作。在逻辑架构设计中,对于表示子系统的包,外观是一种常见的方式。一个公共的外观对象定义了子系统的服务,客户端不与子系统内部的构件交互,而是通过与外观对象协作来访问子系统。

控制器主要起到一个转发请求和操作的作用,以提高系统的内聚性和降低系统的耦合性。在逻辑架构设计中,控制器以一个单独的包形式存在于 UI 层与领域层包之间。例如,在 POS 机系统中,既可以通过外观又可以用控制器来实现 ProcessSaleFrame 对象和领域层对象的交互,如图 9.31 所示。

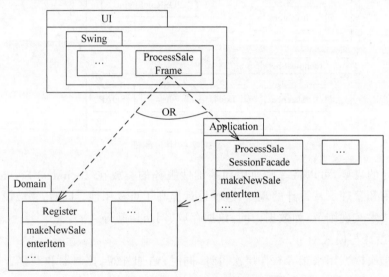

图 9.31　外观和控制器

3)模型-视图分离和"向上"通信

在一个复杂的系统中,UI 界面窗口的显示是至关重要的。通常能够满足的方式是,窗口向领域对象发送消息,查询其将要在窗口部件中显示的信息。这种方法称为轮询,也称"从上面拉"模型。

但是,有时轮询模型也存在不足。例如,每秒从上千个对象中找出几个变化了的对象,并用来刷新 UI 显示,这是非常低效的。在这种情况下更为有效的方法是选择"从下面推"模型进行刷新显示。由于模型-视图分离模式的约束,这就需要从下层对象向上到窗口之间实现"间接性"通信,由下向上推出刷新的通知。常用的方案是观察者模式和 UI 外观对象。观察者模式使 UI 对象简单地作为实现诸如属性监听器这样的接口对象,UI 外观对象在 UI 层增加接收来自下层请求的外观。

例如,在 POS 机系统中,如图 9.32 所示,在 UI 层中增加了 UIFacade 为 UI 对象增加了一层间接性的对象,用以在 UI 变化时提供防止变异机制,并且当需要"从下面推"的通信模型时,也使用 UIFacade。

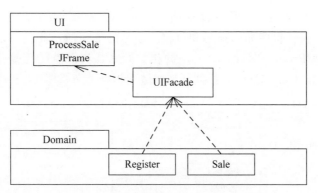

图 9.32 UI 外观实现"从下面推"模型

3. 基于设计模式的详细设计

有经验的软件开发者建立了既有通用原则又有惯用方案的指令系统来指导他们编制软件。如果以结构化形式对这些问题、解决方案和命名进行描述使其系统化,那么这些原则和习惯用法就可以称为模式。

简单地说,好的模式是问题描述和相应的解决方案,并且具有广为人知的名称,它能用于新的语境中,同时对新情况下的应用、权衡、实现、变化等给出建议。对模式、设计思想或原则命名可以将概念条理化地组织为我们的理解和记忆,并且还可以便于沟通。模式被命名并且广泛发布后就可以在讨论复杂设计思想时使用简语,这可以发挥抽象的优势。

在软件设计中主要使用的模式有基于职责设计对象模式(General Responsibility Assignment Software Pattern,GRASP)和 GoF(Gang of Four)模式。其中 GRASP 定义了9个基本面向对象设计原则或基本设计构件:信息专家、创建者、控制器、高内聚、低耦合、多态、纯虚构、间接性和防止变异。

【例 9.7】 POS 机系统的本地缓存处理设计。

要处理一次新的销售,首先必须创建软件对象 Sale,即设计 makeNewSale 操作,如图 9.33 所示。根据控制器模式我们还需要设计一个转发 makeNewSale 请求的对象 Register。Register 是记录 Sale 的类。又根据创建者模式得出应该由 Register 创建 Sale。当然,在销售过程中必须设计一个集合来存储一系列的商品,所有由 Sale 对象创建的所有商品会添加到集合 List < SalesLineItem >实例中。

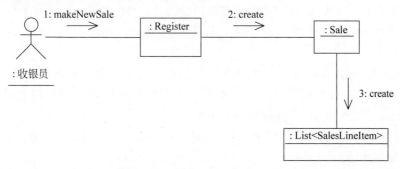

图 9.33 makeNewSale 设计细节

完成创建新的销售后,接下来就开始输入每个商品的信息。这里包括货号(id)和数量(qty)。所以这次操作为 enterItem(id,qty),如图 9.34 所示。在这里,系统操作的消息仍然交由控制器 Register 来处理。在将商品存储到由 makeNewSale 操作中创建的 SalesLineItem 集合之前,系统还必须获得商品的描述和价格。商品的描述通过商品目录类 ProductCatalog 以 id 为索引来寻找 ProductDescription 中的相关商品。获得描述后就可以利用 Sale 对象来创建一个 SalesLineItem 实例 sl,并且将其存储到集合 List < SalesLineItem >中。

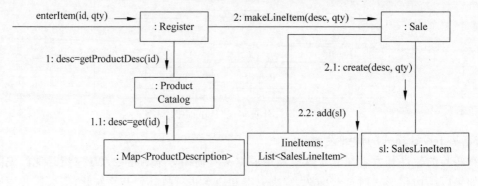

图 9.34 输入商品条目的协作图

当远程服务访问失败时(如产品数据库暂时无法访问),就需要保障交易正常进行。解决的方法是使用由 ServicesFactory 模式创建的 Adapter 对象,实现对服务位置的防止变异。例如,可以提供远程服务的本地部分复制,实现从远程到本地的容错。本地产品信息数据库将缓存最常用的一小部分产品信息,等重新连接时将在本地存储库存的更新。为了满足重新连接远程服务的质量场景,对这些服务使用智能代理模式,在每次服务调用时都要测试远程服务是否激活,并且在远程服务激活时进行重新定向,实现从远程服务访问失败中恢复。

在解决容错和恢复问题之前,为了实现从远程数据库访问失败中恢复的可能性,建议使用 ProductDescription 对象的本地缓存,以文件形式存放在本地硬盘中。因此,在试图访问远程服务之前,应该总是首先在本地缓存中查找产品信息。

ServicesFactory 总是返回本地产品信息服务的适配器。本地产品适配器并不会真正地适配其他构件,它将负责实现本地服务。使用实际的远程产品服务适配器的引用来初始化本地服务。如果本地服务在缓存中找到数据,则将数据返回;否则,将请求转发给外部服务。

在内存中的 ProductCatalog 对象保存着从产品信息服务中读取的一些 ProductDescription 对象的内存集合,例如 Java 的 HashMap。依据本地可用内存的大小,可以调整该集合的大小。

本地产品服务可以维护一个较大的持久化缓存,例如基于硬盘文件存储,用于维护一定数量的产品信息。该持久化缓存对于容错很重要,即使 POS 机应用程序崩溃,内存中的 ProductCatalog 对象丢失,但持久化缓存依然有效。

图 9.35 展示了设计的内容,实现了适配器接口,但并不是其他构件的真正适配器,而是实现了本地服务功能。

具体的实现与初始化如图 9.36 所示。

通过 ServicesFactory 返回一个本地服务。本地服务获取了对外部服务的适配器的引用。图 9.36 示出了从产品目录到外部产品服务的初始化协作。

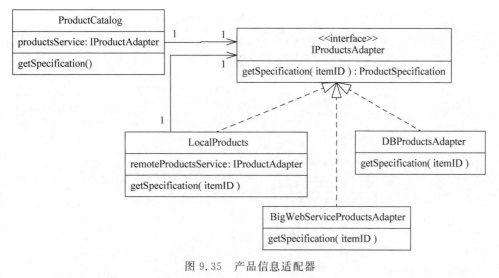

图 9.35　产品信息适配器

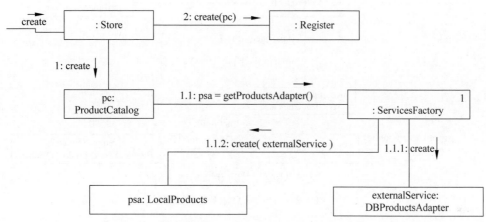

图 9.36　产品信息服务的初始化

  系统首先从本地获取产品信息,如果存在则直接读取。如果本地没有,则从本地文件中读取产品数据信息(见图 9.37(a));如果本地文件也没有该产品信息,则系统从外部服务器上读取信息(见图 9.37(b))。

  如果产品不在本地产品服务的缓存中,则本地产品服务将与外部服务的适配器进行协作。本地产品服务将 ProductDescription 对象缓存为串行化对象。如果实际的外部服务从数据库改为新的 WebService,则只需改动远程服务的工厂配置。考虑到与 DBProductsAdapter 的协作,适配器需要与对象-关系映射持久化子系统交互,如图 9.38 所示。

  上述缓存策略可以采用称为惰性初始化的策略,即当实际读取外部产品信息时,逐步加载缓存。也可以采用立即初始化,即当启动用况时就加载缓存。

  【例 9.8】　POS 机系统的异常处理设计。

  由于产品价格经常变动,缓存价格信息会导致数据失效。解决的方案是通过增加远程服务操作来查询当日更新的数据。LocalProducts 对象定期地查询并更新它的缓存。要实现定期查询数据,则将 LocalProducts 对象设计为拥有控制线程的主动对象。线程休眠一段时间,唤醒后读取数据,再次休眠,如此反复。如图 9.39(a)所示,在 Java 中,对线程的

172

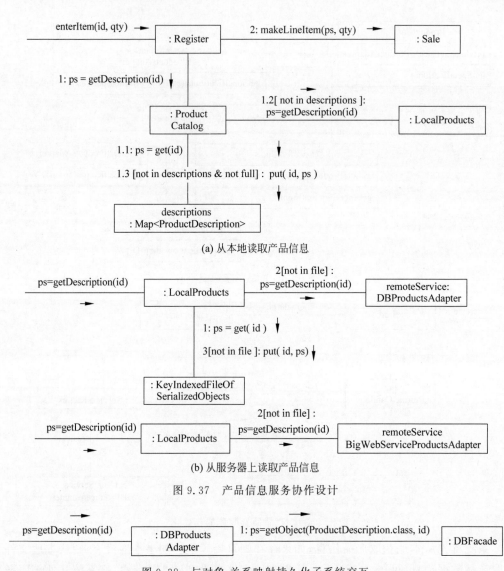

(a) 从本地读取产品信息

图 9.37　产品信息服务协作设计

(b) 从服务器上读取产品信息

图 9.38　与对象-关系映射持久化子系统交互

run()方法可以视为异步消息。用 active 关键字表示 LocalProducts 对象为主动对象,其运行于自身线程之上。如图 9.39(b)所示,在类图中可在对象上加双线表示主动对象。

采用对象缓存文件的方案可以提高系统效率,但是当本地缓存没有产品信息而导致访问外部产品服务失败时,系统如何处理呢? 假设,此时要求系统通知收银员人工输入价格和描述或者取消该产品项。

通知故障的最直接的方法是抛出一个异常。当访问外部产品数据库失败时,持久化子系统可能抛出异常。异常沿着调用栈向上传递到适当的处理点。在一个子系统中,避免直接抛出来自较低层子系统或服务的异常。应该将较低层的异常转换成在本层子系统中有意义的异常。例如,持久化子系统捕获一个特定的 SQLException 异常,并且抛出一个新的包含 SQLException 异常的 DBUnavailableException 异常。较高层的 DBProductAdapter 作为逻辑子系统的代表,可以捕获较低层的 DBUnavailableException 异常,并且抛出一个新的 ProductInfoUnavailableException 异常,而新的异常包裹了 DBUnavailableException。

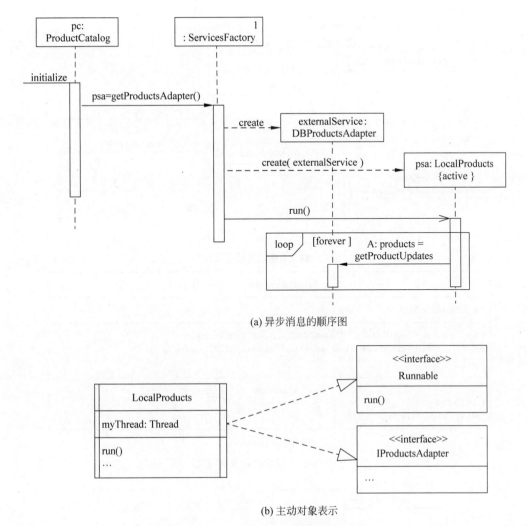

(a) 异步消息的顺序图

(b) 主动对象表示

图 9.39　主动对象与控制线程

　　图 9.40(a)所示表示 SQLException 异常转换为 DBUnavailableException 异常描述。在 UML 中,异常是一个特殊的信号。在交互图中,异常被表示为异步消息,用刺形箭头来表示。在 PersistenceFacade 类中,使用标记《exceptions》的分栏可以列出所抛出的异常。图 9.40(b)所示是相应的类的表示。

　　一旦抛出异常,接下来的工作就是处理异常,可采用集中错误日志和错误会话方式来处理异常。

　　【例 9.9】　POS 机系统的"支付"功能详细设计。

　　商品输入完成后就可以进行结束商品输入操作。这里用到系统操作 endSale(),如图 9.41 所示。同理,这里也通过控制器 Register 来处理消息的转发。直接将结束的消息传递给了 Sale 类的实例 s(也是在处理新销售时创建的一个 Sale 对象)。

　　结束销售后就是获取总额的操作。由控制器发出 getTotal()操作并要求返回总额 tot。方法的具体实现如图 9.42 中的注释所示。要获取总价必须先获取 SalesLineItem 中所有商品的单价。这里单价获取的设计是通过每个商品自己与商品描述类 ProductDescription 的交互类来获取。

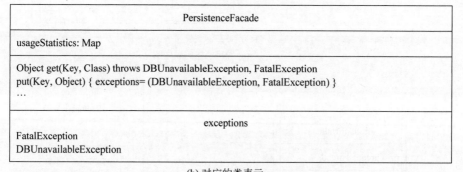

(a) 交互图的异常表示

PersistenceFacade
usageStatistics: Map
Object get(Key, Class) throws DBUnavailableException, FatalException put(Key, Object) { exceptions= (DBUnavailableException, FatalException) } …
exceptions
FatalException DBUnavailableException

(b) 对应的类表示

图 9.40　异常转换模式实例

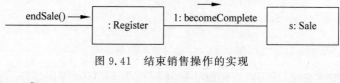

图 9.41　结束销售操作的实现

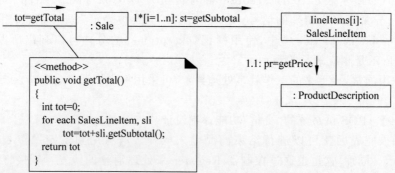

图 9.42　获取总价操作的实现

　　总额计算得出后就可以进行 makePayment() 操作,如图 9.43 所示。在这里同样通过控制器 Register 来接收系统操作 makePayment 消息。然后需要创建 Payment 实例,这里用 Sale 来创建 Payment 而不选用 Register 创建是因为这样设计有更好的内聚性和耦合性。

最后还需要与 Store 建立联系,将销售的信息进行存储。

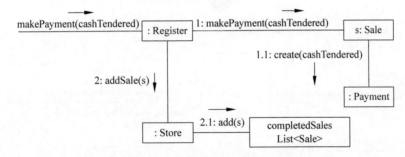

图 9.43　处理支付操作的实现

最后是计算找零的系统操作,将 Sale 对象与 Payment 对象相结合,如图 9.44 所示。

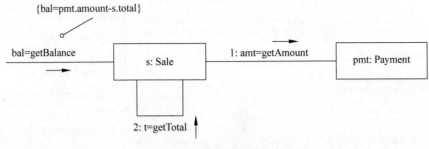

图 9.44　计算找零操作的实现

【例 9.9】　POS 机系统的容错处理详细设计。

通过在外部服务的前端添加本地服务,实现 POS 机系统的产品信息的本地服务容错。系统的使用过程是首先尝试本地服务,如果没有命中,则尝试外部服务。但这种方案并不是对所有服务都适用,例如账务服务过程中的记录销售,希望快速实时地追踪商店和终端的活动。这时需要先尝试外部服务,然后才是本地服务。

代理模式是解决这个问题较好的方案。代理模式的变体称为远程代理模式,其使用范围较为广泛。对于 POS 机系统应用,实现对外部账务的访问,可以使用如下所述的重定向代理。向重定向代理发送 postSale 消息,将其视为实际的外部账务服务。如果重定向代理通过适配器与外部服务通信失败,则将 postSale 消息重定向到本地服务。本地服务将 Sale 保存在本地,当账务服务激活时重新发给它。

图 9.45 给出了重定向代理的类图描述。图中使用编号表示交互的顺序。Register 对象的方法前使用"+""−"可见性标记,说明 makePayment 是公共方法,而 completeSaleHandling 是私有方法。

代理是包裹内部对象的外部对象,两者实现相同的接口。Register 对象不知道正在引用的是代理对象,而感觉是真正的对象 SAPAccountingAdapter。代理截获调用以便增强对实际对象的访问能力。例如,POS 机中,accounting 实际引用了 AccountingRedirectionProxy 的实例。如果外部服务不能访问,则重定向到本地服务 LocalAccounting。

【例 9.10】　POS 机系统的非功能性需求的详细设计。

软件架构中的大型主题、模式和结构大多是关注解决非功能或质量需求的设计,而非基本业务逻辑的设计,这是软件架构的关键点。

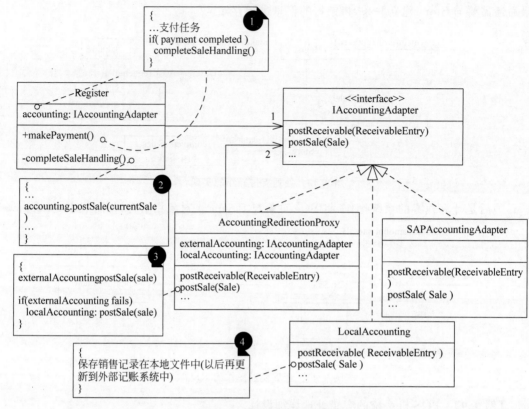

图 9.45　重定向代理的类图

　　POS 机系统中,系统需要与各种各样的设备进行工作,包括显示器、票据打印机、现金抽屉、扫描仪等。这些设备许多都存在工业标准和已经定义好的标准的面向对象接口。例如,UnifiedPOS 是为 POS 机设备定义了接口的工业标准的 UML 模型。JavaPOS 是 UnifiedPOS 向 Java 映射的工业标准。POS 设备制造商提供这些控制设备的接口的 Java 实现。利用这些软件可以减少开发费用和周期,同时可降低自行开发所带来的困难和风险。

　　如果要直接使用这些软件,可以使用工厂模式从系统属性中读取需要加载的类集,并返回基于其接口的实例。图 9.46 是标准的 JavaPOS 接口,构成了新增加的设计包。

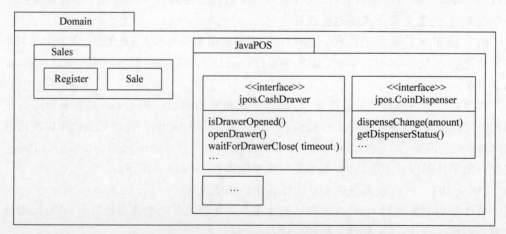

图 9.46　标准的 JavaPOS 接口

如果我们购买了现金抽屉等 POS 机设备,也得到了制造商提供的 JavaPOS 实现的 Java 类。这些 Java 类使底层的设备驱动能够与 JavaPOS 接口进行适配,因此可以看作适配器对象。它们可以作为代理对象,控制和增强对物理设备访问的本地代理。在底层,物理设备在操作系统中有相应的设备驱动。实现现金抽屉的类 jpos. CashDrawer 使用 JNI(Java Native Interface Java 本地接口)来调用这些设备驱动。

例如,IBM 提供的现金抽屉和硬币提取机驱动程序:
- com. ibm. pos. jpos. CashDrawer 实现了 jpos. CashDrawer;
- com. ibm. pos. jpos. CoinDispenser 实现了 jpos. Coindispenser;

NCR 提供的现金抽屉和硬币提取机驱动程序:
- com. ncr. posdrivers. CashDrawer 实现了 jpos. CashDrawer;
- com. ncr. posdrivers. CoinDispenser 实现了 jpos. Coindispenser;

由于 POS 机系统会用到许多设备驱动程序,采用工厂模式创建一组实现相同的接口的类。图 9.47 展示了抽象工厂模式的基本思想。

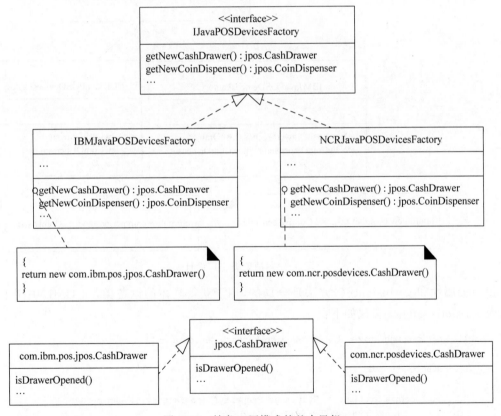

图 9.47 抽象工厂模式的基本思想

抽象工厂模式的一种变体是创建一个抽象工厂,使用单实例类访问它,读取系统属性以决定创建哪个子类工厂,然后返回对应的子系统实例。例如,POS 机系统中,系统需要知道是 IBMJavaPOSDevicesFactory,还是 NCRJavaPOSDevicesFactory,如图 9.48 所示。

使用抽象工厂类和单实例类模式的 getInstance()方法,对象可以与抽象超类协作,并得到其某个子类实例的引用。图 9.48 中 JavaPOSDevicesFactory 是一个抽象工厂类,其

面向对象设计

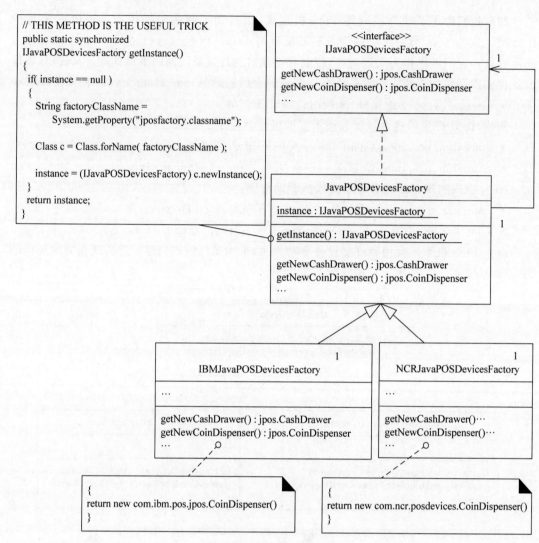

图 9.48　抽象类工厂设计

insatance 属性和 getInstance()方法是全局的,用于获得具体的设备类,在 UML 中用下画线表示。getInsatance 实现如下:

```
public static synchronized IJavaPOSDevicesFactory getInstance()
{
    if (instance == null)
    {
        String factoryClassName = System.getProperty("jposfactory.classname");
        Class c = Class.forName(factoryClassName);
        Insatnce = (IJavaPOSDevicesFactory)c.newInstance();
    }
    return instance;
}
```

IBMJavaPOSDevicesFactory 和 NCRJavaPOSDevicesFactory 是两个单实例类,在 UML 中用类名称右上角的"1"标记。例如下面的语句:

```
cashDrawer = JavaPOSDevicesFactory.getInstance().getNewCashDrawer();
```

根据读取的系统属性,上述语句将返回 IBMJavaPOSDevicesFactory 或者 NCRJavaPOSD evicesFactory 类的实例。注意通过属性文件可改变外部的系统属性 jposfactory.classname,POS 机系统将使用不同的 JavaPOS 驱动程序族。通过数据驱动设计(读取属性文件)和反射编程设计,使用 c.newInstance()表达式可以对变化的工厂实现防止变异(Protected Variation)模式。

为了实现低表示差异原则,POS 机系统中一般由 Register 类进行设备的引用,部分代码如下:

```
class Register {
    private jpos.CashDrawer cashDrawer;
    private jpos.coinDispenser coinDispenser;
    public Register() {
        cashDrawer = JavaPOSDevicesFactory.getInstance().getNewCashDrawer();
        …
    }
        …
}
```

9.4.3 类详细设计

类图和对象图是设计阶段的主要制品。顺序图和协作图中的消息映射为类图中的方法,交互消息的对象映射为类的对象,每个消息的交互实现映射为类图和对象图中方法的实现。

在类图的精化设计中不仅要得到每个类中的属性和方法,还要有方法的粗略实现(也即方法的实现过程)。

1. 可见性的设计

在类图的详细设计中,可见性的设计主要有属性可见性、参数可见性、局部可见性和全局可见性 4 种。

(1) 属性可见性就是在一个类中有另一个类的对象。

(2) 参数可见性是指一个对象是另一个对象中方法的参数。

(3) 局部可见性是指在一个类对象的方法中有另一个的对象作为其方法的局部变量。

(4) 全局可见性是指一个类对象具有某种方式的全局可见性。这种可见性是相对持久的可见性。当然这种可见性设计在面向对象的方法中并不提倡。

【例 9.11】 POS 机系统的对象可见性设计。

在 POS 机系统中控制器类 Register 中就有 ProductCalatog 类的对象,代码如下:

```
class Register{
…
    private ProductCalatog catalog;
    public void enterItem(itemID,qty){
    …
    desc = catalog.getProductDesc(itemID);
    …
    }
    …
}
```

179

第
9
章

面向对象设计

在 Sale 类中的 makeLineItem()方法的参数中就有 ProductDescription 对象作为参数，代码如下：

```
class Sale{
    …
    public void makeLineItem(ProductDescription desc, int qty){
    …
    sl = new SalesLineItem(desc, qty);
    …
    }
    …
}
```

在控制器类 Register 中的 enterItem()方法中就有 ProductDescription 的对象作为其局部变量，代码如下：

```
class Register{
    …
    public void enterItem(itemID, qty){
    …
    ProductDescription desc;
    desc = catalog.getProductDesc(itemID);
    …
    }
    …
}
```

2. 类图的细化

一般情况下，类图的设计是以交互图的设计为基础的，类图中的元素也是从交互图中抽象提取出来的。通过交互图中对象之间的交互，找出对象所属的类以及类之间的关系。通过对交互图中对象之间消息的交互的分析和细化得到类图中的属性和方法。

【例 9.12】 POS 机系统的类图详细设计。

从 POS 机交互图的分析中得到如图 9.49 所示的类图。

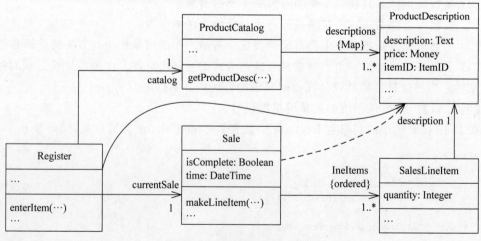

图 9.49　输入商品条目的类图

随着通过各个对象之间具体消息的交互实现 enterItem 的系统操作,可以细化 Register 类和 Sale 类中的方法,如图 9.50 所示。

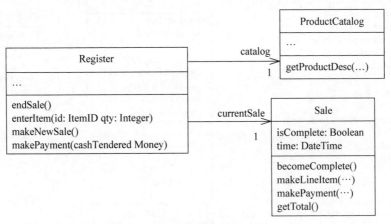

图 9.50   细化的类图

当然,对类图进行分析的时候也必须理解类图和类之间的关系是如何映射得到具体的实现类的。这样更加有利于类图的正确细化。图 9.51 所示是 Register 细化的类图与实现。

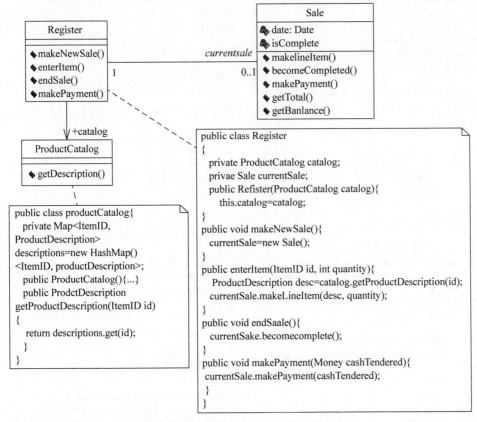

图 9.51   Register 细化的类图与实现

图 9.52 所示是 Sale 类细化的类图与实现。

图 9.53 所示是 SalesLineItem 类细化的类图与实现。

第 9 章

面向对象设计

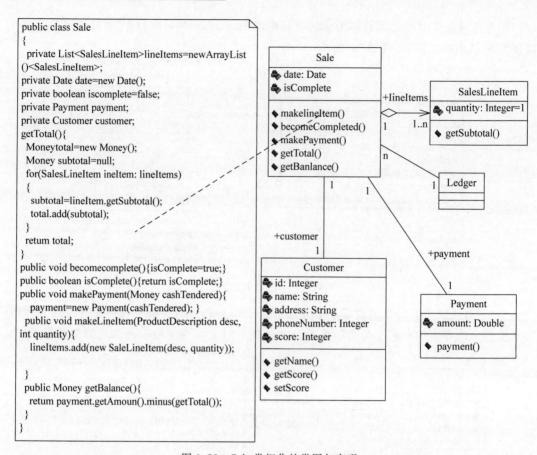

```
public class Sale
{
  private List<SalesLineItem>lineItems=newArrayList
()<SalesLineItem>;
private Date date=new Date();
private boolean iscomplete=false;
private Payment payment;
private Customer customer;
getTotal(){
  Moneytotal=new Money();
  Money subtotal=null;
  for(SalesLineItem ineItem: lineItems)
  {
    subtotal=lineItem.getSubtotal();
    total.add(subtotal);
  }
  return total;
}
public void becomecomplete(){isComplete=true;}
public boolean isComplete(){return isComplete;}
public void makePayment(Money cashTendered){
    payment=new Payment(cashTendered); }
 public void makeLineItem(ProductDescription desc,
int quantity){
    lineItems.add(new SaleLineItem(desc, quantity));

  }
 public Money getBalance(){
   retum payment.getAmoun().minus(getTotal());
  }
}
```

图 9.52　Sale 类细化的类图与实现

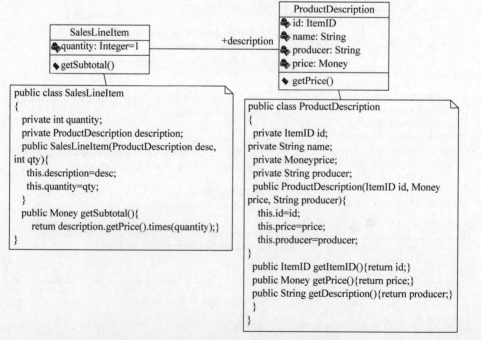

```
public class SalesLineItem
{
   private int quantity;
   private ProductDescription description;
   public SalesLineItem(ProductDescription desc,
int qty){
     this.description=desc;
     this.quantity=qty;
   }
   public Money getSubtotal(){
      return description.getPrice().times(quantity);}
}
```

```
public class ProductDescription
{
  private ItemID id;
private String name;
  private Moneyprice;
  private String producer;
  public ProductDescription(ItemID id, Money
price, String producer){
    this.id=id;
    this.price=price;
    this.producer=producer;
}
  public ItemID getItemID(){return id;}
  public Money getPrice(){return price;}
  public String getDescription(){return producer;}
  }
}
```

图 9.53　SalesLineItem 类细化的类图与实现

9.5 部署设计

部署设计的目的是完成系统运行环境的设计,包括构建部署图和构建分配。

部署图表示的是如何将具体软件制品(如可执行文件)分配到计算节点(具有处理服务的某种事物)上。部署图表示了软件元素在物理架构上的部署,以及物理元素之间的通信。部署图有助于沟通物理或者部署架构。部署图中最基本的元素是节点,有以下两种类型的节点。

(1) 设备节点:具有处理和存储能力,可执行软件的物理计算资源,如典型的计算机或移动电话。

(2) 执行环境节点:在外部节点中运行的软件计算资源,其自身可以容纳和执行其他可执行软件元素。例如,操作系统是容纳和执行程序的软件;虚拟机容纳和执行程序;数据库引擎接收 SQL 语句并执行之,并且容纳和执行内部存储过程;Web 浏览器容纳和执行 JavaScript、Java applets、Flash 和其他可执行的元素;工作流引擎;Servlet 容器或 EJB 容器。

UML 规范建议使用构造型来标记节点类型,例如《server》、《OS》、《database》、《browser》等。节点之间的一般连接表示一种通信路径,并且上面可以标记协议。它们通常表示网络连接。节点可以包含并显示制品,即具体的物理元素通常为文件。其中包括诸如 JAR 包、部件、*.exe 文件和脚本等可执行物理元素。节点也可以包含诸如 XML、HTML 等数据文件。

部署图中通常显示的是一组实例的示例。例如,在一个服务器计算机实例中运行一个 Linux 操作系统实例。通常在 UML 中,具体实例的名称带有下画线,如果没有下画线则代表类,而不是实例。注意,该规则对于交互图中的实例有例外,以生命线框图表示的实例,其名称没有下画线。

构件是系统中用来描述客观事物的一个实体,它是构成系统的、支持即插即用的基本组成单位,一个构件由一个或多个对象经过包装构成,通过接口独立地对外提供服务。

一个构件由构件名、属性、服务和接口 4 部分组成。构件名是构件的唯一标识,采用 118 位全局唯一标识符(GUID)来表示。属性是用来描述构件静态特征的一个数据项。服务是用来描述构件动态特征的一个操作序列。接口是用来描述构件对外界提供服务的图形界面。

构件是设计级别的视图,并不存在于具体软件视图,但是可以映射为具体的软件制品。由于基于构件的建模所强调的是可替换性,因此其一般准则是,为相对大型的元素进行构件建模,因为对大量较小的、细粒度的可替换部分进行设计较为困难。

【例 9.13】 ATM 系统构架设计。

图 9.54 给出了 ATM 系统设计模型的构架视图。

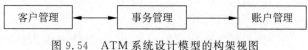

图 9.54 ATM 系统设计模型的构架视图

根据实际应用,可以将 ATM 分为"ATM 接口"、"事务管理"和"账户管理"3 个子系统,它们通过接口连接起来,如图 9.55 所示。

183

第 9 章

面向对象设计

184

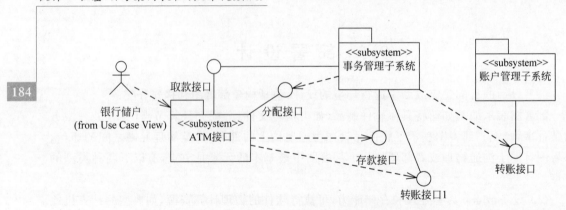

图 9.55　ATM 中设计模型的构架视图静态结构

其中"ATM 接口"子系统有"分发"接口,"事务管理"系统有"取款"、"存款"和"转账"等接口,"账户管理"子系统有"转账""历史"等接口。构架视图的静态结构可用 UML 包图表示。图 9.56 通过协作执行来实现"取款"用例。

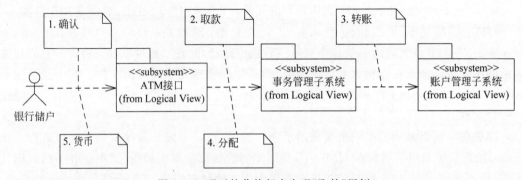

图 9.56　通过协作执行来实现"取款"用例

实施模型根据相互连接的节点定义的实际的系统构架。这些节点是软件构件能够在其上运行的硬件单元。在设计期间,需要确定哪些类元是主动的,即确定线程或过程;还要确定主动的对象,以及主动对象是如何通信、同步和共享信息的。在将主动对象分配给节点时,需要考虑节点的性能和连接特点。

实施模型视图描述节点和连接以及分配给节点的主动对象。图 9.57 给出了 ATM 系统分布在 3 个不同的节点上。

图 9.57　ATM 系统实施模型

当定义这些节点时,可以将功能部署到节点上。一般将每个子系统部署到每个节点上,图 9.58 给出了 ATM 系统节点部署情况。

该子系统中每个主动类都部署在相应的节点上,并具体表现为运行于该节点上的一个过程。主动类用粗边框的矩形表示。

实现模型的构架视图是以设计模型和实施模型直接映射得到的。每个设计服务子系统

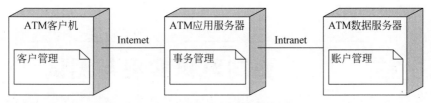

图 9.58　ATM 系统节点部署情况

通常会为它所安装的节点类型产生一个构件。有时,同一构件可能会在几个节点上实例化和运行,如多个 ATM 都运行"客户管理"子系统构件。

服务子系统有可能实现多个构件,如"取款管理"服务子系统实现为两个构件:在服务器端的取款和在客户机端的取款。在服务器端的取款可实现为"取款"类,而在客户机端的取款实现为"取款代理"类。在实际的系统中,每个服务子系统应该有更多的类,所以一个构件要实现多个类。

9.6　小　　结

在实际的软件开发过程中,面向对象的分析与设计建模二者之间的界限是模糊的。面向对象分析获取用户的需求,并根据业务分析建立系统的业务与领域模型,进而构造基本业务行为来验证需求的准确性和合理性,而面向对象设计则精化来自分析阶段的领域模型和业务模型,然后从系统的角度精化领域对象,进而转换成系统的对象和设计类,进一步构造和扩展类模型、逻辑模型、交互模型等,验证分析是否存在问题,并返回到分析阶段进行再次分析。由此可见,面向对象分析与设计是一个多次反复、逐次迭代、逐步精化的过程。

在面向对象设计阶段包括两层的设计:一层是低层的设计,主要针对分析阶段创建的模型进行设计和细化。例如,对顺序图和协作图中的消息的交互进行细化,对类图和对象图确定属性、方法以及方法的实现等。另一层是高层的设计,主要是对系统架构的设计、实施和部署。例如,对系统的逻辑架构进行精确设计和包的划分,设计出合适的构件来实现类和对象设计,最后还要具体部署整体系统的模型。

习　　题

1. 阐述面向对象分析与面向对象设计的关系。
2. 举例阐述软件设计原则。
3. 什么是部署图,有哪些组成要素?
4. 完善 ATM 系统的顺序图。
5. 绘制 ATM 系统的事务管理的构件图和部署图。
6. 对 POS 机系统进行精化设计,完成部属图和构件图设计。

第 10 章　面向对象实现与测试

【学习重点】

（1）理解面向对象测试的层次与过程。

（2）理解面向对象测试的基本方法。

由于系统按照面向对象进行设计,因此使用面向对象语言实现非常方便快捷。使用面向对象语言时,由于语言本身充分支持面向对象概念的实现,因此,编译程序可以自动把面向对象概念映射到目标程序中。当然也可以使用非面向对象语言实现系统。使用非面向对象语言编写面向对象程序,则必须由程序员自己把面向对象概念映射到目标程序中。从原理上说,使用任何一种通用语言都可以实现面向对象概念。当然,使用面向对象语言,实现面向对象概念,远比使用非面向对象语言方便。

完成编写代码以后,就需要进行测试。面向对象的测试与面向过程的测试基本类似,也是先进行单元测试,然后进行集成测试,最后进行系统测试和确认测试。单元测试就是对每个类进行测试,集成测试就是集成多个类一起测试,系统测试和确认测试就是在用户参与的情况下进行整体功能测试。

10.1　面向对象实现

视频讲解

面向对象实现就是使用面向对象语言编程实现类的代码和系统功能实现代码。面向对象语言借鉴了 20 世纪 50 年代的人工智能语言 LISP,引入了动态绑定的概念和交互式开发环境的思想。始于 20 世纪 60 年代的离散事件模拟语言 SIMULA67,引入了类的要领和继承,成形于 20 世纪 70 年代的 Smalltalk。面向对象语言的发展有两个方向:一个是纯面向对象语言,如 Smalltalk、Java 等;另一个是混合型面向对象语言,即在过程式语言及其他语言中加入类、继承等成分,如 C++、Objective-C、面向对象 Pascal 等。面向对象的编程语言使程序能够比较直接地反映问题域的本来面目,软件开发人员能够利用人类认识事物所采用的一般思维方法来进行软件开发。面向对象编程语言具有封装、构造方法、方法重载、继承、多态、接口、常量、异常处理等特点。

【例 10.1】　POS 机系统的面向对象实现。

关于 POS 机系统,考虑了会员的情况,所以增加了一个会员类 Customer。

（1）创建一次销售,如图 10.1 所示。用户输入或扫描会员卡发起一次销售,系统创建一个会员,并以该会员创建一次销售。销售创建一个商品表单,准备存放输入的商品。

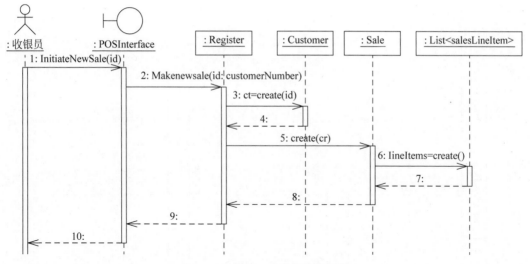

图 10.1 创建一次销售的顺序图

（2）输入商品，如图 10.2 所示。输入商品分为两个过程：第一个过程是收银员扫描或输入商品编号和数量，系统创建这个商品，并加入商品表单中；第二个过程是系统计算目前的商品的总价，并显示给顾客。

（3）处理支付，如图 10.3 所示。处理支付也是分为两个部分：一部分是创建支付对象，收银员输入支付金额，系统根据支付金额创建一个支付对象；另一部分是计算找零，系统计算商品总价，然后计算应找回的金额。

最终的类图如图 10.4 所示。

（4）界面层与领域层的连接。POS 机系统主界面的作用是输入要购买的商品和数量，并实时显示商品的名称、数量、单价和金额，以及总价、折扣等，如图 10.5 所示。

界面层对象获取领域层对象可见性设计，从主程序的起始方法中，如 Java 的 main 方法，调用初始化对象，同时创建界面对象和领域对象，且将领域对象传递给界面层，如图 10.6 所示。界面层对象提取领域对象，如负责创建领域对象的工厂对象。

在 POS 机系统中，当用户发出系统事件消息 enterItem，我们希望界面能够显示商品条目和总额。其设计方案如下。

- 在 Register 中增加一个 getTotal()方法。界面层发送 getTotal 消息到 Register 对象，Register 再将此消息委派给 Sale 对象。这样的设计有利于维护界面层与领域层的耦合，界面层只需知道 Register 对象，不需要了解任何领域对象。但这样的设计增加了 Register 的接口，降低它的内聚性。

- 如果界面层只需要知道总额，界面层可直接请求 Sale 对象，如图 10.7 所示。这样的设计将增加从界面层到领域层的耦合度，但 Sale 对象作为设计组成部分是稳定对象，与 Sale 的耦合并不是主要问题。

（5）初始化和启动用例。启动用例操作是系统最早要执行的操作，但在实际设计中要将该操作交互图的开发推迟到所有系统操作的设计工作完成之后进行。这样能够保证发现所有相关初始化活动所需的信息，有利于开发正确的系统操作交互图。

面向对象实现与测试

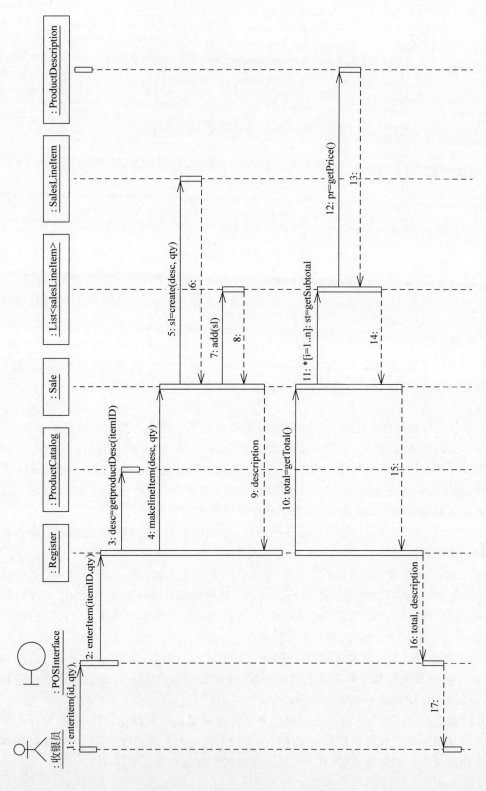

图 10.2　输入商品的顺序图

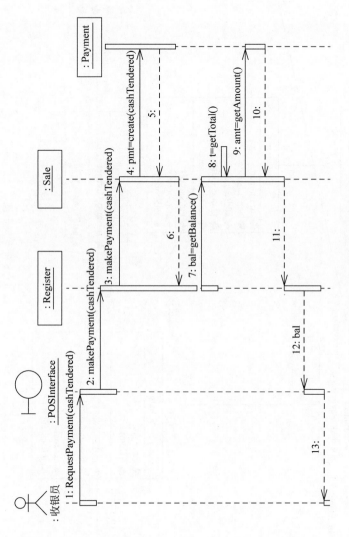

图 10.3 处理支付的顺序图

面向对象实现与测试

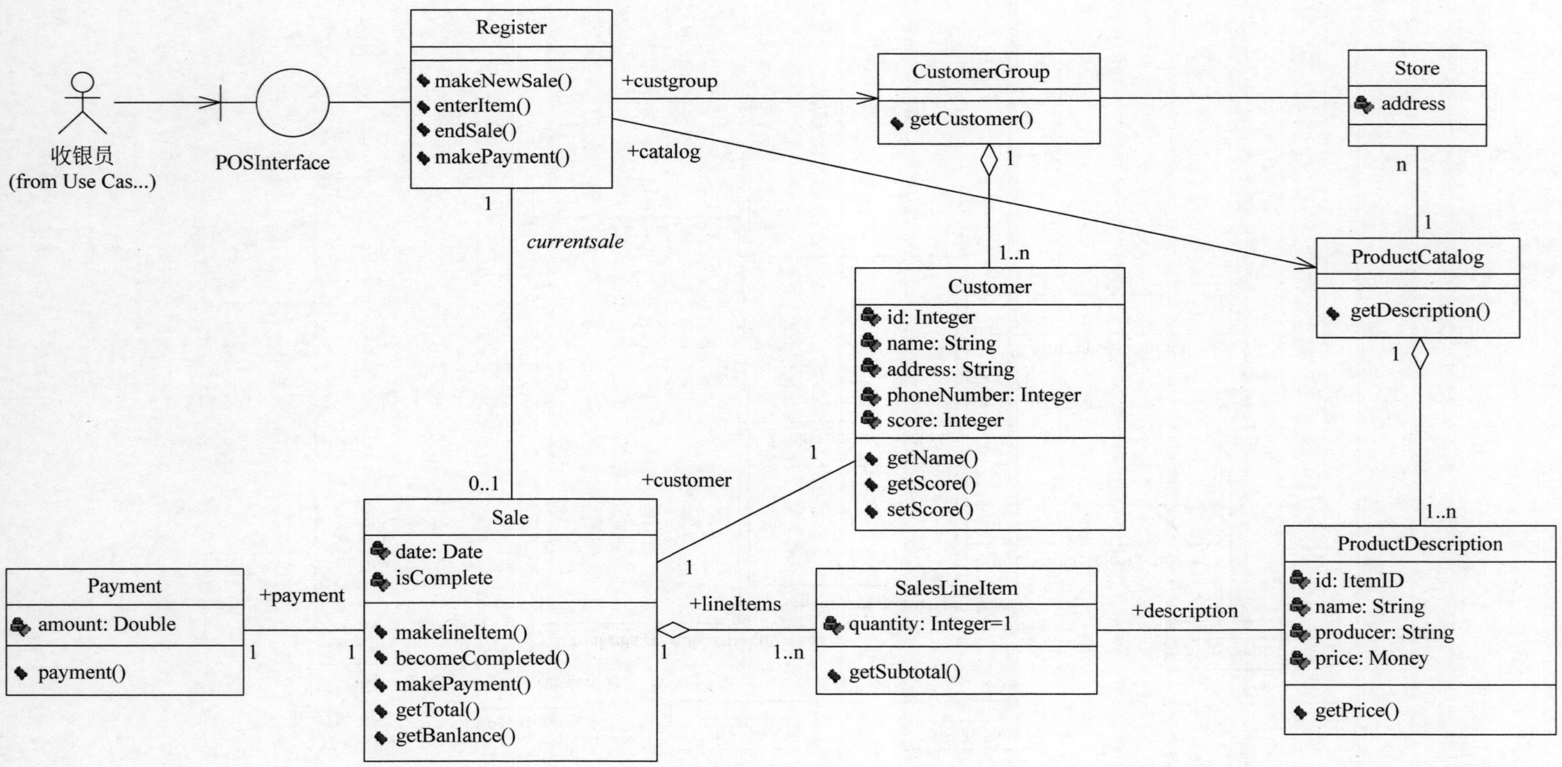

图 10.4　POS 机系统类图

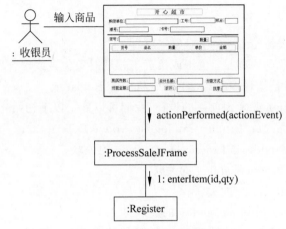

图 10.5   POS 机系统的主界面

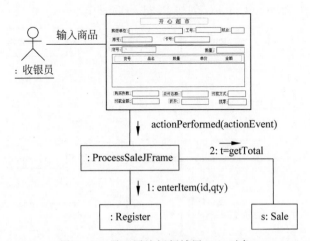

图 10.6   界面层访问领域层

图 10.7   界面层访问领域层 Sale 对象

启动用例操作可看作应用开始时执行的初始化阶段。要正确设计启动用例操作,必须要理解发生初始化的语境。应用如何启动和初始化与编程语言和操作系统有关。常见的设计约定是创建一个初始领域对象或一组对等的初始领域对象,这些对象是首先要创建的软件领域对象。这些创建活动可以显式地在最初的 main 方法中完成,也可以从 main 方法调用 Factory 对象来完成。

一旦创建了初始领域对象,该对象将负责创建其直接的子领域对象。例如,在 POS 机中,将 Store 作为初始领域对象,那么该对象将负责创建 Register 对象。下面的代码是 Java 应用中利用 main 方法创建初始领域对象:

```java
public class main
{
    public static void main(string[ ] args)
    {
        //Store 是初始领域对象,创建其他一些领域对象
        Store store = new Store();
        Register register = store.getRegister();
        ProcessSaleJFrame frame = new ProcessSaleJFrame(register);
        …
    }
}
```

这一工作也可以委派给 Factory 对象完成。

选择初始领域对象的原则是:位于或接近于领域对象包含或聚合层次中的根类作为初始领域对象,该类可能是外观控制器,如 POS 机中的 Register。

创建和初始化的任务要考虑前面的设计,我们可以确定以下初始化工作。

- 创建 Store、Register、ProductCatalog 和 ProductDescription。
- 建立 ProductCatalog 与 ProductDescription 的关联。
- 建立 Store 与 ProductCatalog 的关联。
- 建立 Store 与 Register 的关联。
- 建立 Register 与 ProductCatalog 的关联。

图 10.8 描述了上述的初始化设计。根据创建者模式,选择 Store 创建 Register 和 ProductCatalog,选择 ProductCatalog 创建 ProductDescription。

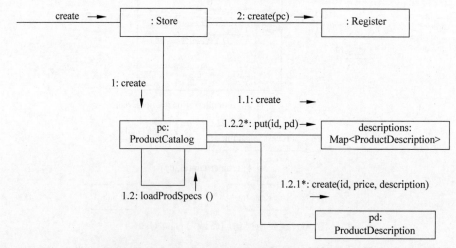

图 10.8 初始化领域对象

在最终的设计中,只有在需要时才从数据库中对 ProductDescription 进行具体化操作。

10.2　面向对象测试基础

针对面向对象软件工程范型,结合传统的测试步骤的划分,面向对象测试应结合开发阶段的测试,并与编码完成后的单元测试、集成测试、验收测试、系统测试组合成为一个整体。

面向对象测试的整体目标是以最小的工作量发现最多的错误,其和传统软件测试的目标是一致的,但是面向对象测试的策略和战术有很大不同。测试的视角扩大到包括复审分析和设计模型,此外,测试的焦点从过程模块移向了类。

10.2.1　面向对象分析阶段的测试

面向对象分析直接映射问题空间,全面将问题空间中实现功能的现实抽象化。将问题空间中的实例抽象为对象,用对象的结构反映问题空间的复杂实例和复杂关系,用属性和服务表示实例的特性和行为。面向对象分析的结果是为后续阶段类的选定和实现、类层次结构的组织和实现提供平台。因此,面向对象分析对问题空间分析抽象的不完整,最终会影响软件功能的实现,导致软件开发后期大量不可避免的修补工作。因此,面向对象分析阶段的测试重点在其完整性和冗余性。

面向对象分析阶段的测试包括对对象的测试、对结构的测试、对主题的测试、对属性与实例关联的测试,以及对服务和消息关联的测试。

1. 对对象的测试

①对象定义应全面,注意确认问题空间中所有可能的对象实例是否都反映在设计的抽象对象中;②对象是否具有多个属性,只有一个属性的对象通常应被看成其他对象的属性,而不是抽象为独立的对象;③对同一对象的所有实例,是否有共同的、区别于其他对象实例的共同属性;④对设计为同一对象的实例是否提供或需要相同的服务,如果服务随着不同的实例而变化,设计的对象就需要分解或利用继承机制来分类表示;⑤如果系统没有必要始终保持对象实例的信息,或者没有必要提供或得到关于它的服务,则该对象也就不需要;⑥对象的名称应该尽量准确。

2. 对结构的测试

结构分为分类结构和组装结构两种。分类结构体现了问题空间中实例的一般与特殊的关系,组装结构体现了问题空间中实例整体与局部的关系。

对分类结构的测试可考虑以下方面:①对于结构中处于高层的对象,是否在问题空间中含有不同于下一层对象的特殊可能性,即是否能派生出下一层对象;②对于结构中处于同一层的对象,是否能抽象出在现实中有意义的更一般的上层对象;③对所有的对象,是否能在问题空间内向上层抽象出在现实中有意义的对象;④高层的对象的特性是否完全体现下层的共性;⑤低层的对象是否有高层特性基础上的特殊性。

对组装结构的测试应考虑如下方面:①整体与部分的组装关系是否符合现实的关系;②整体的部分是否在考虑的问题空间中有实际应用;③整体中是否遗漏了反映在问题空间中有用的部分;④部分是否能够在问题空间中组装新的有现实意义的整体。

3. 对主题的测试

主题是在对象和结构的基础上更高一层的抽象,是为了提供面向对象分析结果的可见性。对主题的测试应该考虑以下方面:①贯彻"7+2"原则,如果主题个数控制在 2～7 个,就要求对有较密切属性和服务的主题进行归并;②主题所反映的一组对象和结构是否具有相同和相近的属性和服务;③主题是否是对象和结构更高层的抽象,是否便于理解分析结果的概貌;④主题间的消息联系是否代表了主题所反映的对象和结构之间的所有关联。

4. 对属性和实例关联的测试

对属性和实例关联的测试可从如下方面考虑:①属性是否对相应的对象和分类结构的每个现实实例都适用;②属性在现实世界是否与这种实例关系密切;③属性在问题空间是否与这种实例关系密切;④属性是否能够不依赖于其他属性被独立理解;⑤属性在分类结构中的位置是否恰当,低层对象的共有属性是否在上层对象属性上得到体现;⑥在问题空间中每个对象的属性是否定义完整;⑦实例关联是否符合现实;⑧在问题空间中实例关联是否定义完整。

5. 对服务和消息关联的测试

对服务和消息关联的测试可从以下方面考虑:①对象和结构在问题空间的不同状态是否定义了相应的服务;②对象或结构所需要的服务是否都定义了相应的消息关联;③消息关联所指引的服务提供的是否正确;④沿着消息关联执行的线程是否合理,是否符合现实过程;⑤服务是否重复,是否定义了能够得到的服务。

10.2.2 面向对象设计阶段的测试

面向对象设计阶段主要确定类和类结构不仅满足当前需求分析的要求,更重要的是通过重新组合或加以适当的补充,能方便实现功能的重用和扩增,以不断适应用户的要求。因此,对面向对象设计阶段的测试可考虑类的测试、类层次结构的测试和对类库支持的测试 3 个方面。

1. 类的测试

类的测试包括以下内容:是否涵盖了面向对象分析中所有认定的对象;是否能体现分析中定义的属性;是否能实现分析中定义的服务;是否对应着一个含义明确的数据抽象;是否尽可能少地依赖其他类;类中的方法是否具备单一用途。

2. 类层次结构的测试

类层次结构是能构造实现全部功能的结构框架。为此,类层次结构的测试内容包括以下内容。

(1) 类层次结构是否涵盖了所有定义的类。

(2) 是否能体现面向对象分析中所定义的实例关联。

(3) 是否能实现分析中所定义的消息关联。

(4) 子类是否具有父类中没有的新特性。

(5) 子类之间的共同特性是否完全在父类中得以体现。

3. 对类库支持的测试

对类库支持的测试内容如下。

(1) 一组子类中关于某种含义相同或基本相同的操作,是否有相同的接口。

（2）类中方法是否较单纯，相应的代码行是否较少。

（3）类的层次结构是否具有深度大、宽度小的特征。

10.2.3 面向对象编程阶段的测试

面向对象程序是把功能的实现分布在类中。它能正确实现功能的类，通过消息传递来协同实现设计要求的功能。正是这种面向对象程序风格，将出现的错误能精确地确定在某一具体的类中。因此，在面向对象编程阶段，忽略类功能实现的细则，将测试的目光集中在类功能的实现和相应的面向对象程序风格，包括数据成员的封装性测试和类的功能的测试两个方面。

1. 数据成员的封装性测试

数据封装是数据之间的操作集合。数据成员的封装性的测试基本原则是数据成员是否被外界直接调用。更直观地说，当改变数据成员的结构时，是否影响了类的对外接口，是否会导致相应外界必须改动。值得注意的是，有时强制的类型转换会破坏数据的封装特性。

2. 类的功能的测试

类所实现的功能，都是通过类的成员函数执行的。在测试类的功能实现时，应该首先保证类成员函数的正确性。单独看待类的成员函数，与面向过程程序中的函数或过程没有本质的区别，几乎所有传统的单元测试中所使用的方法都可在面向对象的单元测试中使用。具体的测试方法将在面向对象的单元测试中介绍。类函数成员的正确行为是类能够实现要求的功能的基础，类成员函数间的作用和类之间的服务调用是单元测试无法确定的。因此，需要进行面向对象的集成测试。测试类的功能不能仅满足于代码能无错运行或被测试类能提供的功能无错，应该以所做的设计结果为依据，检测类提供的功能是否满足设计的要求，是否有缺陷。

10.3 面向对象测试过程

面向对象软件测试的测试工作过程与传统的测试一样，分为以下几个阶段：制订测试计划、设计测试用例、执行测试和评价。目前，面向对象测试过程分为类方法测试、类测试、类簇测试和系统测试。

10.3.1 类方法测试

类方法测试主要考察封装在类中的一个方法对数据进行的操作，它与传统的单元测试相对应，可以将传统成熟的单元测试方法用于类方法测试。但是，方法与数据一起被封装在类中，并通过向所在对象发送消息来驱动，它的执行与对象状态有关，也有可能会改变对象的状态。因此，设计测试用例时要考虑设置对象的初态，使它在收到消息时执行指定的路径。

面向对象编程的特性使得对成员函数的测试又不完全等同于传统的函数或过程测试。尤其是继承特性和多态特性，使子类继承或重载的父类成员函数出现了传统测试中未遇见的问题。类方法测试应考虑以下两个方面的问题。

1. 继承的成员函数是否都不需要测试?

对父类中已经测试过的成员函数,满足如下条件的需要在子类中重新测试:继承的成员函数在子类中进行了改动;成员函数调用了改动过的成员函数的部分。

例如,假设父类 Bass 有两个成员函数:Inherited()和 Redefined()。子类 Derived 只对 Redefined()进行了改动。Derived∷Redefined()显然需要重新测试。对于 Derived∷Inherited(),如果它有调用 Redefined()的语句"x＝x/Redefined();",就需要重新测试;反之,无此必要。

2. 对父类的测试是否能照搬到子类?

假设 Base∷Redefined()和 Derived∷Redefined()已经是不同的成员函数,它们有不同的服务说明和执行。对此,应该对 Derived∷Redefined()重新测试分析,设计测试用例。但由于面向对象的继承使得两个函数相似,故只需在 Base∷Redefined()的测试要求和测试用例上添加对 Derived∷Redefined()新的测试要求并且增补相应的测试用例。例如,Base∷Redefined()含有如下语句:

```
If (value < 0) message ("less");
else if (value == 0) message ("equal");
else message ("more");
```

Derived∷Redfined()中定义为:

```
If (value < 0) message ("less");
else if (value == 0) message ("It is equal");
else
    {
        message ("more");
        if (value == 88)message("luck");
    }
```

在原有的测试上,对 Derived∷Redfined()的测试只需对 value＝＝0 的期望测试结果进行改动;,并增加 value＝＝88 的测试。

多态有几种不同的形式,如参数多态、包含多态、重载多态。包含多态和重载多态在面向对象语言中通常体现在子类与父类的继承关系。包含多态虽然使成员函数的参数可有多种类型,但通常只是增加了测试的繁杂度。对具有包含多态的成员函数进行测试时,只需要在原有的测试分析的基础上增加测试用例中输入的数据类型。

10.3.2 类测试

封装驱动了类和对象的定义,这意味着每个类和类的实例包装了数据和操纵这些数据的操作,而不是个体的模块。最小的可测试单位是封装的类或对象,类包含一组不同的操作,并且某些特殊操作可能作为一组不同类的一部分存在。我们不再孤立地测试单个操作,而是将操作作为类的一部分,主要考察封装在一个类中的方法与数据之间的相互作用。一个对象有它自己的状态和依赖于状态的行为,对象操作既与对象状态有关,又反过来可能改变对象的状态。普遍认为这一级别的测试是必须的。类测试时要把对象与状态结合起来,进行对象状态行为的测试。类测试可分以下两个部分。

1. 基于状态的测试

考察类的实例在其生命期各个状态下的情况。这类方法的优势是可以充分借鉴成熟的有限状态自动机理论,但执行起来还很困难。一是状态空间可能太大;二是很难对一些类建立起状态模型,没有一种好的规则来识别对象状态及其状态转换;三是可能缺乏对被测对象的控制和观察机制的支持。

2. 基于响应状态的测试

基于响应状态的测试是指从类和对象的职责出发,以外部向对象发送消息的序列来测试对象的响应的测试方法。较有影响的是基于规约的测试方法和基于程序的测试方法。基于规约的测试往往可以根据规约自动或半自动地生成测试用例,但未必能提供足够的代码覆盖率;基于程序的测试大都是传统的基于程序的测试技术的推广,有一定的实用性,但方法过于复杂且效率不高。

10.3.3 类簇测试

类簇测试就是组装多个类进行测试。面向对象程序具有动态特性,程序的控制流往往无法确定,因此只能对整个编译后的程序进行基于黑盒方法的集成测试。面向对象的类簇测试可以分成两步进行:先进行静态测试,再进行动态测试。

1. 静态测试

静态测试主要针对程序的结构进行,检测程序结构是否符合设计要求。现在流行的一些测试软件都能提供一种称为"可逆性工程"的功能,即通过原程序得到类关系图和函数功能调用关系图将"可逆性工程"得到的结果与设计的结果进行比较,检测程序结构和实现上是否有缺陷。

2. 动态测试

动态测试通常需要以功能调用结构图、类关系图或者实体关系图作为参考,确定不需要被重复测试的部分,从而优化测试用例,减少测试工作量,使得进行的测试能够达到一定覆盖标准。测试所要达到的覆盖标准如下。

(1) 达到类所有的服务要求或服务提供的一定覆盖率。

(2) 依据类之间传递的消息,达到对所有执行线程的一定覆盖率。

(3) 达到类的所有状态的一定覆盖率等。同时也可以考虑使用现有的一些测试工具来得到程序代码执行的覆盖率。

具体设计测试用例的具体步骤如下。

(1) 先选定检测的类,参考面向对象设计结果,仔细分析出类的状态和相应的行为、类或成员函数间传递的消息、输入或输出的界定等。

(2) 确定覆盖标准。

(3) 利用结构关系图确定待测类的所有关联。

(4) 根据程序中类的对象构造测试用例,确认使用什么输入来激发类的状态、使用类的服务以及期望产生什么行为等。

根据具体情况,动态的集成测试有时也可以通过系统测试完成。

因为面向对象软件没有层次的控制结构,所以传统的自顶向下和自底向上集成策略就没有意义。此外,一次集成一个操作到类中这种做法通常是不可能的,这是由于"构成类的成分存在直接和间接的交互"。对面向对象软件的集成测试有两种不同的策略:第一种称为基于线程的测试,集成一组对回应系统的一个输入或事件所需的类,每个线程被集成并分别测试,应用回归测试以保证没有产生副作用;第二种称为基于使用的测试,通过测试那些几乎不使用服务器类的类(称为独立类)而开始构造系统,在独立类测试完成后,下一步是测试访问独立类的类(称为依赖类)。这个依赖类层次的测试序列一直持续到构造完成整个系统。

10.3.4 系统测试

与传统的系统测试一样,面向对象的系统测试应该尽量搭建与用户实际使用环境相同的测试平台,应该保证被测系统的完整性,对临时没有的系统设备部件,也应有相应的模拟手段。系统测试时,应该参考面向对象分析的结果,对应描述的对象、属性和各种服务,检测软件是否能够完全"再现"问题空间。系统测试不仅是检测软件的整体行为表现,从另一个侧面看,也是对软件开发设计的再确认。

与传统的系统测试一样,面向对象的系统测试内容包括以下几个。

(1) 功能测试:测试是否满足开发要求,是否能够提供设计所描述的功能,是否用户的需求都得到满足。功能测试是系统测试最常用并且必须的测试,通常还会以正式的软件说明书为测试标准。

(2) 强度测试:测试系统能力的最高实际限度,即软件在一些超负荷的情况下,功能的实现情况,如要求软件某一行为的大量重复、输入大量的数据或大数值数据、对数据库大量复杂的查询等。

(3) 性能测试:测试软件的运行性能。这种测试常常与强度测试结合进行,需要事先对被测软件提出性能指标,如传输连接的最长时限、传输的错误率、计算的精度、记录的精度、响应的时限和恢复的时限等。

(4) 安全测试:验证安装在系统内的保护机制确实能够对系统进行保护,使之不受各种非正常的干扰。安全测试时需要设计一些测试用例以力求突破系统的安全保密措施,由此检验系统是否有安全保密漏洞。

(5) 恢复测试:采用人工干扰使软件出错,中断使用,检测系统的恢复能力,特别是通信系统。恢复测试时,应该参考性能测试的相关测试指标。

(6) 可用性测试:测试用户是否能够满意使用。具体体现为操作是否方便、用户界面是否友好等。

(7) 安装/卸载测试。

面向对象的系统测试需要对被测软件结合需求分析进行仔细的测试分析,建立测试用例。

【例10.2】 ATM系统"取款"类的功能测试。

假如ATM的实现选择了客户机/服务器解决方案,那么就需要"取款"管理子系统包含部署在客户机和服务器端上的"取款"类。

在测试期间,需要验证系统是否正确实现其规格说明。建立一个包括测试用例和测试规程的测试模型。下面给出了一个测试用例"取款-基本流"。

输入:

(1) 银行储户的账户4588567267854329上余额为350元。

(2) 银行储户正确表明本人的身份。

(3) 银行储户请求从账户 4588567267854329 上取款 200 元。

(4) ATM 中有足够的货币。

结果：

(1) 银行储户的账户 4588567267854329 上余额减为 150 元。

(2) 银行储户从 ATM 获得 200 元。

条件：

在该测试用例运行期间，不允许其他用例对账户 4588567267854329 进行访问。

10.4　小　　　结

开发一个软件是为了解决现实世界中的问题，这些问题涉及的业务范围称为该软件的问题域。面向对象的编程实现将现实世界中的客观事物描述成具有属性和行为(或称为服务)的对象，通过抽象找出同一类对象的共同属性(静态特征)和行为(动态特征)，形成类。类通过一个简单的外部接口与外界发生关系，对象与对象之间通过消息进行通信。这样，程序模块间的关系更为简单，程序模块的独立性、数据的安全性就有了良好的保障。类的继承与多态性可以很方便地实现代码重用，大大提高了程序的可重用性，缩短了软件开发周期，并使软件风格统一。

面向对象测试是面向对象软件开发的不可缺少的一环，是保证软件质量、提高软件可靠性的关键。面向对象测试包括分析测试、设计测试和实现测试。结合传统软件测试的方法和技术，并针对面向对象软件所具有的特征，将面向对象实现测试层次划分为 4 层：方法测试、类测试、类簇测试和系统测试。方法测试对类的方法进行测试，类测试对每一个类进行独立测试，类簇测试对一组类进行集成测试，系统测试按照黑盒方法进行系统功能测试。

习　　　题

1. 阐述面向对象实现的特点。

2. 阐述面向对象测试实现测试的层次。

3. 设计针对 POS 机系统的面向对象测试过程。

面向对象实现与测试

第四部分
软件维护与项目管理

本部分将介绍软件维护和项目管理的基本原理、方法和过程及其模型,将回答以下问题:

- 什么是软件结构化维护?
- 软件维护有哪些方法?
- 软件维护有哪些类型?
- 什么是软件项目管理?
- 软件项目管理包括哪些内容?

第11章　软件维护

【学习重点】

(1) 理解软件维护的基本概念、类型和过程。

(2) 理解软件维护的方法。

软件维护工作处于软件生存周期的最后一个阶段,但却是软件生存期中最长的一个阶段,所花费的人力、物力最多,其费用高达整个软件生命期总费用的 60%～70%。因为软件总是会发生变更,如对存在的缺陷的修改、新功能的添加、软件运行环境变化造成的程序变动等。因此,应该充分认识到维护工作的重要性和迫切性,提高软件的可维护性,减少维护的工作量和费用,延长已经开发的软件的生命期,以发挥其应有的效益。

11.1　软件维护概述

软件维护是指在软件交付运行后,为保证软件正常运行以适应新变化而进行的一系列修改活动。软件维护是软件工程的一个重要任务之一,其主要工作就是在软件运行和维护阶段对软件产品进行必要的调整和修改。通常,要求进行软件维护的原因如下。

(1) 在软件运行中发现在测试阶段未能发现的潜在软件错误和设计缺陷。

(2) 根据实际情况,需要改进软件设计,以增强软件的功能,提高软件的性能。

(3) 要求在某环境下已运行的软件能适应特定的硬件、软件、外部设备和通信设备等组成的新的工作环境,或是要求其适应已变动的数据或文件。

(4) 为使投入运行的软件与其他相关的程序有良好的接口,以利于协同工作。

(5) 为使软件的应用范围得到必要的扩充。

随着计算机功能的强大和技术的发展,社会对计算机应用的需求越来越大,这就要求软件技术必须快速发展以适应需求。在软件快速发展的同时,应该考虑软件的开发成本,显然,对软件进行维护的目的是纠正软件开发过程中未发现的错误,增强、改进和完善软件的功能和性能,以适应软件的发展,延长软件的寿命以让其创造更多的价值。

无论一个软件的规模怎样,开发一个完全不需要改变的软件是不可能的。即使到了软件运行阶段,软件还是在不断进化以适应变化的需求。所以,软件维护是一个不可避免的过程。

软件维护工作具有以下特点。

(1) 软件维护是软件生产性活动中延续时间最长、工作量最大的活动。大、中型软件产品,开发周期一般为 1～3 年,运行周期可达 5～10 年。在这么长的软件运行过程中,需要不断改正软件中残留的错误和缺陷,适应新的环境和用户新的要求等。这些工作需要花费大量的精力和时间。据资料统计,软件维护所花费的工作量通常占整个软件生存周期工作量的60%以上,一些特大型软件的维护费用甚至高达开发费用的40~50倍。所以,高昂的软件维护费用是软件成本大幅度上升的重要因素。

（2）软件维护不仅工作量大、任务重,如果维护得不正确,还会产生一些意想不到的副作用,甚至可能引入新的错误。因此,软件维护的正误直接影响软件质量和使用寿命,维护活动必须慎之又慎。

（3）软件维护活动实际是一个修改和简化了的软件开发过程。软件开发的所有环节,如分析、设计、实现和测试等过程几乎都要在维护活动中用到。

（4）软件维护与软件开发一样,都需要采用软件工程的原理和方法。这样才可以保证软件维护的标准化、高效率,从而降低软件维护的成本。

11.2　软件的可维护性

既然软件维护是不可避免的,人们总希望所开发的软件能够容易维护。在软件工程领域,软件的可维护性是衡量软件维护难易程度的一种软件质量属性,是软件开发各个阶段中各项开发活动,包括维护活动的关键目标之一。

软件的可维护性是指纠正软件的错误和缺陷,以及为满足软件新要求或环境变化而进行修改、扩充、完善的难易程度。所以,软件的可维护性也可定义为软件的可理解、可测试、可修改的难易程度。一个软件的质量属性可以表现在许多方面。可维护性既是其中之一,又和其他软件质量属性有相当密切的关系。

（1）可理解性。可理解性是指人们通过阅读源代码和相关文档,了解程序功能、结构、接口和内部过程的容易程度。一个可理解的程序主要应该具备模块化、结构化、风格一致化(代码风格与设计风格的一致性)、易识别化(不使用令人捉摸不定或含糊不清的代码,使用有意义的数据名和过程名),以及文档完整化等一些特性。

（2）可测试性。可测试性是指论证程序正确性的容易程度。程序复杂度越低,证明其正确性就越容易。而且测试用例设计得合适与否,取决于对程序正确理解的程度。因此,一个可测试的程序应当是可理解的、可靠的和简单的。

（3）可修改性。可修改性是指程序容易修改的程度。一个可修改的程序应当是可理解的、通用的、灵活的和简单的。其中,通用性是指程序适用于各种功能变化而无须修改。灵活性是指能够容易地对程序进行修改。

上述3个属性是密切相关的,共同表述了软件的可维护性的定义。一个程序如果可理解性差,则是难以修改的;如果可测试性差,则修改后正确与否也难以验证。

除此之外,还有以下几个影响可维护性的软件质量属性。

（1）可靠性。可靠性是指一个程序按照用户的要求和设计目标,在给定的一段时间内正确执行的概率。软件可靠性是用户非常关心的一个特性,如果软件经常出现故障,必然影响用户的工作,甚至带来不可挽回的损失。

（2）可移植性。可移植性表明程序转移到一个新的计算机环境的可能性,或者它表明程序可以容易地、有效地在各种各样的计算机环境中运行的容易程度。软件可移植性也是用户关心的一个重要特性,因为随着信息技术的发展与应用以及时间的推移,软件的运行环境必然会或多或少地发生变化,如硬件已经被淘汰,或者关联的软件被升级等变化,那么就要求软件能够容易改变以适应新的环境,而不是由于其无法适应变化而不得不重新开发。

(3) 可使用性。从用户的观点来看,可使用性可以定义为程序方便、实用,以及易于使用的程度。一个可使用的程序应该能够做到易于使用,能允许用户出错和改变,并尽可能避免出现用户不知所措状态。

(4) 效率。效率表明一个程序能执行预定功能又不浪费机器资源的程度。机器资源包括内存容量、外存容量、通道容量和执行时间等。软件的设计能够充分发挥机器资源的作用,如软件能够利用计算机的多 CPU 执行并发工作、动态利用数据结构调整内存使用效率等。

11.3 软件维护活动的类型

视频讲解

根据维护工作的特征,软件维护活动可以归纳为纠错性维护、完善性维护、适应性维护和预防性维护。

1. 纠错性维护

软件测试不可能找出一个软件中所有潜伏的错误,所以当软件在特定情况下运行时,这些潜伏的错误可能会暴露出来。对在测试阶段未能发现的,在软件投入使用后才逐渐暴露出来的错误,对它们的测试、诊断、定位、纠错,以及验证与修改的回归测试过程,称为纠错性维护。

纠错性维护大约占整个维护工作量的 21%。例如,修正原来程序中未使开关复原的错误;解决开发时因未能测试各种可能条件而带来的问题;解决原来程序中遗漏处理文件中最后一个记录的问题。

减少纠错性维护的主要策略是在开发过程中采用新技术,利用应用软件包,提高软件结构化程度,进行周期性维护审查等。

2. 完善性维护

在软件的使用过程中,用户往往会对软件提出新的功能与性能要求。为了满足这些日益增长的新要求,需要修改或再开发软件,以扩充软件功能、增强软件性能、改进加工效率、提高软件的可维护性等。这些维护活动称为完善性维护。

例如,完善性维护可能是修改一个计算工资的程序,使其增加新的扣除项目;缩短软件的应答时间,使其达到特定的要求;把现有程序的终端对话方式加以改造,使其具有方便用户使用的界面;改进图形输出;增加联机帮助功能;为软件的运行增加监控设施,等等。

完善性维护的目标是使软件产品具有更高的效率。我们认为,完善性维护是有计划的一种软件"再开发"活动,不仅维护活动过程复杂,而且这种维护活动还可能会引入新的错误,必须格外慎重。

在软件维护阶段的正常期,由于来自用户的改造、扩充和加强软件功能及性能的要求逐步增加,完善性维护的工作量也逐步增加。实践表明,在所有维护活动中,完善性维护所占的比重最大,大约占总维护工作量的 50% 以上。

3. 适应性维护

适应性维护是为了适应计算机技术的飞速发展,使软件适应外部新的硬件和软件环境或者数据环境(如数据库、数据格式、数据输入/输出方式、数据存储介质等)发生的变化而进行修改软件的过程。

适应性维护约占整个维护工作量的25%。例如,为现有的某个应用问题实现一个数据库管理系统;对某个指定代码进行修改,如从3个字符改为4个字符;缩短系统的应答时间,使其达到特定的要求;修改两个程序,使它们可以使用相同的记录结构;修改程序,使其适用于另外的终端。

减少适应性维护工作量的主要策略是对可能变化的因素进行配置管理,将因环境变化而必须修改的部分局部化,即局限于某些程序模块等。

4. 预防性维护

通常,除了以上三类正常的维护活动之外,还有一类为了提高软件的可维护性和可靠性等,主动为以后进一步维护软件打下良好基础的维护活动,这类维护活动称为预防性维护。

随着软件技术的进步,对于相对早期开发的软件会发现存在结构上的缺陷(可能是由于当时的各种局限性造成的);或者是随着不断维护,软件的结构在衰退。如果这些情况发生,就需要在改善软件结构上下功夫,解决的办法就是进行预防性维护。

预防性维护主要是采用先进的软件工程方法对已经过时的、很可能需要维护的软件,或者软件中的某一部分重新进行设计、编码和测试与调试,以期实现结构上的更新。这种维护活动有一些软件"再工程"的含义。可以认为,预防性维护的意义在于"把今天的方法学用于昨天的软件,以满足明天的需要"。

预防性维护是为提高软件可维护性而改进软件产品的工作,大约占总维护工作量的5%。

11.4 软件维护技术与过程

视频讲解

11.4.1 软件维护技术

正确合理地使用软件维护技术,是提高维护的效率和质量的关键。软件维护技术与过程主要包括维护方法、维护支援方法、维护档案记录和维护评价等。维护方法涉及软件开发的所有阶段的方法;维护支援方法涉及支持软件维护阶段的技术;维护档案记录为维护工作提供信息和为维护评价提供有效的数据;维护评价用于确定维护的质量和成本。

1. 维护方法

维护方法是软件开发阶段用来减少错误、提高软件可维护性的方法,它贯穿于软件开发的所有阶段。

在需求分析阶段,对用户的需求进行严格的分析定义,使之没有矛盾且易于理解,可以减少软件中的错误。例如,美国密歇根大学的ISDOS工具就是需求分析阶段使用的一种分析和文档化工具,可以用它来检查需求规格说明书的一致性和完备性。

在设计阶段,划分模块时,应充分考虑将来改动或扩充的可能性,采用结构化分析和结构化设计方法,以及通用的硬件和操作系统来设计。

在编码阶段,应使用灵活的数据结构,使程序相对独立于数据的物理结构,养成良好的程序设计风格。

在测试阶段,应尽可能多发现错误,保存测试所用例子以及测试数据等。

上述不同阶段所使用的一些技术都可以减少软件错误,提高软件的可维护性。

2. 维护支援方法

维护支援方法是在软件维护阶段用来提高维护作业效率和质量的方法,主要包括以下步骤。

(1) 信息收集。收集有关软件在运行过程中的各种问题。

(2) 错误原因分析。分析所收集到的信息,分析出错的原因。

(3) 软件分析与理解。只有对需要维护的软件进行认真的理解,才能保证软件维护正确进行。

(4) 维护方案评价。在进行维护修改前,要确定维护方案,并由相关的组织进行评审通过后才能执行。

(5) 代码与文档修改,实施维护方案。

(6) 修改后的确认。经过修改的软件,需要重新进行测试。

(7) 远距离的维护。对于网络系统,可以通过远程控制进行维护。

3. 维护档案记录

为了估计软件维护的有效程度,确定软件的质量,同时确定维护的实际开销,需要在维护过程中做好维护文档的记录。每项维护活动都应该收集相关的数据,以便对维护工作进行正确评价。维护档案记录需要记录的数据主要包括以下内容。

(1) 修改程序所增加的源程序语句条数。

(2) 修改程序所减少的源程序语句条数。

(3) 每次修改所付出的人员和时间数(简称人·时数,即维护成本)。

(4) 维护申请报告的名称与维护类型。

(5) 维护工作的净收益等。

4. 维护评价

对一个软件维护性能的评价,如果缺乏可靠的统计数据将会变得比较困难。但是,如果所有维护活动的文档做得比较好,就可以通过统计得出维护性能方面的度量模型。维护评价可参考的度量指标包括以下几个。

(1) 每次程序运行时的平均出错次数。

(2) 花费在每类维护上的总人·时数。

(3) 每个程序、每种语言、每种维护类型的程序平均修改次数。

(4) 因为维护,增加或删除每个源程序语句所花费的平均人·时数。

根据这些度量提供的定量数据,可对软件项目的开发技术、语言选择、维护工作计划、资源分配,以及其他许多方面做出正确的判定。

11.4.2 软件维护过程

通常每项软件维护活动,首先都要建立维护机构,对每一个维护申请提出报告,并对其进行论证,然后为每一项维护申请规定维护的内容和标准的处理步骤。此外,还必须建立维护活动的登记制度,以及规定维护评审和评价的标准。

概括地说,软件维护过程包括维护申请、制订维护计划、执行维护活动、建立维护文档和复审/评价维护等。

除了较大的软件公司外,一个软件的维护工作并不需要设立一个专门的维护机构。虽然不要求建立一个正式的维护机构,但是在开发部门设立一个非正式的维护机构则是非常必要的。

维护请求往往是在无法预测的情况下发生的。一般情况下,维护管理员接到一个维护申请,该申请首先交给系统监督员去评价。系统监督员是一位技术人员,熟悉软件的每个细微部分。一旦做出需要维护的评价,则由维护负责人制定维护方案,交由维护人员进行维护工作。在维护人员对软件进行修改的过程中,由配置管理员严格把关,控制修改的范围,对软件配置进行审计。

维护负责人、系统监督员、维护管理员等均具有维护工作的某个职责范围。维护负责人、维护管理员可以是指定的某个人,也可以是一个包括管理人员、高级技术人员在内的小组。系统监督员可以有其他职责,但应具体分管某一个软件包。在开始维护之前,负责人需要实现明确责任,这样可以大大减少维护过程中的混乱。

所有的软件维护申请应按规定的方式提出。通常是由用户或者用户与维护人员共同提出维护申请单(Maintenance Request Form,MRF),或称为软件问题报告(Software Problem Report,SPR),提交给软件维护小组或维护管理员。如果遇到一个错误,即纠错性维护,则必须完整地说明产生错误的情况,包括输入数据、错误清单及其他有关材料。如果申请的是适应性维护、完善性维护,或者是预防性维护,必须提出一份修改说明书,详细列出所希望进行的修改。

维护申请报告是计划维护工作的基础,其是维护工作是否需要进行的评审依据。维护申请报告将由维护管理员和系统监督员共同研究处理,并相应地做出软件变更报告(Software Change Report,SCR)。SCR 的内容包括所需修改变动的性质、申请修改的优先级、为满足该维护申请报告所需的工作量(人员数、时间数)和预计修改后的结果等。

SCR 应提交给维护负责人,经批准后才能开始进一步安排维护工作。

对于各种类型的、每一项具体的维护申请,软件维护的工作流程如图 11.1 所示。软件维护的主要步骤是确认维护类型、实施相应维护和维护评审。

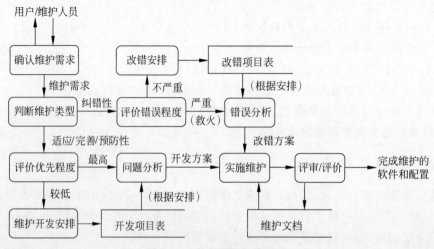

图 11.1　软件维护工作流程

1. 确认维护类型

确认维护需要维护人员与用户反复协商,弄清错误概况及其对业务的影响大小,以及用户希望进行什么样的修改,并把这些情况存入维护数据库,然后由维护管理员判断维护的类型。

对于纠错性维护申请,从评价错误的严重性开始。如果存在严重错误,如往往会导致重大事故,则必须安排人员,在系统监督员的指导下,立即进行问题分析,寻找错误发生的原因,进行"救火"式的紧急维护;对于不严重的错误,可根据任务性质和轻重缓急程度,统一安排改错的维护。所谓"救火"式的紧急维护,是暂不顾及正常的维护控制,也不必考虑评价可能发生的副作用,在维护完成、交付用户之后再去进行相关的补偿工作。

对于适应/完善/预防性维护申请,需要先确定每项申请的优先次序。若某项申请的优先级非常高,就应立即开始维护的开发工作;否则,维护申请和其他开发工作一样,进行优先排队,统一安排时间。并不是所有这些类型的维护申请都必须承担,因为这些维护通常等于对软件项目进行二次开发,工作量很大。所以需要根据商业需要、可利用资源情况、目前和将来软件的发展方向,以及其他因素考虑,决定是否承担。

对于不需要立即维护的申请,一般都安排到相应类型的维护项目表中,如改错项目表和开发项目表等,然后根据安排有计划地进行相关维护。

2. 实施相应维护

尽管维护申请的类型有所不同,但一般维护都要进行的工作包括修改软件需求说明,修改软件设计,对设计进行评审,然后对相关的源程序进行必要的修改,最后进行单元测试、集成测试(回归测试)、确认测试,以及软件配置评审等。

3. 维护评审

每项软件维护任务完成之后,最好进行维护工作结果的评审,对以下问题进行总结。

(1) 在目前情况下,设计、编码、测试中的哪些方面可以改进?

(2) 缺少哪些维护资源?

(3) 工作中主要的或次要的障碍是什么?

(4) 从维护申请的类型来看,是否应当有预防性维护?

维护评审对将来的维护工作如何进行会产生重要的影响,也可为软件机构的有效管理提供重要的反馈信息。

11.5 提高软件的可维护性

视频讲解

软件的开发过程中所采用的技术与方法对软件的维护有较大的影响。

若一个软件没有采用软件工程方法进行开发,也没有任何的文档,仅有的只是成百上千个程序源代码,这样的软件维护起来非常困难,这类维护方式称为非结构化维护。由于这里维护的只有源代码,没有或只有少量的文档,维护活动只能从阅读、理解、分析程序源代码开始。通过阅读和分析程序源代码来理解系统的功能、结构、数据、接口、设计约束等。这样做势必要花费大量的人力、物力,而且很容易出错,很难保证程序的正确性。

相反,软件开发有正规的软件工程方法和完善的文档,那么维护这样的软件相对要容易得多,这类维护方式称为结构化维护。由于存在软件开发各阶段的文档,这对于理解和掌握软件的功能、性能、结构、数据、接口和约束有很大帮助。进行维护活动时,从需求文档弄清系统功能、性能的改变;从设计文档检查和修改设计。根据设计改动源代码,并从测试文档的测试用例进行回归测试。这对于减少维护人员的精力和花费,提高软件维护效率有很大作用。

软件的可维护性对于延长软件的生存期具有决定性的意义。这主要是依赖于软件开发时期的活动。软件的可维护性定义为软件能够被理解、修改、适应及增强功能的容易程度。软件的可维护性是软件开发阶段的关键目标。

如何提高软件可维护性,可以从两方面考虑。一方面,在软件开发期的各个阶段、各项开发活动进行的同时,应该努力提高软件的可维护性,保证软件产品在发布之日有尽可能高水准的可维护性;另一方面,在软件维护期进行维护活动的同时,也要兼顾提高软件的可维护性,同时不能对软件维护产生负面影响。

具体的提高软件可维护性的技术途径主要有以下 4 个方面。

1. 建立完整的文档

文档是影响软件可维护性的决定因素,如软件开发文档和用户文档,没有文档使得维护更加困难。由于文档是对软件的总目标、程序各组成部分之间的关系、程序设计策略,以及程序实现过程的历史数据等的说明和补充,因此,文档对提高程序的可理解性有着重要作用。即使是一个十分简单的程序,要想有效地、高效率地维护它,也需要编制文档来解释其目的及任务。

对于程序维护人员来说,要想对程序编制人员的意图重新改造,并对今后变化的可能性进行估计,也必须建立完整的维护文档。

文档版本必须随着软件的演化过程,时刻保持与软件组成和实现一致。

2. 明确质量标准

在软件的需求分析阶段就应明确建立软件质量目标,确定所采用的各种标准和指导原则,提出关于软件质量保证的要求。

从理论上说,一个可维护的软件产品应该是可理解的、可靠的、可测试的、可修改的、可移植的、效率高的和可使用的。但要实现所有的目标,需要付出很大的代价,而且有时也是难以做到的。因为,某些质量特性是相互促进、相互影响的,例如,对于软件的可理解性与可测试性方面,软件设计易于理解,显然有利于测试用例的设计,并能快速发现问题;而软件的可理解性与可修改性方面,软件设计易于理解自然对软件的修改也易于理解,且能够防止因修改导致出错。

也有一些质量特性却是相互抵触的。例如,效率和可移植性、效率和可修改性等。尽管可维护性要求每一种质量特性都要得到满足,但它们的相对重要性,应该随软件产品的用途以及计算环境的不同而不同。又例如,对于编译程序来说,可能强调效率,但对于管理信息系统来说,则可能强调可使用性和可修改性。因此,对于软件的质量特性,应当在提出目标的同时规定它们的优先级。这样做有助于提高软件的质量,并对整个软件生存周期的开发和维护工作都有指导作用。

3. 采用易于维护的技术和工具

为了提高软件的可维护性,开发工程师应采用一些易于维护的技术和工具。例如,采用面向对象、软件重用等先进的开发技术,可大大提高软件可维护性。

(1)模块化是软件开发过程中提高可维护性的有效技术,其最大优点是模块的独立性特征。如果要改变一个模块,则对其他模块影响很小。如果需要增加模块的某些功能,则仅需增加完成这些功能的新的模块或模块层。模块化使得程序的测试与回归测试比较容易,程序错误易于定位和纠正。因此,采用模块化技术可以提高可维护性。

(2) 结构化程序设计不仅使得模块结构标准化,而且将模块间的相互作用也标准化了,因而把模块化又向前推进了一步。程序员采用结构化程序设计方法可以获得良好的程序结构,且容易理解和维护。

(3) 选择可维护的程序设计语言。程序设计语言的选择对程序的可维护性影响很大。低级语言,即机器语言和汇编语言,很难理解和掌握,因此很难维护。高级语言比低级语言容易理解,具有更好的可维护性。非过程化的第 4 代语言,用户不需要指出实现的算法,仅需向编译程序或解释程序提出自己的要求,由编译程序或解释程序自己做出实现用户要求的智能假设。例如,自动选择报表格式、选择字符类型和图形显示方式等。总之,从维护角度来看,第 4 代语言比其他语言更容易维护。

4. 加强可维护性复审

在软件工程的每一个阶段、每一项活动的复审环节中,软件团队应该着重对可维护性进行复审,尽可能提高软件的可维护性,至少要保证不降低软件维护的效率。通过对软件可维护性进行复审,可以提高软件设计与编程人员的素养,自觉采用易于提高维护性的思路进行软件开发工作。

11.6 小 结

从软件工程的角度来看,软件即使投入了运行,随着运行时间的推移还会发生变更。软件产品在运行期间的演化过程就是软件维护过程。

软件维护是软件生存周期的最后一个阶段,也是持续时间最长、工作量最大的一项不可避免的过程。软件维护的基本目标和任务是改正错误、增加功能、提高质量、优化软件、延长软件寿命,以及提高软件产品价值。

软件维护活动可分为纠错性维护、完善性维护、适应性维护和预防性维护 4 种类型。软件维护过程主要包括提交维护申请报告、确定软件维护工作流程、编制软件维护文档和评价软件维护性能。

软件的可理解性、可测试性和可修改性是定义软件可维护性的基本属性。文档是影响软件可维护性的决定因素。

提高软件可维护性是软件开发各个阶段,包括维护阶段都努力追求的目标之一。提高软件可维护性的技术途径主要有建立完整的软件文档、确立正确的质量指标、采用易维护的开发/维护的方法和工具,以及加强可维护性复审等。面向对象技术和软件复用技术是能从根本上提高软件可维护性的重要技术。

习 题

1. 阐述软件维护是不可避免的原因。
2. 解释软件维护成本"居高不下"的原因。

3. 软件可维护性与哪些因素有关? 应该采取哪些措施提高软件可维护性?

4. 阐述软件文档和软件可维护性的关系。

5. 简述软件维护的工作过程。为什么说软件维护过程是一个简化的软件开发过程?

6. 假设你是一家软件公司的软件项目负责人,现在的任务是要找出有哪些因素会影响公司开发的软件的可维护性。说明你将采用什么方法来分析维护过程,从而发现公司软件的可维护性的度量。

第 12 章　软件项目管理

【学习重点】

(1) 理解软件项目管理的基本概念和内容。

(2) 理解软件风险管理、质量管理、配置管理和进度计划管理的概念。

(3) 理解软件项目估算模型与方法。

软件项目管理涉及对人员、过程、产品和项目本身等管理过程中发生的事件的计划和监控。从软件工程大量的应用实践中,人们逐渐认识到技术和管理是软件工程化生产不可缺少的两个方面。对于技术而言,管理意味着决策和支持。只有对生产过程进行科学、全面地管理,才能保证达到提高生产率、改善产品质量的软件工程目标。本章将介绍软件项目管理的基本概念、软件项目估算、软件风险管理、软件配置管理、软件质量管理和软件进度计划管理等。

12.1　软件项目管理概述

软件项目是指一系列独特的、复杂的并相互关联的软件开发活动,这些活动都有一个明确的目标或目的,且必须在特定的时间、预算、资源限定内,依据规范完成。软件项目所涉及的参数包括项目范围、质量、成本、时间、资源。软件项目管理自诞生以来发展很快,当前人们已从多种角度来解释项目管理。

软件项目管理是软件工程的保护性和支持性活动。它于任何技术活动之前开始,并贯穿于整个软件的定义、开发和维护过程之中。

软件项目管理的目的是按照预定的进度、费用等要求,成功地组织实施软件的工程化生产,完成软件的开发和维护任务。具体地说,有效的软件项目管理主要体现在对项目的人员、项目计划和质量管理3方面的管理。

1. 人员管理

一个软件项目的开发需要各种资源,包括涉及的各类人员、开发时间、支持开发的软件(工具),以及软件运行所需要的软/硬件等,其中最主要的资源是人。因为,软件开发过程是人的智力密集型劳动,所以项目开发成功的一个很重要的因素是人,而不是其他。如果忽视了这一点就不可能在项目管理上获得成功。

软件项目人员管理的目的是通过吸引、培养、鼓励来留住有创造力的、技术水平高的人才,增强软件组织承担的日益繁重的软件开发能力。所以,软件项目人员的管理要包括招募、选择、业绩管理、培训、报酬、专业发展、组织和工作计划,以及培养团队精神和企业文化等一系列以人为本的工作。

2. 软件项目计划

软件项目计划包括成本估算、进度安排、风险分析、质量管理计划 4 项主要活动。由于成本估算是所有其他项目计划活动的基础,而且项目计划又提供了通往成功的软件工程的路线图。因此,没有估算就着手开发,团队就会陷入盲目中。在项目开始之前,项目经理和软件团队必须估算将要完成的工作、所需的资源,以及从开始到完成所需要的时间。这些活动一旦完成,软件团队就可以制订项目进度计划。

软件项目开发需要对项目所涉及的各种各样的资源进行有效管理。因此,项目计划的目标是提供一个能使管理人员对资源、成本及进度做出合理估算的框架。一般,估算要做出最好情况和最坏情况,使项目的结果能够限制在一定范围内。由于估算中存在不确定性,因此,随着项目的进展,必须不断地对计划进行调整和更新。

一个大型的软件项目是大量时间和人力的聚合,如同其他大的建设项目一样,在项目开始时就进行详细的计划,是决定项目开发成功与否的关键。这就是工程项目"计划先行"指导思想的体现。

软件计划工作从软件项目一开始就持续不断地进行着。但是,这种计划在软件项目的需求规格说明文档制定之后,软件设计工作开始之前会达到一个高峰,以至于构成了一个独立的软件过程开发阶段——计划阶段。计划阶段的主要任务是拟定软件项目管理计划书。这份文档给软件开发过程的管理提供了一个综合蓝图,是软件项目管理的指导性文件。

软件项目管理计划的目标是提供一个框架,使得管理者能够对资源、成本和进度进行合理的估算和安排。开始软件项目时,这些估算在一个限定的时间框架内进行,并且随着项目的进展不断更新。

3. 软件质量管理

软件是一个复杂的逻辑实体,其需求很难精确把握,加上其开发活动大多由手工完成,软件或多或少会存在一定的质量缺陷。解决这一问题的手段包括技术手段和管理手段。

技术手段包括改进软件测试方法和改进软件开发过程两个方面。改进软件测试方法,提高测试效率,能更有效地发现和排除软件开发过程中发生的各种错误或缺陷,提高软件质量。改进软件开发过程,使各种错误不会或很少引入软件开发过程。然而,实践证明,采用这两种技术手段解决软件质量问题的效果并不很明显。

虽然不断有新的测试技术和工具出现,但测试的有效性并没有发生根本变化。运用各种规范的软件过程模型,出发点是在整个开发过程中不让错误或缺陷进入,但前提是要用形式化方法描述软件需求,然后像公式推导一样进行严谨的开发,可是这些都过于理想化,其效果并不十分理想。

12.2 软件工程管理度量

视频讲解

软件工程管理最重要的内容是项目管理和过程管理,其基本目标是提高软件生产的效率和保证软件的质量。要对软件工程进行有效管理,就需要对软件工程涉及的项目和过程进行精确的度量,以便对项目开发进行准确计划和管理。

软件工程管理度量主要分为项目度量和过程度量两大类。软件项目度量是战术性活动,目的在于辅助项目开发的控制和决策,改进软件产品的质量。软件过程度量是战略性活动,目的在于改进企业的软件开发过程,提高开发生产率。此外,对软件质量也可以单独进行度量,称为产品度量。

12.2.1　软件过程度量

软件过程度量可以说是对整个企业中全体项目组开发能力的测度。也就是说,把对项目组中个人的度量组合起来,可形成对项目的度量;把所有项目组的项目度量组合起来,就形成了对整个企业的过程度量。

软件过程度量,使得软件工程组织能够洞悉一个已有的软件过程的功效。例如,开发范型、软件工程任务、工作软件、"里程碑"等。它们能够提供致使软件过程改进的决策依据。

过程独立地收集涉及的所有项目,而且要经历相当长的时间,目的是提供能够引导长期的软件过程改进的一组过程指标。改进任何过程的唯一合理方法即测量该过程的特定属性,再根据这些属性建立一组有意义的度量,然后使用这组独立提供的指标来导出过程改进策略。

过程度量涉及了员工的技能和动力、软件复杂性以及过程中采用的技术。这些因素要直接测量是比较困难的,我们可以根据从过程中获得的结果间接导出一组度量。例如,软件发布之前的错误数测量、最终用户报告的缺陷测量、交付的工作产品测量、花费的工作量测量、进度与计划的一致性测量,等等。

软件过程度量对于组织提高其整体的过程成熟度能够提供很大的帮助,并给出一组软件过程度量规则。

(1) 解释度量数据时使用常识,并考虑组织的敏感性。

(2) 提供测量和度量结果的反馈。

(3) 不要使用度量评价个人。

(4) 制定清晰的目标和为达到目标而要使用的度量。

(5) 综合考虑度量。

除此之外,软件过程度量还需要注意以下几点。

(1) 软件企业的高层领导应该定时收集项目度量和产品度量的测量数据,及时综合出企业最新过程度量数据。

(2) 同一企业的所有项目组,在项目度量中应采用相同的规格化手段,例如,采用面向规模的,或者是面向功能的度量方法,使不同项目组的测度数据具有可比性。

(3) 过程度量的基本目标是为了提高软件质量而改进企业的软件过程,所以,质量度量和过程度量二者应紧密结合。

12.2.2　软件项目度量

软件项目度量使得软件项目组织能够对一个待开发的软件进行估算、计划和组织实施。例如,包括软件规模和成本的估计、质量控制和评估、生产率评估等。它们可以帮助项目管理者评估正在进行的软件项目的状态,跟踪潜在的风险,在问题造成不良影响之前发现问题,调整工作流程或任务,以及评估项目组织控制产品质量的能力。

软件项目度量是软件项目管理的一项重要任务。人们最关注的是软件生产率和软件质量的度量,根据投入的成本(工作量和时间)分析项目开发产生的输出,即软件适用性的测度。为了达到准确估计和计划的目的,往往需要利用和统计大量的历史数据。

软件项目度量常用在估算阶段。从项目过程中收集的度量数据被作为估算当前软件开发的工作量及工作时间的基础。随着项目的进展,可以将产生的工作量及时间的测量与估算值比较,管理者可以根据这些数据来监控项目的进展。生产率可以根据创建的模型、评审时间、功能点以及交付的源代码行数来测量。

软件项目度量的目的是双重的。首先,利用软件项目度量能够对开发进度进行必要的调整,同时可以避免延迟,并减少潜在的问题及风险,从而使得开发时间减到最少。其次,可利用软件项目度量在项目进行过程中评估产品质量,必要时可调整技术方法以提高质量。

12.3　软件风险管理

软件项目管理最大的目的之一是进行风险管理。一个可以预期的失败并不是最坏的,这样的项目只需要放弃或者提供更多的资源来争取更好的结果就可以了。事实上,在软件项目中,最令人担忧的是那些未知的东西。能否更早地了解和管理这些未知的元素,是软件项目管理水准的重要体现。目前,风险管理被认为是软件项目中减少失败的一种重要手段。当不能很确定地预测将来事情的时候,可以采用结构化风险管理来发现计划中的缺陷,并且采取行动来减少潜在问题发生的可能性和影响。风险管理意味着在危机还没有发生之前就对它进行处理。这就提高了项目成功的机会,同时减少了不可避免的风险所产生的后果。

风险管理实际上就是贯穿在项目开发过程中的一系列管理步骤,其中包括风险识别、风险估计、风险管理策略、风险规避和风险监控。它能让风险管理者主动"攻击"风险,进行有效的风险管理。通常,软件项目风险分析包括风险识别、风险预测和风险管理3项活动。

12.3.1　风险识别

软件风险可区分为项目风险、技术风险和商业风险。项目风险是指存在于预算、进度、人力、资源、客户,以及需求等方面潜在的问题,它们可能造成软件项目成本提高、开发时间延长等风险。技术风险是指设计、实现、接口和维护等方面的问题;它们可能造成软件开发质量的降低、交付时间的延长等后果。商业风险包括市场、商业策略、推销策略等方面的问题,这些问题会直接影响软件的生存能力。

为了正确识别风险,将可能发生的风险分成若干风险类,每类建立一个风险项目检查表来识别它们。以下是常见的风险类以及需要检查的内容。

* 产品规模风险——检查与软件总体规模相关的风险。
* 商业影响风险——检查与管理或市场约束相关的风险。
* 与客户相关的风险——检查与客户素质和沟通能力相关的风险。
* 过程风险——检查与软件过程定义和开发相关的风险。
* 技术风险——检查与软件的复杂性和系统所包含的技术成熟度相关的风险。
* 开发环境风险——检查与开发工具的可用性和质量相关的风险。
* 人员结构和经验风险——检查与开发人员的总体技术水平和项目经验相关的风险。

以商业影响风险类为例,其风险项目检查表中可能会包括下列问题。

- 建立的软件是否符合市场的需求(市场风险)?
- 建立的软件是否符合公司的整体商业策略(策略风险)?
- 销售部门是否知道如何推销这种软件(销售风险)?
- 有没有因为课题内容或人员的改变,使该项目失去管理层的支持(管理风险)?
- 项目预算或参加人员有没有保证(预算风险)?

如果上述问题中任何一个的答案是否定的,就可能出现风险,那么就需要识别并预测可能产生的影响。

12.3.2 风险预测

风险预测,又可称为风险估计,包括对风险发生的可能性、风险发生所产生的后果两项活动的估计。通常,风险预测由参与风险评估的计划人员、管理人员和技术人员共同完成。

(1) 建立风险可能性尺度。风险可能性的尺度可以定性或定量来定义。一般不能用是或否来表示,较多使用的是概率尺度,例如,极罕见($<10\%$)、罕见($10\%\sim25\%$)、普通($25\%\sim50\%$)、可能($50\%\sim75\%$),以及极可能($>75\%$)。这些概率可以由过去开发的项目、开发人员的经验,或者其他方面收集的数据,经过统计分析后估算而得。

(2) 估计风险对产品和项目的影响。风险产生的后果通常使用定性的描述,例如,灾难性的、严重的、可容忍的,以及可忽略的。如果风险实际发生了,对产品和项目所产生的影响一般与风险的性质、范围和时间3个因素有关。风险的性质是指风险发生时可能产生的问题。例如,系统之间的接口定义得不好,就会影响软件的设计和测试,也可能导致系统集成时出现问题。风险的范围是指风险的严重性和分布情况。风险的时间是指风险的影响何时开始,以及风险会持续多长时间等。

12.3.3 风险管理

风险管理又称为风险规避,是对风险进行驾驭和监控的活动。

风险驾驭就是项目管理者综合考虑风险出现的概率和一旦发生风险就可能产生的影响,确定处理风险的策略。对一个具有高影响但发生概率很低的风险不必花费很多的管理时间,而对于低影响但高概率的风险,以及高影响且发生概率为中到高的风险,则应该优先列入风险管理之中。处理风险的策略可以分为规避策略、最低风险策略和应急计划3种。

风险监控就是对每一个已识别的风险定期进行评估,从而确定风险出现的可能性是变大还是变小、风险影响的后果是否有所改变。风险监控应该是一个持续不断的过程。

风险管理应该建立风险缓解、监控和管理计划,它将记录风险分析的全部工作结果。这份文档是整个项目管理计划的一部分,为项目管理者所用。

进行风险管理和制订计划主要依靠的是项目管理者的判断和经验。例如,某开发人员在开发期间中途离职的概率是 70%,且离职后会对项目有影响,那么,该风险规划和监控的策略如下。

- 与在职人员协商,了解其可能流动的原因。
- 在项目开始前,把缓解这些流动原因的工作列入风险管理计划。
- 做好人员流动的准备,并采取措施以确保一旦人员离开,项目仍能继续。
- 制定文档标准并建立一种机制,保证文档都能及时产生。

- 对所有工作进行仔细审查,使更多人能够按计划进度完成自己的工作。
- 对于每个关键性技术岗位,要注意培养后备人员,等等。

当然,风险预测和风险管理措施会增加项目成本,称为风险成本。决定采用哪些风险驾驭和监控策略,还需要兼顾估算的风险成本,做综合考虑。

12.4　软件配置管理

在开发一个计算机软件时,变更是不可避免的。配置是一个系统的各种形式、各种版本的文档和程序的关系总和。配置管理(Configuration Management,CM)是指在系统生命周期中对系统中的配置项进行标识和定义的过程。该过程是通过控制配置项的发布和后续变更,记录并报告配置项的变更请求,确保配置项的完整性和正确性来实现的。

软件配置管理(Software Configuration Management,SCM)是应用于由软件组成的系统的配置管理,是识别、定义系统中的配置项,在软件生命周期中控制它们的变更,记录并报告配置项的变更请求的状态,并验证它们的完整性和正确性的过程。

软件配置管理是应用于整个软件过程的保护性活动,也可被视为整个软件过程的质量保证活动之一。软件配置管理是对软件变更(或称为进化)过程的管理。管理变更的能力是项目成败的关键!既然变更是不可避免的,那么如何管理、追踪和控制变更就显得尤为重要。

12.4.1　基本概念

1. 软件变更

软件变更是指对软件的功能、性能和运行环境提出的修改或完善。软件变更是随时发生的,它的起源有多种因素。然而,基本的变更需求源于新的商业或市场条件引起的产品需求或业务流程(规则)的变化。例如,新的客户需要将导致修改软件产生数据、软件提供功能或基于计算机系统提供服务。改组或减小企业规模将导致项目优先级或软件团队结构发生变化。预算或进度的限制将导致软件需要重新定义。

2. 软件配置项

软件输出的信息主要有3项:计算机程序(源程序和执行代码)、软件文档(技术文档和用户文档),以及数据(程序内部的和程序外部的)。这些项包含了所有在软件运行中产生的信息,称为软件配置项(Software Configuration Item,SCI)。除了文档、程序和数据,创建软件的开发环境(软件工具)也被列为SCI范畴,置于软件配置控制之中。

3. 基线

在软件工程的术语中,各个阶段对软件的复审时间均称为基线。基线是软件过程中的"里程碑",其标志就是有一个或多个SCI的交付。这就是说,SCI是随着软件的开发进程逐步产生的,它们是软件的阶段产品。例如,软件的项目计划、需求规格说明书、测试计划、设计文档和源程序等,都是阶段性的结果。然而,这些经过复审(基线)且被正式获得认可的SCI,称为基线SCI。

在SCM中,运用基线概念的一个重要原则是:基线之前变更自由,基线之后必须严格变更管理。这就是说,在软件开发进程中,开发者有权对本阶段的结果项进行更改;一旦阶段产品通过复审成为基线 SCI 之后,就应该将它交给配置管理人员去控制,任何人(包括研制该阶段产品的人员)需要对它更改时,都要经过正式的报批手续。正是这种对基线 SCI 的连续控制与跟踪,保证了软件配置的完整性与一致性。

所有基线 SCI 被放置到项目配置数据库(或称为中心数据库)中,这样便于对 SCI 进行检索、提取、修改等配置信息的处理和维护。

4. 任务和目标

软件配置管理的主要任务是标识、控制、审计和报告在软件开发和维护过程中发生的变更,其目标是使软件更容易地实现和适应变更要求,并减少软件变更所花费的工作量。

12.4.2 软件配置管理活动

软件配置管理主要包括配置管理规划、变更管理、版本和发布管理等一系列软件配置管理活动。

1. 配置管理规划

一个开发机构的配置管理活动及其相关文档应该是以标准和规程为基础的。所以,必须制订项目配置管理规划。配置管理规划描述配置管理应该使用的标准和规程。制订的配置管理规划应该是一组一般性的、通用的配置管理标准,然后再调整这些标准使之适合每一个具体的项目。

软件工程界已经有一系列软件配置管理标准。最通用的 SCM 标准是 ANSI/IEEE 标准,可应用于各类商业软件项目。配置管理规划根据标准编写,主要包括以下内容。

(1) 定义哪些 SCI 需要管理,以及识别这些 SCI 的形式和模式。

(2) 说明由谁负责配置管理规程,并把受控 SCI 提交给配置管理团队。

(3) 用于变更控制和版本管理的配置管理策略。

(4) 描述配置管理过程的记录,以及该记录应该被维护的形式。

(5) 描述配置管理所使用的工具和使用这些工具的过程。

(6) 定义将用于记录配置信息的配置数据库。

其他信息,如对外部供应商提供的软件的管理、对配置管理过程审查规程的管理等,也要包含在配置管理规划中。

配置管理规划一个很重要的特点是要明确责任。应该明确每个 SCI 的质量保证和配置管理负责人,以及每个 SCI 的评审人员。

2. 变更管理

对大型软件系统而言,变更是一个不争的事实。应该根据设计好的变更管理规程,采用确定的变更管理过程和相关的辅助工具,这样才能保证对变更的成本和效益做出正确的分析,并使变更始终处于控制之中。

当需要把变更的 SCI 交付给配置管理团队时,就启动了一个变更管理过程。这个过程可能开始于测试阶段,也可能开始于软件交付给客户之后。

12.4.3 版本管理

1. 版本管理的概念

版本是记录特定对象各个可选状态的快照,版本管理的任务就是对对象的历史演变过程进行记录和维护。一个版本就是一个软件实例,在某种程度上有别于其他软件实例。各种软件版本可能有不同的功能和性能,可能是修改了软件错误,或者可能有相同的功能,它们只是为了适应不同的软/硬件配置而设计的。发布版本是分发给用户的软件版本。一个软件的版本比发布版本多得多,这是因为很多版本是为内部开发或测试而创建的,无须发布。

版本管理是为满足不同需求,对同一产品或系统进行局部的改进和改型所产生的产品或系统系列的变更情况进行记录、跟踪、维护和控制的过程。版本管理的主要功能有以下几个。

(1) 集中管理档案和安全授权机制。档案集中地存放在服务器上,经系统管理员授权给各个用户。用户通过登入(check in)和登出(check out)的方式访问服务器上的文件,未经授权的用户则无法访问服务器上的文件。

(2) 软件版本升级管理。每次登录时,在服务器上都会生成新的版本,任何版本都可以随时检出编辑。

(3) 加锁功能。在文件更新时保护文件,避免不同的用户在更改同一文件时发生冲突。

(4) 版本内容比较。提供不同版本源程序的比较。

根据实际应用背景选择合适的版本间的拓扑结构,并至少应包括新版本的生成和统一协调管理各个版本。

2. 版本管理的模型

版本管理的模型主要包括线型版本管理模型、树状版本管理模型和有向无环图版本管理模型 3 种,如图 12.1 所示。

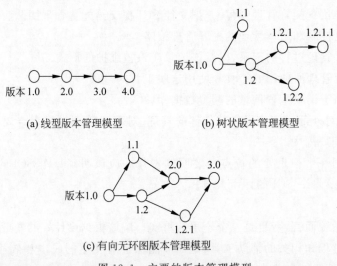

(a) 线型版本管理模型　　　　　(b) 树状版本管理模型

(c) 有向无环图版本管理模型

图 12.1　主要的版本管理模型

(1) 线型版本管理模型。线型版本管理模型是按版本出现的先后次序排列的一种简单模型。一个对象的版本聚集在一起组成一个版本集,版本集中的元素之间满足 successor-of 的有序关系。版本集中的元素是全序关系,新元素只能朝一个方向上增加,除最新版本外,其余版本均是只读版本,如图 12.1(a)所示。

(2) 树状版本管理模型。树状版本管理模型中各版本的出现呈现树状结构。同样,一个对象的版本聚集的版本集中的元素之间满足 successor-of 的有序关系。但版本集中的元素是半序关系，即一个版本可以有多个后继版本。因此，可以有多个最新版本。同样，除最新版本外，其余版本均是只读版本。这种模型可以反映设计过程中以某一中间版本为基础，选择多种设计方案而形成多个设计结果的情况，如图 12.1(b)所示。

（3）有向无环图版本管理模型。有向无环图版本管理模型中各版本的出现呈现无循环图的结构。同样一个对象的版本聚集在一起组成一个版本集，版本集中的元素之间满足 successor-of 的有序关系，版本集中的元素是半序关系，即一个版本可以有多个后继版本，因此，可以有多个最新版本。但是一个版本可以有多个前驱版本。同样，除最新版本外，其余版本均是只读版本。这种模型可以表达由多个设计部分合成一个完整对象的情况，即由多个设计版本融合出一个新版本的情况，如图 12.1(c)所示。此模型是较为完善的模型，线型及树状版本管理模型是它的特例。

软件版本和发布管理是标识和跟踪一个软件各种版本和发布的过程。版本管理主要是为版本的标识、编辑和检索等设计一个规程，以保证版本信息的有效管理。一般，版本标识的内容包括版本编号、基于属性的标识和基于变更的标识。

版本发布管理负责确定发布时间、分发渠道、编制和管理发布文档，以及协助安装新的版本。发布版本不仅仅是本系统的可执行代码，还包括以下内容。

（1）配置文件：用于定义对于特定的安装，发布版本应该如何配置。

（2）数据文件：是成功进行系统操作所必需的。

（3）安装程序：用来帮助在目标硬件上安装系统。

（4）电子和书面文档：用于系统说明。

（5）包装和相关宣传：为版本发布所做的工作。

3. 版本管理方法

版本管理的常用方法有向前版本管理法、向后版本管理法、有限记录版本管理法、关键版本管理法和设计版本的重新组织等方法。

（1）向前版本管理法。只完整地存储原始版本数据，后继的版本仅存储与前驱版本的差。这种方法的优点是数据冗余少，生成新版本简单；缺点是对原始版本以外的所有版本的访问都必须依据一定的算法临时生成相应的版本，比较烦琐。

（2）向后版本管理法。与向前版本管理法正好相反，该方法只完整存储最新版本数据，其他版本只存储其与后继版本之间的差。因此同样数据冗余少，而且一般情况下对新版本的访问频度较高，效率比向前版本管理法高。缺点是每次生成的新版本都是完整的版本，比较费时和复杂，访问新版本以外版本时也必须依据一定的算法临时生成相应的版本。

（3）有限记录版本管理法。为减少数据冗余，实际应用中不大可能保存每个对象的所有版本。有限记录版本法为每个对象保留有限数量的不同版本进行版本管理，在新版本生成时，系统自动废除一些老版本，这样可以重用其占有的空间，从而不会扩大数据库所占用的总空间。

（4）关键版本管理法。在信息系统开发过程中产生的诸多版本中，其重要性是有很大差别的。因此，根据各数据库在整个产品设计过程中的重要性，可以将版本分为关键版本和非关键版本，在生成数据库的新版本之时，可以废除某个非关键版本，以减少其所占有的存储空间，但不允许系统自动废除某一关键版本。

（5）设计版本的重新组织。重新组织的方法是利用已有的多个数据库版本融合出一个新的数据库版本。充分利用数据库中已经存储的大量历史数据来生成数据库的新版本是有可能的和富于价值的。

版本集和选择的概念用于减少数据冗余和实现版本间的引用和比较。版本集是通过修改一个已存在的实体而产生的版本，同一实体的不同版本实质上是相似的。而选择则是通过创建一个新的实体以表示相同功能的实体而产生的，两个选择之间可能没有任何共同之处。可以看出，版本集和选择虽然都与实体相关联，但两者间存在很大的差别，应该采用不同的方式实现。若版本之间只是部分的修改，且修改多集中在一些记录上，可以采用"记录级版本"的方法。若两个选择之间的差别较大，应采用"文件级版本"的方法。

在记录级版本法中，用一个唯一的记录标识来标识每条物理记录，并作为该记录在数据库中的物理地址。一个版本文件由历史索引、当前版本文件和旧版本文件3个内部文件支持。这3个文件组织成一个树状结构，其中历史索引是根，下一级是记录级版本顺序号，不同的版本顺序号通过键与当前版本文件和旧版本文件连接，表示版本的变迁情况。

12.5　软件项目规模估算

软件项目规模估算是一项重要的活动，不能以随意的方式来进行，必须采用科学合理的技术与方法，尽可能保证估算的客观性。过程度量和项目度量为定量估算从历史角度提供了依据和有效的输入。当建立估算和评审时，我们必须依赖过去的经验。

12.5.1　软件项目资源

在软件项目计划中，估算主要针对工作的资源、成本及进度进行，估算需要经验，需要了解历史信息。估算存在风险，而风险又会导致不确定性。估算的风险取决于对资源、成本及进度的定量估算中存在的不确定性。如果对项目范围缺乏了解，或者项目需求经常改变，不确定性和估算风险就会非常高。

一个软件项目开发需要各种资源，包括涉及的各类人员、开发时间、支持开发的软件，以及软件产品运行所需要的软/硬件等。项目计划的目标是提供一个能使管理人员对资源、成本及进度做出合理估算的框架。一般地，要估算出最好情况和最坏情况，使项目的结果能够限制在一定范围内。由于估算中存在的不确定性，因此，随着项目的进展，必须不断地对计划进行调整和更新。

软件范围描述了将要交付给最终用户的功能和特性、输入和输出的数据、软件界面，以及界定系统的性能、约束条件、接口和可靠性。在开始估算之前，首先要对软件范围描述进行评估、细化和提供更多的细节。由于成本和进度的估算要依赖系统功能，因此某种程度上的功能分解是必要的。性能方面仅考虑处理时间和响应时间的需求。约束考虑外部硬件、可用存储，以及其他限制等。

完成对所需资源的估算是重要的任务之一。软件项目主要的资源包括人员、可复用的软件构件或模块、开发环境。每一项资源都需要描述该资源的4个特性：资源的描述、可用性说明、何时需要资源、资源的持续时间。

人力资源是软件项目中的一个重要方面。计划人员首先要评估软件的范围，选择完成开发所需的技能,然后给人员分配职位(如高级管理者、项目管理者、开发人员)和专业业务。只有在估算出开发工作量(如人·月)后,才能确定软件项目需要的人员数量。

12.5.2 软件项目规模度量

软件项目规模度量是软件成本估算的基础。在软件规模估算中存在不可克服的困难,软件开发者必须尽可能把所有影响估算的因素都考虑到,尽量做到对项目开发周期和成本进行准确估计。影响的因素包括人员的技术熟练程度、项目复杂度、项目规模、开发组对应用领域的熟悉程度、软件将运行的平台,以及可以利用的工具等。

常用的软件项目规模度量技术有代码行、软件科学、可测量数据和功能点等。

1. 代码行

代码行是最通用的软件产品规模的度量单位。常用的度量单位是代码行数(Line of Code,LoC)和千条代码行数(KLoC)。下面给出一组简单的面向规模的度量。

(1) 每千行代码(KLoC)的错误数。

(2) 每千行代码(KLoC)的缺陷数。

(3) 每千行代码(KLoC)的成本。

(4) 每千行代码(KLoC)的文档页数。

(5) 每人·月错误数。

(6) 每人·月千行代码(KLoC)。

(7) 每页文档的成本。

使用代码行会存在许多问题,原因如下。

(1) 建立代码只是整个软件开发工作中的一小部分,仅仅用最终产品的代码行数来代替需求规格说明书、计划、实现、集成,以及测试等系统开发过程所需的时间是远远不够的。

(2) 用不同的语言来实现同一个软件产品将导致不同的代码行数,而且对 Lisp 语言和第四代语言没有代码行数概念的定义。

(3) 计算代码行数往往不是很准确,如代码行除可执行语句外,还有数据定义、注释等。这将直接影响代码的质量、可读性和可复用性等。

(4) 并非所有的代码都交付给用户,实际上往往有一部分代码量存在于开发工具中。

(5) 只有当软件开发完全结束后,才能确定最终的软件的代码行数。

因此,基于代码行数的规模估算预见性差,有较大的风险。由于各种成本估算技术本身就存在不确定性,如果使用一个并不可靠的代码行数作为输入,那么这种成本估算的结果也就不可能可靠。

2. 软件科学

由于代码行数度量不是很可靠,软件科学家推荐了多种源于软件科学基本度量原理的度量软件规模的技术。例如,采用计算软件中操作数和运算符的数目来度量。

3. 可测量数据

软件的可测量数据一般在软件开发的早期就确定下来了,可以对可测量数据进行度量。可测量数据的度量最典型的是 FFP(File(文件)、Flow(流)和 Process(过程))度量方法。在 FFP 中,将文件定义为持久存在于产品中的逻辑或物理关系记录的集合,事务文件和临时文件被排除在外。将流定义为软件产品与环境间的数据接口,如屏幕显示和报表。将过程在功能上定义为对数据的、逻辑的或算术的操作,如排序、有效验证或更新。

若给出了软件产品中的文件数 F_i、流数 F_l 和过程数 P_r,则产品的规模 S 和成本 C 可以由下式得出:

$$S = F_i + F_l + P_r$$
$$C = b \times S$$

式中,b 是一个常数,反映了开发商开发软件的生产率。所以,常数 b 的值可以根据开发商以前的成本数据统计确定。软件的规模只是文件、流和过程数量的总和,一旦软件的结构设计完成,这个量就可以确定下来。

FFP 度量的有效性和可靠性已经在一些中等规模的数据处理应用软件的样本中得到了验证。但是,这种方法不适用于强调功能和控制的大型数据库领域。

4. 功能点

功能点(Function Point,FP)度量是将软件提供的功能测量作为规范值进行度量。功能点是基于软件信息域值的计算和软件复杂性的评估而导出的。涉及的信息域值有输入项数 Inp、输出项数 Out、查询项数 Inq、主文件数 Maf 和接口数 Inf。计算功能点数 FP 由下式得到:

$$\text{FP} = 4 \times \text{Inp} + 5 \times \text{Out} + 4 \times \text{Inq} + 10 \times \text{Maf} + 7 \times \text{Inf} \tag{12.1}$$

式中,每个信息度量项的系数可以根据软件复杂性分成的简单、平均和复杂 3 个等级来选择。表 12.1 给出了各个度量项不同级别的功能点的分配值。实际运用的是一种扩展的功能点度量方法,其估算步骤如下。

表 12.1　度量项不同级别功能点的分配值

度量项	简单级	平均级	复杂级
Inp	3	4	6
Out	4	5	7
Inq	3	4	6
Maf	7	10	15
Inf	5	7	10

(1) 确定软件产品中的每个度量项,即 Inp、Out、Inq、Maf、Inf 和对应等级的功能点数,按照式(12.1)得到一个未调整的功能点(Unadjusted Function Point,UFP)。

(2) 计算技术复杂性因子(Technical Complexity Factor,TCF)。技术复杂性涉及数据通信、分布式数据处理、性能计算、高负荷的硬件、高处理率、联机数据输入、终端用户效率、联机更新、复杂的计算、重用性、安装方便、操作方便、可移植性,以及可维护性 14 种技术因素的影响。为每一个因素分配一个从 0(无影响)到 5(影响最大)的影响值。把这 14 个技术因子的影响值相加,得到总的影响度(Degree of Influence,DI)。TCF 由下式得到:

$$\text{TCF} = 0.65 + 0.01 \times \text{DI}$$

由于 DI 值为 0～70,所以 TCF 在 0.65～1.35 变化。

(3) 扩展的功能点数 FP 由以下公式计算得到:

$$\text{FP} = \text{UFP} \times \text{TCF}$$

根据统计分析表明,采用功能点数比代码行数估算软件规模时其误差要小。若用代码行数估算软件规模,则在最差的情况下其平均误差会达到 8 倍;若采用功能点数估算时,则其平均误差可缩小到最多 2 倍。

功能点 FP 度量方法和 FFP 度量方法都存在软件产品维护没有得到度量这个问题。例如,当一个产品在维护期间进行重大修改时,产品的文件、流和过程数,或者输入、输出、查询、文件和接口数可能不发生变化。估算没有变化,但工作量显然发生了变化。

5.面向对象的度量

传统的软件项目度量,如代码行和功能点数也可以用于面向对象的软件项目,但缺乏对进度和工作量进行调整的足够的粒度。面向对象的项目度量包括以下指标。

(1)场景脚本的数量:场景脚本是一个详细的步骤序列,用来描述用户和系统之间的交互。应用系统的规模与测试用例的数量都与场景脚本的数量密切相关。

(2)关键类的数量:关键类是独立的构件,是问题域的核心,因此这些类的数量既是开发软件所需工作量的指标,也是系统开发中潜在的复用数量的指标。

(3)支持类的数量:支持类是实现系统所必需的但又不与问题域直接相关的类,如 UI 类、数据库类、计算类等。

(4)每个关键类的平均支持类数量:对于给定的问题域,需要知道每个关键类的平均支持类数量。一般地,支持类是关键类的 1~3 倍。

(5)子系统的数量:子系统是实现某个功能的类的集合。通过子系统,估算人员可以安排合理的进度计划和工作量分配。

在复查软件项目管理计划时,对成本和开发周期估算的复查尤为重要。不管使用什么估算方法,要想进一步减少风险,应在计划小组递交了他们的估算后,由软件质量保证小组独立对开发周期和成本再次进行估算分析。

在软件产品的开发过程中,必须不断地跟踪实际的开发工作量,并把它们与预测值进行比较。不管是采用哪一种技术进行的预测,如果开发过程已经超过了预期的时间和工作量,这种背离可以作为一种警告,表明出现了某种成本估算上的错误。这种问题可能出在预测尺度不先进,过低地估算了产品的规模;或者是开发组的效率不高,不像事前估算的那样,等等。不管什么原因,都将导致严重的开发期限误差和成本误差。重要的是,管理人员必须能够尽早发现误差,采取适当的措施,设法减少,甚至消除这种误差。

12.6　软件项目估算的分解技术

软件项目开发所需工作量的估算必须是预先提出的,又有太多的变化因素,如人员、技术、环境、策略等,这些都会影响软件项目的最终成本和开发周期。所以,估算不会是绝对精确的。

项目成本和工作量估算永远不会是一门精确的科学,尤其对大型复杂的软件开发而言更为困难。大多数情况下,软件项目的成本估算采用分而治之,即先分解再合成的策略。

软件项目估算分解技术的要点是:将软件项目分解成一组较小的问题,或者是分解成若干主要功能及相关的工程活动,然后通过逐步求精的方式,对每个较小部分进行较准确的成本和工作量的估算。

12.6.1 基于问题分解的估算

LOC、FFP 和 FP 度量方法作为一个估算模型,用于估算软件中每个较小成分的规模,也可以作为从以前项目中收集来的,与估算变量相结合使用的基线度量,以此建立软件成本及工作量估算。在多数情况下,要解决的问题非常复杂,所以不能作为一个整体考虑,要基于问题进行分解。基于问题分解的估算步骤如下。

(1)项目计划者从界定的软件范围说明开始,根据该说明将软件分解为可以被单独估算的问题或者功能。LOC 和 FP 估算技术的分解目标有所不同。LOC 估算时,分解要非常精细,分解的程度越高,就越有可能建立合理、准确的 LOC 估算。

(2)估算每一个问题/功能的 LOC、FFP 或 FP(称为估算变量)。当然,计划者也可以选择诸如类/对象、被修改或受到影响的业务过程的元素作为估算变量进行规模估算。

不管使用哪种估算变量,项目计划者都要从估算每个功能或信息域的范围开始,并利用历史统计数据或经验判断,对每个功能或每个信息域的计算值都估算出一个乐观的、可能的和悲观的规模值。

根据乐观的、可能的和悲观的 3 个规模值,计算估算变量(规模)的期望值(Expected Value,EV)。EV 值通过乐观值 S_{opt}、可能值 S_m、悲观值 S_{pess} 的估算加权平均计算得到:

$$EV = (S_{opt} + 4 \times S_m + S_{pess})/6$$

对于 FP 估算,并不是直接涉及功能点,而是估算每一个信息域(输入、输出、查询、数据文件和外部接口)的特性,以及 14 个影响复杂度的调整因子值。

(3)将基线生产率度量(如 LOC/pm、FFP/pm 或 FP/pm,pm 代表人·月)用于变量估算中,从而导出每个功能的成本及工作量。将所有功能估算合并起来,即可产生整个项目的总估算。

不同的组织,生产率度量不同,而对同一个组织,其生产率度量也是多变的。一般情况下,平均的 LOC/pm、FFP/pm 或 FP/pm 应该按项目领域来计算,即应该先根据项目大小、应用领域、复杂性等进行分类,之后才计算各个子领域的生产率平均值。

【例 12.1】 一个采用 LOC 的 CAD 软件规模估算。

用基于 LOC 的估算方法估算一个计算机辅助设计应用软件的开发成本。该 CAD 系统运行在工作站上,并为各种计算机图形外设,如鼠标、数字化仪、高分辨率彩色显示器,以及激光打印机提供接口。

首先,以系统规格说明为指导,建立一个初步的软件范围说明——CAD 软件接收二维或三维的几何数据。工程师通过用户界面与 CAD 系统进行交互和控制,界面应有良好的人机界面设计特征。所有几何数据及其他支持信息都保存在一个 CAD 数据库中。开发、设计、分析模块,以产生所需的输出,并显示在各种不同的图形设备上。软件在设计中要考虑与外设(鼠标、数字化仪和激光打印机等)的交互和控制。

然后,对上面软件范围的每一句说明进一步扩展,以提供具体的细节和定量的边界,从而得出该系统的主要功能。CAD 软件有用户界面及控制机制、二维几何分析、三维几何分析、数据库管理、计算机图形显示控制、外设控制,以及设计分析模块 7 项主要功能。

根据乐观值、可能值和悲观值,建立 7 项功能的 LOC 估算表,如表 12.2 所示。例如,三维几何分析功能的乐观值为 5600,可能值为 7900,悲观值为 9600,应用期望值计算公式得到它的期望值为 7800LOC。

表 12.2 采用 LOC 度量估算的期望值

功　　能	LOC 估算的期望值	总的 LOC 估算期望值
用户界面及控制机制	2300	
二维几何分析	5300	
三维几何分析	7800	
数据库管理	3350	33 200
计算机图形显示控制	4950	
外设控制	2100	
设计分析模块	8400	

对 LOC 求和,得到了该 CAD 系统的 LOC 估算值是 33 200。

历史数据表明:这类系统的平均生产率是 620LOC/(人·月)。如果一个劳动力价格是 10 000 美元/月,则每行代码的成本约为 18 美元。根据 LOC 估算及历史生产率数据,总的项目成本估算是 550 180 美元,工作量估算是 55 人·月。

【例 12.2】 一个采用功能点 FP 的 CAD 系统规模估算。

用功能点 FP 估算方法估算上述 CAD 项目。基于 FP 估算的分解集中于信息域的值,而不是软件功能。首先估算 CAD 软件的输入、输出、查询、主文件和外部接口。表 12.3 给出了用平均级加权因子的未调整的 FP 估算信息域值。

表 12.3 FP 估算信息域值

信息域值	乐观值	可能值	悲观值	估算计数	加权因子	FP 计数
输入	20	24	30	24	4	96
输出	12	15	22	16	5	80
查询	16	22	28	22	4	88
主文件	4	4	5	4	10	40
外部接口	2	2	3	2	7	14
总 FP 计数值	318					

接着,估算 14 个技术加权因子并计算复杂度调整因子 DI。表 12.4 给出了复杂度调整因子估算表。

表 12.4 复杂度调整因子估算表

调 整 因 子	值	调 整 因 子	值	调 整 因 子	值
数据通信	2	联机数据输入	3	安装方便	5
分布式数据处理	0	终端用户效率	5	操作方便	5
性能计算	4	联机更新	3	可移植性	4
高负荷的硬件	3	计算复杂性	4	可维护性	5
高处理率	5	重用性	4		
DI 值	52				

最后,得出 FP 的估算值:

$$FP = 318 \times (0.65 + 0.01 \times 52) = 372$$

使用功能点进行规范化的历史数据表明:这类系统组织的平均生产率是 6.5 FP/(人·月)。

如果一个劳动力价格是 10 000 美元/月,则每个 FP 的成本约为 1539 美元。根据功能点估算及历史生产率数据,总的项目成本估算是 593 085 美元,工作量估算是 57 人·月。

视频讲解

12.6.2 基于过程分解的估算

估算一个项目,最常用的技术是使用过程分解进行估算,即将软件过程分解为相对较小的活动或任务,再估算完成每个任务所需的工作量。基于过程分解的估算步骤如下。

(1) 从项目范围中得到软件功能描述。对于每一个功能,确定要执行的一系列过程活动。对于采用线性模型、迭代和增量模型,或者演化模型的项目,一个过程活动的公共框架包括用户通信、计划、风险分析、工程、建造和发布,以及用户评估。实际的过程活动可能是可变的,需要根据具体情况进一步分解。

(2) 一旦确定了软件功能和过程活动,计划者就可以估算出每个软件功能的每个过程活动所需的工作量,并编制成估算表。

(3) 使用平均劳动力价格来估算每一个活动的工作量,得到成本估算。注意,对同一个任务,平均劳动力价格可能会不同。

(4) 估算每一个功能及软件过程活动的成本及工作量。可用 2~3 种成本及工作量估算方法进行比较。若两种方法一致,则可以认为估算是可靠的。

【例 12.3】 一个基于过程的 CAD 系统规模估算。

表 12.5 列出了已完成的基于过程的每个 CAD 系统软件功能所提供的软件工程活动的工作量估算。工程和建造及发布活动被划分为分析、设计、编码和测试软件工程子任务。用户通信、计划、风险分析的总工作量将直接给出。

表 12.5 基于过程的 CAD 系统估算表(人·月)

活动		用户通信	计划	风险分析	工程、建造、发布				用户评估	总和
子任务					分析	设计	编码	测试		
功能	用户界面及控制机制				0.5	2.5	0.4	5	n/a	8.4
	二维几何分析				0.75	4	0.6	2	n/a	7.35
	三维几何分析				0.5	4	1	3	n/a	8.5
	数据库管理				0.5	3	1	1.5	n/a	6.0
	计算机图形显示控制				0.5	3	0.75	1.5	n/a	5.75
	外设控制				0.25	2	0.5	1.5	n/a	4.25
	设计分析模块				0.5	2	0.5	2.0	n/a	5.0
总计		0.25	0.25	0.25	3.5	20.5	4.75	15.5		46.0

如果一个劳动力价格是 10 000 美元/月,则总的项目成本估算是 460 000 美元,工作量估算是 46 个人·月。如果需要做更详细的预算,每一个软件过程活动可以关联不同的劳动力价格。

上述 CAD 软件系统通过采用不同的分解估算方法,总估算工作量最低为 46 人·月,最高为 58 人·月,平均估算值为 54 人·月,与平均估算值的最大偏差约为 15%。

视频讲解

12.6.3 中级 COCOMO 估算模型

COCOMO(COnstructive COst MOdel,构造性成本模型)估算模型实际分成基本级、中级和高级 3 个模型系统,范围从处理产品的宏估算模型到处理产品细节的微估算模型。最实用的是中级 COCOMO 估算模型,它描述中等程度的产品复杂度和详细度。中级 COCOMO 估算模型实际上也是一种层次结构的估算模型,主要运用于应用组装模型、早期设计阶段模型和体系结构后阶段模型。和所有的软件估算模型一样,中级 COCOMO 估算模型也需要使用规模估算信息,如对象点、功能点和代码行。

1. 基于对象点的估算

运用中级 COCOMO 估算模型的应用组装模型,使用的是对象点信息。计算对象点时,使用如下的计数值:①用户界面数;②报表数;③构造应用可能需要的构件数。然后将每个对象实例归类到 3 个复杂度级别之一,即简单级、中等级和困难级。表 12.6 给出了对象点的复杂度权因子。

表 12.6　不同对象点类型的复杂度权因子

对 象 类 型	简单级权因子	中等级权因子	困难级权因子
界面	1	2	3
报表	2	5	8
构件			10

一旦确定了复杂度,就可以对界面、报表和构件的数量进行加权。求和后得到总的对象点数。对于采用基于构件的开发或一般的软件复用时,还要估算复用的百分比,并调整对象点数:

$$NOP = 对象点 \times [(100 - 复用的百分比)/100]$$

其中,NOP 是新的对象点。

接下来要确定生产率的值,表 12.7 给出了在不同水平的开发者经验和开发环境成熟度下的生产率:PROD=NOP/人·月。

表 12.7　应用于对象点的生产率

开发者的经验/能力	非常低	低	正常	高	非常高
环境成熟度/能力	非常低	低	正常	高	非常高
PROD/[对象点/(人·月)]	4	7	13	25	50

一旦确定了生产率,就可以得到项目工作量的估算值:估算工作量=NOP/PROD。

2. 基于代码行的估算

基于代码行的中级 COCOMO 估算软件开发成本(工作量和开发时间)分为两个步骤。

(1) 首先用千条代码行数(KLOC)度量产品长度,并度量产品的开发模式。

开发模式是度量一个产品开发固有的难度级别的标准,有三种模式:组织型(Organic,小型、较简单型)、半独立型(Semidetached,中等规模型)和嵌入型(Embedded,复杂型)。

通过产品长度度量和产品开发模式度量,可以由下式分别计算正常工作量 E(以人·月为单位)和正常开发时间 T(以月为单位)。

$$E = a \times (KLOC)^b$$

$$T = c \times (正常工作量)^d$$

式中,a、b、c、d 的取值由产品开发模式的不同而定,如表 12.8 所示。

表 12.8　中级 COCOMO 软件开发模式的计算系数

项目开发模式	*a*	*b*	*c*	*d*
组织型(简单型)	3.2	1.05	2.5	0.38
半独立型(中等规模型)	3.0	1.12	2.5	0.35
嵌入型(复杂型)	2.8	1.20	2.5	0.32

（2）正常的工作量 E 和开发时间 T 还必须与 15 个软件开发工作量调节因子（Effort Adjustment Factor,EAF）相乘。每个调节因子可以有 6 个值,分别是非常低、低、正常、高、非常高和极高。15 个工作量调节因子值如表 12.9 所示。

表 12.9　中级 COCOMO 软件开发的工作量调节因子

因　素		非常低	低	正常	高	非常高	极高
产品属性	软件要求的可靠性	0.75	0.88	1.0	1.15	1.40	-
	数据库规模	-	0.94	1.0	1.08	1.16	-
	产品复杂度	0.70	0.85	1.0	1.15	1.30	1.65
计算机属性	执行时间限制	-	-	1.0	1.11	1.30	1.66
	主存限制	-	-	1.0	1.06	1.21	1.56
	开发环境易变性	-	0.87	1.0	1.15	1.30	-
	计算机响应时间		0.87	1.0	1.07	1.15	
人员属性	分析能力	1.46	1.19	1.0	0.86	0.71	-
	应用领域的经验	1.29	1.13	1.0	0.91	0.82	-
	程序员的能力	1.42	1.16	1.0	0.86	0.70	-
	开发环境的使用经验	1.21	1.10	1.0	0.90	-	-
	程序语言的使用经验	1.14	1.07	1.0	0.95	-	-
项目属性	现代软件技术的使用程度	1.24	1.10	1.0	0.91	0.82	
	软件工具的使用程度	1.24	1.10	1.0	0.91	0.83	
	要求的开发进度	1.23	1.08	1.0	1.04	1.10	

【例 12.4】　一个采用中级 COCOMO 模型的微处理器通信软件规模估算。

基于微处理器的通信软件用于可靠的电子基金传输网络,对性能、开发速度和接口方面有要求,符合嵌入型模式的描述,估算有 10 000 条源代码行,即 10KLOC。该项目的具体情况和工作量调节因子的取值如表 12.10 所示。

表 12.10　通信处理软件开发的中级 COCOMO 工作量调节因子

因　　素	情　　况	等　　级	工作量乘数
软件要求的可靠性	软件故障会带来严重的财政后果	高	1.15
数据库规模	20 000 字节	低	0.94
产品复杂度	通信处理	非常高	1.30
执行时间限制	70% 的时间可用	高	1.11
主存限制	64KB 中的 45KB(70%)	高	1.06
开发环境易变性	基于商用微处理器硬件	正常	1.00
计算机响应时间	平均响应时间为两小时	正常	1.00
分析能力	优秀的高级分析员	高	0.86
应用领域的经验	两年	正常	1.00
程序员的能力	优秀的程序员	高	0.86

因　　素	情　　况	等　　级	工作量乘数
开发环境的使用经验	两年	正常	1.00
程序语言的使用经验	六个月	低	1.10
现代软件技术使用程度	大多数技术使用一年	高	0.91
软件工具的使用程度	处于基本的小型机工具级	低	1.10
要求的开发进度	九个月	正常	1.00

正常工作量 $E=2.8\times10^{1.20}=44.4$(人·月)，正常开发时间 $T=2.5\times44.4^{0.32}=8.4$(月)。将表 12.10 中的 15 个工作量调节因子相乘，结果为 1.35。这样，该项目的总估算为

$$E=44.4\times1.35=59.9(\text{人·月})$$
$$T=8.4\times1.35=11.3(\text{月})$$

然后，将这个数字用到资金成本、开发进度、阶段和工序划分、计算机成本，以及年度维护成本等相关子项目中去。

中级 COCOMO 最重要的输入是目标产品的代码行数。如果代码行数估算是不准确的，那么对模块的预测可能也是不准确的。所以，中级 COCOMO 和任何其他的估算技术得到的预测值一样，都有不准确的可能性，在管理中必须关注软件开发全过程的所有预测值。

【例 12.5】　一个采用中级 COCOMO 模型的 POS 机系统成本估算。

POS 机系统的实现任务主要包括用户界面及控制机制、处理销售、处理支付、商品价目管理、定价策略、系统接口、系统登录等。

根据乐观值、可能值和悲观值，建立 7 项功能的 LOC 估算值，如表 12.11 所示。

表 12.11　LOC 方法的估算值

功　　能	LOC 估算的期望值	总 LOC 估算的期望值
用户界面及控制机制	830	
处理销售	120	
处理支付	1355	
商品价目管理	207	2304
定价策略	289	
系统接口	390	
系统登录	214	

对 LOC 求和，得到了该系统的 LOC 估算值是 2304。

历史数据的统计表明：这类系统的平均生产率是 400LOC/(人·月)。如果一个劳动力价格是 6000 元/月，则每行代码的成本约为 15 元。根据 LOC 估算及历史生产率数据，总的项目成本估算是 36 000 元，工作量估算是 6(人·月)。

【例 12.6】　用功能点 FP 估算方法估算 POS 机系统的规模。

首先估算 POS 机软件的输入、输出、查询、主文件和外部接口。表 12.12 给出了用平均级加权因子的未调整的 FP 估算信息域值。

表 12.12　FP 估算信息域值

信息域值	乐观值	可能值	悲观值	估算计数	加权因子	FP 计数
输入	2	2	3	2	4	8
输出	1	1	2	1	5	5

信息域值	乐观值	可能值	悲观值	估算计数	加权因子	FP 计数
查询	2	2	3	2	4	8
主文件	2	2	3	2	10	20
外部接口	2	3	4	3	7	21
总 FP 计数值			62			

接着,估算 14 个技术加权因子,并计算复杂度调整因子 DI。表 12.13 给出了计算复杂度调整因子估算表。

表 12.13　计算复杂度调整因子估算表

调整因子	值	调整因子	值	调整因子	值
数据通信	0	联机数据输入	1	安装方便	5
分布式数据处理	0	终端用户效率	5	操作方便	5
性能计算	0	联机更新	5	可移植性	4
高负荷的硬件	0	计算复杂性	1	可维护性	5
高处理率	0	重用性	4		
DI 值		35			

最后,得出 FP 的估算值如下:

$$FP = 318 \times (0.65 + 0.01 \times 35) = 62$$

使用功能点进行规范化的历史数据表明:这类系统组织的平均生产率是 6.5FP/pm。如果一个劳动力价格是 6500 元/月,则每个 FP 的成本约为 1000 元。根据功能点估算及历史生产率数据,总的项目成本估算是 62 000 元,工作量估算是 9 人·月。

12.7　软件质量管理

软件质量是软件能否被用户认可和接受的重要保证。软件质量管理的目的是有效地保证软件质量,顺利地交付给用户满意的软件。质量被定义为某一事物的特征或属性,它具有可测量的特征。但是,软件在很大程度上是一种知识实体,其特征的定义远比物理对象要困难得多。软件质量属性包括循环复杂度、内聚性、功能点数量、代码行数等。

软件质量管理包括软件的质量检测、质量保证和质量认证 3 个重要方面。

(1) 软件质量检测是一种粗放式的质量管理形式。其方法类似于在生产线的末端逐一检测产品,遇见不合格的就修理或报废。在软件开发过程中,它大致类似于对软件产品的测试和纠错活动。这种事后检测的方式往往无助于质量的改进。

(2) 软件质量保证(Software Quality Assurance,SQA)是建立一套有计划、有系统的方法,来向管理层保证拟定出的标准、步骤、实践和方法能够正确地被所有项目所采用。软件质量保证的目的是使所开发的软件产品达到规定的质量标准。由于软件产品的质量形成于生产全过程,而不是靠"检测"出来的,因此,质量管理活动必须拓展到软件生产的全过程,这体现了软件质量全面控制(Total Quality Control,TQC)的核心思想。TQC 强调"全过程控制"和"全员参与"两层意思。软件质量保证的一系列活动都应遵循任何管理体系,都应遵循"计划-实施-检测-措施"等过程。

（3）软件质量认证是从软件产业管理的角度把对产品的质量保证扩展到对软件企业整体资质的认证，其目的是全面考察企业的质量体系和提供符合质量要求的软件的能力。软件质量保证由各种任务构成。完成这些任务的参与者包括做技术工作的软件工程师和负责实施软件质量保证活动的小组。

根据软件工程原理，软件的质量标准可以由分别反映运行性能、维护性能和移植性能的一组属性描述。软件工程的基本目标是交付给用户需要的高质量的软件。软件工程师必须通过测量来判断能否实现高质量。

1. 软件质量测量指标

下面给出了软件质量的测量指标。

（1）正确性。一个运行不正确的软件对用户就没有价值。正确性是软件完成所要求的功能的程度。正确性的测量的指标是千行代码（KLOC）的缺陷数，这里的缺陷是指已被证实不符合需求的地方。缺陷是按标准时间段来计数的，一般是一年。

（2）可维护性。可维护性是指遇到错误时程序能够被修改的容易程度，环境发生变化时程序能够适应的容易程度，用户希望变更需求时程序能够被增强的容易程度。间接测量可维护性的方法是面向时间的度量，称为平均变更时间（Mean-Time-To-Change，MTTC）。MTTC越低越容易维护。

（3）完整性。完整性测量的是一个系统对安全性攻击的抵抗能力。完整性可通过危险性和安全性测量。危险性是指一个特定类型的攻击在给定的时间内发生的概率。安全性是指一个特定类型的攻击将被击退的概率。一个系统的完整性可以定义如下：

$$完整性 = \sum[1 - (危险性 \times (1 - 安全性))]$$

（4）可用性。如果一个程序不容易使用，即使它完成的功能很有价值，也常常注定要失败。可用性可通过使用的容易程度进行量化。

（5）可靠性。软件可靠性是最重要的软件特性。通常它衡量的是在规定的条件和时间内，软件完成规定功能的能力。

（6）缺陷排除效率。缺陷排除效率衡量了软件团队排除软件故障的能力。缺陷排除效率是在项目级和过程级都有意义的质量度量，是对质量保证及控制活动中滤除缺陷能力的测量。当把项目作为一个整体来考虑时，缺陷排除效率定义为软件交付给用户之前发现的错误数与软件被发现的缺陷总数之比。理想的缺陷排除效率是1，即在软件交付后没有发现缺陷。如果将缺陷排除效率作为衡量质量控制及质量保证活动的滤除能力的一个度量指标，那么缺陷排除效率就能促进软件项目团队采用先进的技术，力求在软件交付之前发现尽可能多的错误。

2. 软件可靠性

在软件的质量特性中，可靠性可以说是最重要的。

（1）可靠性的定义和分级。

软件可靠性有多种不同的定义。其中，被大多数人接受的定义是：软件可靠性是在给定的时间内，按照（系统规格说明书）规定的条件，软件成功运行的概率。

设 $R(t)$ 为时间（0~t）内的软件可靠性，$P\{E\}$ 为事件 E 的概率，则软件可靠性可以表示为

$$R(t) = P\{在时间(0,t)内按规定条件运行成功\}$$

不同的软件对可靠性的要求也不相同。一般地,将软件可靠性分为 5 级,如表 12.14 所示。在软件计划时,可以参考该表确定所开发软件的可靠性等级,并以此作为开发和验收的可靠性度量标准。

表 12.14 软件可靠性分级

分　级	故　障　后　果	工作量调节因子
很低	工作略有不便	0.75
低	有损失,但容易弥补	0.88
正常	弥补损失比较困难	1.00
高	有重大的经济损失	1.15
很高	危及人的生命	1.40

通常,提高可靠性总是以降低生产率为代价的。同一个软件,当可靠性等级从很低(0.75)变为很高时,其开发工作量和成本大约要增加一倍(1.40)。所以,在制定可靠性等级时,应该从实际需求出发,而不是可靠性越高越好。

(2) 评测可靠性的方法。

为了预测和评价软件的可靠性,已经研究出各种可靠性模型。这些可靠性模型或者用在计划时期,预测软件的可靠性;或者用在开发时期,指导人们采取相应的措施,确保被开发软件达到所需的可靠性等级。

绝大多数可靠性模型都是从宏观的角度,根据程序中潜在错误数来建立的模型,并且用统计方法确定模型中的常数。虽然许多可靠性模型经过实际数据的检验,有一定的实用价值,但它们都还很不成熟。

可靠性与软件的故障密切相关。如果软件在交付时有潜在错误,则程序会在运行中失效。当潜在错误的数量一定时,程序运行时间越长,则发生失效的机会越多,可靠性也随之下降。为了简化讨论,假定软件的故障率是不随时间变化的常量,则根据经典的可靠性理论,$R(t)$可以表示为用程序运行时间 t 和故障率 λ(单位时间内程序运行失败的次数)表示的指数函数,即 $R(t)=e^{-\lambda t}$

图 12.2 是可靠性随运行时间 t、故障率 λ 变化的示意图,λ 一定时,运行时间越长,$R(t)$越小。

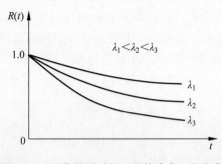

图 12.2 可靠性随时间 t 和故障率 λ 的变化

另一种衡量可靠性的方法是直接计算软件平均故障时间(Mean Time To Failure,MTTF)。在故障率为常量的情况下,MTTF 可以是故障率的倒数,即

$$MTTF=1/\lambda$$

系统可靠性(R_{SYS})是软件、硬件和运行操作 3 种可靠性(分别是 R_S、R_H、R_{OP})的综合反映,即

$$R_{SYS} = R_S \cdot R_H \cdot R_{OP}$$

$$\lambda_{SYS} = \lambda_S + \lambda_H + \lambda_{OP}$$

$$MTTF_{SYS} = 1/(\lambda_S + \lambda_H + \lambda_{OP})$$

或　　　　　$$MTTF_{SYS} = 1/(1/MTTF_S + 1/MTTF_H + 1/MTTF_{OP})$$

例如,设 $MTTF_H = MTTF_S = 500$ 小时,$MTTF_{OP} = 2500$ 小时,则 $MTTF_{SYS} = 227.3$ 小时。

(3) 软件容错技术。

容错性是软件可靠性的子属性之一。当然,软件开发首先要避免错误的发生,尽量采用无差错的过程和方法。但是,高可靠性、高稳定性的软件还非常重视采用容错技术。容错就是当软件运行中一旦出现了错误,就将它的影响限制在可容许的范围之内。

容错软件即具有抗故障能力的软件,处理错误的方法有 3 种。

① 屏蔽错误——把错误屏蔽掉,使之不至于产生危害。

② 修复错误——能在一定程度上使软件从错误状态恢复到正常状态。

③ 减少影响——能在一定程度上使软件完成预定的功能。

实现容错软件最主要的手段是采用冗余技术。冗余技术的基本思想是"以额外的资源消耗换取系统的正常运行"。常用的冗余技术有结构冗余、时间冗余和信息冗余等多种。

① 结构冗余:有静态冗余、动态冗余和混合冗余等多种结构形式,其代价是利用多余的结构来换取可靠性的提高。

② 时间冗余:设计一个检测程序,检测运行中的错误并能发出错误恢复请求信号,以执行检测程序多花的时间为代价来消除瞬时错误所带来的影响。

③ 信息冗余:利用附加的冗余信息(如奇偶码、循环码等误差校正码),检测和纠正传输或运算中可能出现的错误,其代价是增加系统计算量和附加信息占用信道的时间。

通常,容错软件的设计过程如下。

① 通过常规设计,获得软件系统的非容错结构。

② 分析软件运行中可能出现的软、硬件错误,确定范围。

③ 确定采用的冗余技术,并评估其容错效果。

④ 修改设计,直至获得满意的结果。

12.8　软件项目进度管理

在软件项目管理过程中一个关键的活动是制订项目计划,它是软件开发工作的第一步。项目计划的目标是为项目负责人提供一个框架,使之能合理地估算软件项目开发所需的资源、经费和开发进度,并控制软件项目开发过程按此计划进行。项目规划分为项目的启动、实施以及结束。它制定了关于具体项目目标、项目结构、任务、"里程碑"、人员、成本、设备、性能以及问题的解决方案等方面的指导原则。

12.8.1　进度计划

软件项目管理计划中一个重要内容就是项目的进度计划。它主要是给出项目开发的进

度安排,以便对项目实施过程进行有效的跟踪管理,这一点对于大型和复杂的软件开发项目尤其重要。

软件项目管理者的目标是定义所有项目任务和活动,识别关键任务/活动,并跟踪关键任务/活动的进展,以保证能一天一次地发现可能出现的进度拖延情况。为了做到这一点,管理者必须建立一个计划,将所有估算的工作量分布于计划好的项目持续时间内。但是,进度是随着时间而不断演化的,往往需要不断地调整进度。

在项目计划的早期,首先应建立一个宏观的进度安排图/表,标识所有主要的软件工程活动和这些活动影响到的产品功能。随着项目的进展,精化宏观进度图/表中的每个条目成一个"详细进度图/表",于是,特定任务/活动被标识出来,接着进行进度安排。

指导制定软件项目进度安排的基本任务有以下几点。

① 划分:进度安排始于过程的分解,即项目必须被划分成若干可以管理的活动和任务的集合。为了实现项目的划分,对产品和过程都需要进行分解。

② 相互依赖性:各个被划分的活动或任务之间的相互关系必须是确定的。有些任务必须按顺序发生,而有些任务则可以并发进行。

③ 时间分配:为每个调度的任务分配一定的工作量,并指定任务的开始和结束日期。这些日期与工作完成的方式相关。

④ 人员分配:每个项目都有预定数量的人员参与。在进行时间分配时,项目管理者必须确保在任务的任意时段,分配给任务的人员数量不超过项目组的总人员数量。

⑤ 定义责任:每个任务都应该指定某个特定的小组成员对其负责。

⑥ 定义结果:每个任务都应该有一个定义确切的结果,例如是一个工作产品、一个模块的设计或产品的一部分。

⑦ 定义"里程碑":每个任务或任务组都应该与一个项目的"里程碑"(通常用文档来标识)相关联。当一个或多个工作产品经过质量复审并且得到认可时,就标志着一个"里程碑"的完成。

进度安排中人员与工作量之间的调度特别重要。在一个小型项目中,只需一个人就可以完成需求分析、设计、编码和测试。随着项目规模的扩大,必须涉及更多的人员参与。许多项目管理者认为,当进度拖延时,可以通过增加人员在后期跟上进度。不幸的是,在项目后期增加人手通常会产生一些破坏性的影响,其结果是使进度进一步拖延。因为后增加的人必须学习这一系统、需要增加对他们的培训,这将导致项目进一步拖延。除增加学习系统所需的时间外,新加入的人员还增加了这个项目中人员之间通信的路径数量和通信的复杂度,从而增加了额外的工作量。

一种推荐的工作量调度指导原则是:在定义和开发阶段之间的工作量分布通常使用"40-20-40 规则",即 40% 或更多的工作量分配给前端的分析和设计任务,40% 的比例用于后端测试,只有 20% 的比例用于编码工作。一般情况是:计划工作量很少超过 2%～3%,除非项目计划费用极大、风险高;需求分析占用 10%～25% 的工作量,软件设计占用 20%～25% 的工作量;15%～20% 的工作量用于编程,而 30%～40% 的工作量用于调试和测试工作。

12.8.2　进度安排

软件项目进度安排由已在前期项目计划中产生的信息驱动,这些信息包括了工作量估算、产品功能分解、适当的过程模型选择、项目类型和任务集合选择等。

软件项目的进度计划采用和其他工程项目进度安排几乎相同的方法和技术。程序评估与复审技术(Program Evaluation and Review Technique,PERT)和关键路径管理(Critical Path Management,CPM)是软件项目进度安排中最常用的方法。

PERT 和 CPM 技术应用的要点是:提供用于项目工作量划分的工具,支持计划者确定关键路径(决定项目持续时间的任务链);通过使用统计模型为单个任务建立最有可能的时间估算,并为特定任务定义其时间窗口的边界时间等。

1. 建立时间表

在创建软件项目进度安排时,计划者将从由分解得到的一组任务入手,为每个任务确定工作量、持续时间和开始时间。此外,为每个任务分配必要的资源。

上述输入信息的描述方式之一是建立一个时间表,也称为甘特(Gantt)图。表 12.15 给出了一个时间表(Gantt 图)描述示例,当一个任务开始或结束时,可以把小三角形涂黑。

表 12.15　Gantt 图描述示例

任务	负责人	1998 3	4	5	6	7	8	9	10	11	12	1999 1	2	3	4	5
A	SE				▲											
B	SE				▲				△							
C	PG								▲		△					
D	SE	▲			▲											
E	VV			▲					△							
F	VV											▲				△
G	VV															
H	VV															

注:SE—系统工程师;PG—程序员;VV—质量保证人员。

可以为整个项目建立一个时间表,也可以为各个项目功能或者各个项目参与者分别制定时间表。由时间表还可以生成项目表。项目表包括所有项目任务,(及)其计划的、实际的开始与结束日期,以及各种有关进度的信息。应将项目表与时间表一同使用,以便管理者跟踪项目的进展情况。

2. 建立 PERT 图

类似于工程网络图的 PERT 图是制定进度安排的另一种图形工具。它同样能描绘任务的分解情况,每个任务的工作量、开始时间和结束时间。此外,它还显式地描述了各个任务间的依赖关系。

图 12.3 给出了一个 PERT 图描述示例,图中每一个圆形表示一项任务,圆形间的箭头表示任务的顺序,圆形上面的(×,×)表示开始时间和结束时间,两时间值相减就是任务所需的时间。

利用 PERT 图可以进行以下工作。

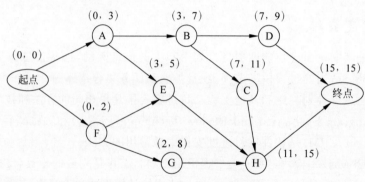

图 12.3　PERT 图描述示例

① 从起点到终点可能有多条路径,从中可以找出耗时最长的关键路径。确保关键路径上各项任务按时完成。

② 通过缩短关键路径上某些任务的时间,达到缩短整个开发周期的目的。

③ 对于不在关键路径上的某些任务的时间,可以根据需要调整起止时间,或者延缓进度(就可以适当减少人员)。

④ 利用 PERT 图上的方向箭头(表示任务顺序关系)的不同描述形式,反映其他信息。例如,用虚线箭头表示关键路径,用粗线箭头表示已完成的任务。

12.8.3　进度跟踪

项目进度安排为项目管理者提供了一张进度线路图。管理者对项目进度必须要跟踪和控制。项目的跟踪可以通过以下方式实现。

① 定期举行项目状态会议,会上由项目组成员分析报告进度和问题。

② 评估所有软件过程中所进行的复审的结果。

③ 确定正式的项目"里程碑"是否在预定日期内完成。

④ 比较项目表中列出的革新任务的实际开始日期与计划开始日期。

⑤ 与开发者进行非正式会谈,获取他们对项目进展及可能出现的问题的客观评估。

管理者使用控制的方法来管理项目资源、处理问题和指导项目参与者。在项目出现问题时,管理者必须施加控制,以尽快解决问题。一般采用一种称为时间盒的项目进度安排和控制技术。如果从时间盒策略可以认识到整个产品可能难以在预定时间内交付,那么应选择增量软件开发范型,并为每个增量的交付定义各自的进度。接着,再对与每个增量相关的任务使用时间盒技术,即通过对增量的交付日期进行倒推,调整每个任务的进度。

12.9　小　　结

软件项目管理是软件工程的保护性活动。对软件的各类度量已成为辅助软件工程项目管理决策的一个手段,并正在迅速获得应用。

软件项目开发存在着风险。软件风险分析包括风险识别、风险预测、风险规划和监控活动。软件配置管理是应用于整个软件过程的保护性活动,也被视为整个软件过程的软件质量保证活动之一。

在项目开始之前,软件项目计划人员必须进行项目估算。由于不管是在控制开发周期,还是在开发成本上都有太多的变化因素难以把握,所以准确地估算开发周期和开发成本并不是一件容易的事。软件产品规模的度量是软件成本估算的基础。成本估算受到多方面因素的影响,存在一些不可克服的困难。人们往往采用分解技术和一些采用统计理论和数学方程并经过验证的经验估算模型。其中,中级 COCOMO 模型是一个最为广泛的成本估算方法。

软件质量保证机制是贯穿于整个生存周期的、全员参与的一系列的保护性活动。其活动包括方法和工具的有效应用、软件质量度量和报告、技术复审和管理复审、测试策略和技术、变更控制规程,以及与标准符合的规程等。

软件项目整个开发周期的管理工作还必须涉及软件项目的进度安排和跟踪。将项目的进度安排与成本估算相结合,可以为项目管理者提供一张项目进程图/表。

习　　题

1. 阐述软件项目规模度量方法。

2. 简述软件风险分析活动。

3. 简述软件配置管理过程。

4. 简述中级 COCOMO 模型的特点。

5. 基于对象点的中级 COCOMO 模型估算的步骤是什么? 假设一个基于构件的开发项目的对象点给出如下:界面数为 30,报表数为 10,构件数为 7,构件复用百分比是 30%。请估算该项目的工作量。

6. 根据表 12.11 提供的 POS 机系统代码行,以及你自己的团队能力和系统类型,使用中级 COCOMO 模型估算系统的成本和工作量。

7. 分析为什么基于功能点的软件规模要比基于代码行的估算的误差要偏大一些。

8. 简述软件规模的度量的技术及其特点。

9. 根据某软件项目的信息域特性,计算该项目的功能点值。假设该项目的外部输入数为 32,外部输出数为 60,外部查询数为 24,内部逻辑文件数为 8,外部接口文件数为 2。假定所有的复杂度校正值都取"平均"值。

10. 在软件工程管理中,为什么说"靠度量来管理"是一条重要原则? 从软件质量保证到软件质量认证是一个飞跃? 软件配置管理也是软件质量保证活动?

11. 阐述软件质量测量指标及其特点。如何在质量和成本之间进行折中?

12. 简述软件项目进度安排技术及其特点。

13. 软件在使用的第一个月中,用户发现 9 个缺陷,在交付之前,软件团队在评审和测试中发现了 242 个错误,那么项目的缺陷排除效率是多少?

参 考 文 献

[1] 王立福.软件工程[M].北京：机械工业出版社,2011.

[2] LARMAN C. UML 和模式应用(原书第 3 版)[M].李洋,郑龚,等译.北京：机械工业出版社,2006.

[3] NAWAHDAH M,et al. A study of the effects of using pair programming teaching techniques on student performance in a middle eastern society[C]2015 IEEE Conference on Teaching,Assessment and Learning for Engineering(TALE),China,16-23.

[4] ZACHARIS N. Measuring the effects of virtual pair programming in an introductory programming Java course[J]. IEEE Transaction on Education,2011,54(1)：168-170.

[5] SWAMIDUIAI R. Inverted pair programming[C]. IEEE Southeast Conference 2015,Florida,1-6.

[6] SWAMIDUIAI R. The impact of static and dynamic pairs on pair programming[C]. 2014 Conference on Software security and Reliability,57-63.

[7] 窦万峰,史玉梅,吉根林.基于关联理论的结对编程与学习模式[J].计算机教育,2014(12)：39-42.

[8] DOU W F,WANG Y F,LUO S. analysis and design of distributed pair programming system[J]. International Journal of Intelligent Information Management,2010(2)：487-497.

[9] DOU W F,HONG K,HE W. A conversation model of collaborative pair programming based on language/action theory[C]. Proceedings of Conference on Computer Supported Cooperative Work in Design (CSCW in Design 2010),2010,7-12.

[10] DOU W F,HE W. Compatibility and requirements analysis of distributed pair programming[C]. The 2nd International Workshop on Education Technology and Computer Science (ETCS2010),2010, 467-470.

[11] DOU W F,HE W. A preliminary design of distributed pair programming system[C]. The 2nd International Workshop on Education Technology and Computer Science (ETCS2010),2010,256-25.

[12] BOOCH G,RUMBAUGH J,JACOBSON I. UML 用户指南[M].邵维忠,麻志毅,张文娟,等译.北京：机械工业出版社,2001.

[13] 秦小波.设计模式之禅[M].2 版.北京：机械工业出版社,2013.

[14] 窦万峰.软件工程方法与实践[M].3 版.北京：机械工业出版社,2016.

图书资源支持

感谢您一直以来对清华版图书的支持和爱护。为了配合本书的使用，本书提供配套的资源，有需求的读者请扫描下方的"书圈"微信公众号二维码，在图书专区下载，也可以拨打电话或发送电子邮件咨询。

如果您在使用本书的过程中遇到了什么问题，或者有相关图书出版计划，也请您发邮件告诉我们，以便我们更好地为您服务。

我们的联系方式：

清华大学出版社计算机与信息分社网站：https://www.shuimushuhui.com/

地　　址：北京市海淀区双清路学研大厦 A 座 714

邮　　编：100084

电　　话：010-83470236　010-83470237

客服邮箱：2301891038@qq.com

QQ：2301891038（请写明您的单位和姓名）

资源下载：关注公众号"书圈"下载配套资源。

资源下载、样书申请

书圈

图书案例

清华计算机学堂

观看课程直播